密码学

游 林 胡耿然 胡丽琴 徐茂智 编著

清华大学出版社

北 京

内 容 简 介

本书介绍了密码学的基础理论与基本应用。全书由基础篇及深入篇构成。基础篇包含密码学发展简史、古典密码学、流密码、对称密码学(DES、AES、SM4)、公钥加密算法(RSA、ElGamal 以及椭圆曲线加密算法)、Hash 函数(MD5、SHA-1)、数字签名算法(RSA、ElGamal 以及椭圆曲线签名算法)、密钥管理(ANSI X9.17 标准、(椭圆曲线)Diffie-Hellman 密钥交换协议、公钥证书 X.509)等密码学基础知识、最新密码算法 MD6、SHA-2 与 SHA-3 的简介;深入篇包含对称密码学(续)(含 Blowfish、RC5、CAST-128 等)以及首届全国密码算法竞赛第二轮前五个分组密码算法简介、公钥密码学(续)(含 MH 背包公钥密码系统以及 Rabin、Goldwasser、NTRU 等公钥密码体制)、盲数字签名、基于身份的公钥密码学(包括国标密码算法 SM9)、计算复杂性理论、零知识证明与比特承诺以及量子密码技术简介。本书所涉及的内容基本上涵盖了现代密码学的基本概念、基本算法以及一些对密码学最新技术较详细的介绍。章末配有习题,便于检验和加深学生对所学内容的理解和掌握。

本书的基础篇适用于高等院校数学、计算机、通信、电子工程等相关专业只要求掌握密码学基础知识的本科生。对密码学知识要求较高的本科高年级学生及研究生则可选择继续研习本书的深入篇。

图书在版编目(CIP)数据

密码学/游林等编著. —北京:清华大学出版社,2021.2(2022.3 重印)
ISBN 978-7-302-57551-1

Ⅰ. ①密… Ⅱ. ①游… Ⅲ. ①密码学 Ⅳ. ①TN918.1

中国版本图书馆 CIP 数据核字(2021)第 026493 号

责任编辑:张占奎
封面设计:陈国熙
责任校对:刘玉霞
责任印制:沈 露

出版发行:清华大学出版社
   网 址:http://www.tup.com.cn,http://www.wqbook.com
   地 址:北京清华大学学研大厦 A 座   邮 编:100084
   社 总 机:010-83470000   邮 购:010-62786544
   投稿与读者服务:010-62776969,c-service@tup.tsinghua.edu.cn
   质量反馈:010-62772015,zhiliang@tup.tsinghua.edu.cn
印 装 者:三河市龙大印装有限公司
经 销:全国新华书店
开 本:185mm×260mm 印 张:13.25 字 数:323 千字
版 次:2021 年 3 月第 1 版 印 次:2022 年 3 月第 2 次印刷
定 价:39.80 元

产品编号:068463-01

隐私保护与数据安全为大数据、云计算、云服务、物联网、区块链技术等领域最重要的安全性问题。密码学是隐私保护与数据安全的理论基础与技术支持。尤其是起源于比特币的区块链系统,从用户每次交易或事务的产生与数据流转,到数据区块的产生与链接,均是基于密码算法来实现的。所以说,没有密码算法,就没有区块链,也就没有数字货币。同时,数字货币与区块链技术的兴起,也正在促进人们对密码学的学习热情与研究热潮。密码学已在当今数字时代体现出越来越重要的核心技术作用,也得到越来越广泛的关注与重视。2019 年 10 月 26 日,第十三届全国人民代表大会常务委员会第十四次会议通过了《密码法》,并自 2020 年 1 月 1 日起施行。

信息在获取、处理、存储、传输及使用过程中可能遭受到无意或恶意的窃取、破坏或篡改。密码算法的主要作用就是在对信息实施上述动作的过程中避免遭受到各种无意或恶意的攻击,确保信息的机密性、完整性、不可否认性、可鉴别性以及可用性。

本书讲述密码学的基本概念及基本知识。全书由基础篇及深入篇构成。

基础篇包含密码学发展简史、古典密码学、流密码、对称密码学(DES、AES、SM4)、公钥加密算法(RSA、ElGamal 以及椭圆曲线加密算法)、Hash 函数(MD5、SHA-1)、数字签名算法(RSA、ElGamal 以及椭圆曲线签名算法)、密钥管理(ANSI X9.17 标准、(椭圆曲线)Diffie-Hellman 密钥交换协议、公钥证书 X.509)等密码学基础知识、最新密码算法 MD6、SHA-2、SHA-3 以及 SM3 的简介。

深入篇包含对称密码学(续)(含 Blowfish、RC5、CAST-128 等)以及首届全国密码算法竞赛第二轮前五个分组密码算法简介、公钥密码学(续)(含 MH 背包公钥密码系统以及Rabin、Goldwasser、NTRU 等公钥密码体制)、盲数字签名、基于身份的公钥密码学(包括国标密码算法 SM9)、计算复杂性理论、零知识证明与比特承诺以及量子密码技术简介。本书内容涵盖了现代密码学的基本概念、基本算法、国家密码标准算法,以及对一些最新密码算法与量子密码技术较详细的介绍。章末配有习题,便于检验和加深学生对所学内容的理解和掌握。

本书是依据作者多年从事密码学的研究与教学的经验,对作者在 2007 年写作的教材《信息安全与密码学》进行改编而成的,但疏漏与不妥之处在所难免,诚望读者与同行专家、学者不吝予以批评指正。

作　者

2020 年 10 月

目录

CONTENTS

基 础 篇

深 入 篇

基础篇

第1章

绪　　论

密码学是研究信息及信息系统安全与保密的科学。严格地说,密码学是对与消息机密性、数据完整性、实体认证、数据源认证等信息安全各方面有关的数学技术的研究。密码学可分为密码编码学(cryptography)与密码分析学(cryptanalysis)。研究如何对信息进行编码,以实现信息及通信安全的科学称为密码编码学;研究如何破解或攻击已加密信息的科学称为密码分析学。

密码学是在编码与破译的矛盾斗争中逐步发展起来的,并随着计算机等先进科学技术的发展与应用,已成为一门综合性、交叉性的学科。它与语言学、数学、电子学、信息论、计算机科学等有着广泛而密切的联系。

1.1　密码学发展简史

密码学的发展大致可分为四个阶段:第一个阶段是指第一次世界大战之前的古典密码术(手工操作密码),有几千年的历史;第二个阶段指第一次世界大战爆发至第二次世界大战结束期间的机器密码时代;第三个阶段是以 C. E. Shannon 在 1949 年发表的文章 *The Communication Theory of Secret Systems* 为起点的传统密码学;第四个阶段是以 W. Diffie 和 M. E. Hellman 在 1976 年发表的文章 *New Directions in Cryptography* 为起点的现代公钥密码学。

1.1.1　古典密码术

古典密码的特征主要是以纸和笔进行加密与解密操作,这时密码还远没有成为一门科学,而仅仅是一门技艺或技术,称为密码术。古典密码的基本技巧都是较简单的代替、置换,或将二者混合使用。代替是明文字母被不同的字母替换后变成密文,代替明文的字母不一定是明文中出现的字母,这种密码术称为代换密码(substitution cipher)。置换是保持明文中的所有字母,只是改变它们在明文中的位置,这样的密码术称为置换密码(permutation cipher)。置换密码又称为换位密码(transposition cipher)。

1.1.2 机器密码时代

在手工密码时代,人们通过纸和笔对字符进行加密和解密,不仅速度慢,而且枯燥乏味、工作量繁重。因此,手工密码算法的设计受到限制,不能设计很复杂的密码。随着工业革命的兴起,尤其是第一次世界大战爆发后,密码术也进入了机器时代。与手工操作相比,机器密码使用了更加复杂的加密手段,同时加密解密效率也得到很大提高。在这个时期,虽然加密设备有了很大的进步,但是还没有形成密码学理论。加密的主要原理仍是代替、置换,或者是二者的结合。

机器密码时代的标志是密码机。密码机不仅投入商业使用,而且曾用于军事、铁路的通信中。有代表性的密码机主要有 Vernam 密码机、ENIGMA 密码机、SIGABA 密码机、B-21 密码机、M-209 密码机、TYPEX 密码机及 PURPLE 密码机。

1.1.3 传统密码学

1949 年以前的密码还不能称为一门学科,而只能称为一种密码技术或密码术。

1948 年,Shannon 在 Bell 系统技术期刊(*The Bell System Technical Journal*)上发表了他的论文 *A Mathematical Theory of Communication*,应用概率论的思想来阐述如何最好地加密要发送的信息。1949 年,Shannon 又在 Bell 系统技术期刊上发表了他的另一篇著名论文 *The Communication Theory of Secrecy Systems*,这篇文章标志着传统密码学(理论)的真正开始。在该文中,Shannon 首次将信息论引入了密码研究中。他利用概率统计的观点,同时引入熵(entropy)的概念,对信息源、密钥源、接收和截获的密文以及密码系统的安全性进行了数学描述和定量分析,并提出了通用的秘密密钥密码体制模型(即对称密码体制的模型),从而使密码研究真正成为一门学科。Shannon 的这两篇论文,加上信息与通信理论方面的其他工作,为现代密码学及密码分析学奠定了坚实的理论基础。

此后直到 20 世纪 70 年代中期,密码学的研究基本上是在军事和政府部门秘密地进行,所取得的研究进展不大,也几乎没有研究成果公开发表。

1974 年,IBM 公司应美国国家标准局(National Bureau of Standards,NBS),现已更名为国家标准与技术研究局(National Institute of Standards and Technology,NIST)的要求,提交了基于 Lucifer 密码算法的一种改进算法,即数据加密标准(data encryption standard,DES)算法。1976 年底 NBS 正式宣布 DES 成为联邦信息处理标准(Federal Information Processing Standard,FIPS),此后 DES 在政府部门以及民间商业部门等领域得到了广泛的应用。自此,传统密码学的理论与应用研究真正步入了蓬勃发展的阶段。自 DES 颁布后出现的主要传统密码体制有三重 DES、IDEA、Blowfish、RC5、CAST-128 以及 AES 等。

自 Caesar 密码至 NBS 颁布 DES,上述所有密码系统在加密与解密时所使用的密钥或电报密码本均相同,通信各方在进行秘密通信前,必须通过安全渠道获得同一密钥。这样的密码体制,称为传统密码体制或对称密码体制。

1.1.4 公钥密码学

1976 年以前的所有密码系统均属于对称密码体制。但是在 1976 年,Diffie 与 Hellman 在期刊 *IEEE Transactions on Information Theory* 上发表了的一篇著名论文 *New*

Directions in Cryptography，为现代密码学的发展打开了一个崭新的思路，开创了现代公钥密码学。

在这篇文章中，Diffie 与 Hellman 首次提出设想，在一个密码体制中，不仅加密算法本身可以公开，甚至用于加密的密钥也可以公开。也就是说，一个密码体制可以有两个不同的密钥：一个是必须保密的密钥，另一个是可以公开的密钥。若这样的公钥密码体制存在，就可以将公开密钥像电话簿一样公开。当一个用户需要向其他用户传送一条秘密信息时，就可以先从公开渠道查到该用户的公开密钥，用此密钥加密信息后将密文发送给该用户。此后该用户用他保密的密钥解密接收到的密文即得到明文，而任何第三者都不能获得明文。这就是公钥密码体制的构想。虽然他们当时没有提出一个完整的公钥密码体制，但是他们认为这样的密码体制一定存在。同时在该文中，他们给出了一个利用公开信道交换密钥的方案，即后来以他们名字命名的 Diffie-Hellman 密钥交换协议。利用此协议，通信各方不需要通过一个安全渠道进行密钥传送就可以进行保密通信。

在 Diffie 与 Hellman 提出他们的公钥密码思想大约 1 年后，麻省理工学院的 Rivest、Shamir 和 Adleman 向世人公布了第一个这样的公钥密码算法，即以他们名字首字母命名的具有实际应用意义的 RSA 公钥密码体制，并且该体制很快被接受成为 ISO/IEC(The International Standards Organization's International Electrotechnical Commission)、ITU-T (The International Telecommunications Union's Telecommunication Standardization Sector)、ANSI(The American National Standards Institute)以及 SWIFT(The Society for Worldwide Interbank Financial Telecommunications)等国际化标准组织采用的公钥密码标准算法而得到广泛应用。此后不久，人们又相继提出了 Rabin、ElGamal、Goldwasser-Micali 以及椭圆曲线密码体制等公钥密码体制。随着电子计算机等科学技术的进步，公钥密码体制的研究与应用得到快速的发展。

1.2 几种古典密码

古典密码的历史最早可追溯到 4000 多年前雕刻在古埃及法老纪念碑上的奇特的象形文字。不过这些奇特的象形文字记录可能并不是用于严格意义上保护秘密信息的，而更可能仅是体现了神秘、娱乐等目的。

1.2.1 Caesar 密码

Caesar 密码大约出现于公元前 100 年的高卢战争期间古罗马统治者 Julius Caesar 秘密传达战争计划或命令的通信中。Caesar 密码就是以 Julius Caesar 的名字命名的。Caesar 密码的规则是：对于明文信息中的每个字母，用它在字母表中位置的右边的第 k 个位置上的字母代替，从而获得它相应的密文。比如 $k=3$ 时，明文字母与密文字母的对应关系可用置换表表示如下：

$$\begin{pmatrix} A\,B\,C\,D\,E\,F\,G\,H\,I\,J\,K\,L\,M\,N\,O\,P\,Q\,R\,S\,T\,U\,V\,W\,X\,Y\,Z \\ D\,E\,F\,G\,H\,I\,J\,K\,L\,M\,N\,O\,P\,Q\,R\,S\,T\,U\,V\,W\,X\,Y\,Z\,A\,B\,C \end{pmatrix}$$

于是对于明文信息 SECRET MESSAGE，可得其相应的密文为 VHFUHW

PHVVDJH。

在 Caesar 密码中,参数 k 就是密钥。如果 26 个字母用 0~25 的整数替代,即 1 代 a,2 代 b,…,25 代 y,0 代 z。那么,Caesar 加密运算其实就是计算同余式:

$$c = m + k \bmod 26$$

其中,m 为明文字母对应的数;c 为对应的密文字母代表的数;密钥 k 为 1~25 内的任何一个确定的数。

Caesar 密码属于单表代换密码。

1.2.2 Vigenère 密码

Vigenère 密码是由法国密码学家、外交家 Blaise de Vigenère 在 1586 年提出的一种多表代换密码。其代换原则基于下列字母对应表,每行都对应于一个 Caesar 密码代换表,即第 t($0 \leqslant t \leqslant 25$)行对应于密钥 $k=t$ 的 Caesar 密码代换表,如图 1.1 所示。

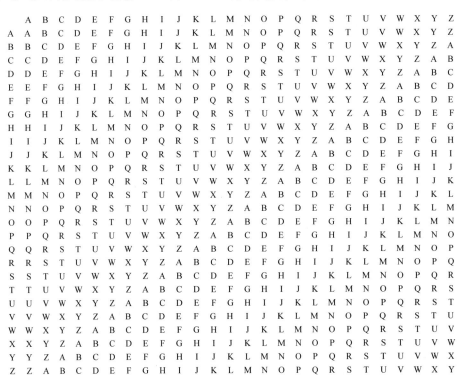

图 1.1 Caesar 密码代换表

每次在加密信息时,需要利用一个关键词,即密钥。具体地说,加密一条明文信息时,对每一个明文的字母,要先从表的顶端找出明文字母所在的列,再从最左边找出相应的密钥字母所在的行,那么对应该明文字母的密文字母就是表中此列与此行交叉位置上的字母。解密时,在最左边找出相应的密钥字母所在的行,沿着此行找出密文字母,此时密文字母所对应的最顶端的字母就是相应的明文字母。一般来说,使用的密钥比明文短,所以密钥一般是周期性地重复使用,即将其加长到与明文相同的长度。

例如,假设明文信息为
$$m = \text{PLEASE KEEP THIS MESSAGE IN SECRET}$$
密钥为

$$\text{COMPUTER}$$

那么加密后的密文为

$$c = \text{RZQPMX OVGD FWCL QVUGMVY BR JGQDTN}$$

如果像上面一样将 26 个字母 A～Z 分别用 0～25 的 26 个数字代替,那么 Vigenère 密码的加密计算同样可用数学式子来表示。设 $m = m_1 m_2 \cdots m_t$(每个 m_i 代表一个字母)是明文,$k = k_1 k_2 \cdots k_t$(每个 k_i 代表一个字母)是密钥。记加密后的密文为 $c = c_1 c_2 \cdots c_t$,则

$$c_i = m_i + k_i \bmod 26$$

式中,作模运算时 m_i 与 k_i 分别取对应的数字。

所以 Vigenère 密码可以看成 Caesar 密码的推广。

1.2.3 Playfair 密码

Playfair 密码是由 Charles Wheatstone 在 1854 年 3 月提出的,而后来才由他的朋友 Lyon Playfair 将此密码公之于世,所以该密码就以 Playfair 命名。

在 Playfair 密码中,明文需按两个字母一组分成若干个加密单元,加密时是按单元进行的。所以可以说是一个最初级的分组密码,也可说是多字母代换密码。

明文的分组方式如下:在将明文按两字母分组时,如出现两相同字母,则在第一个字母后添加 X 构成一组,第二个相同字母与它后面的字母构成一组;如果一个字母与它前一组的最后一个字母相同,则在该字母前加上 X 构成一组;如果最后只剩下一个字母,则在其后添加 X 构成一组。例如:"balloon"分组成"BA LX LO XO NX"。当然,也可将 X 换成其他字母。

对明文进行加密前,先选定一个关键词或密钥,然后利用该密钥将 26 个英文字母排成一个没有重复字母的 5×5 加密矩阵,并且将 j 换成 i。若同时出现 i 与 j,则去掉字母 Z。如密钥为"just"与"inject"时,得到的 5×5 加密矩阵分别为

$$
\begin{bmatrix}
I & U & S & T & A \\
B & C & D & E & F \\
G & H & K & L & M \\
N & O & P & Q & R \\
V & W & X & Y & Z
\end{bmatrix}
\text{与}
\begin{bmatrix}
I & N & J & E & C \\
T & A & B & D & F \\
G & H & K & L & M \\
O & P & Q & R & S \\
U & V & W & X & Y
\end{bmatrix}
$$

Playfair 密码的加密规则如下:设 $m_1 m_2$ 是一个明文字母组,加密后对应的密文字母组为 $c_1 c_2$,则:

(1) 如果 m_1 与 m_2 同在加密矩阵的同一行,那么 c_1 与 c_2 分别为紧靠 m_1 与 m_2 右端的字母。这里将加密矩阵的第一列看成是最后一列的右端。

(2) 如果 m_1 与 m_2 同在加密矩阵的同一列,那么 c_1 与 c_2 分别为紧靠 m_1 与 m_2 下方的字母。这里将加密矩阵的第一行看成是最后一行的下方。

(3) 如果 m_1 与 m_2 不在加密矩阵的同行,也不在同列,那么 c_1 取为 m_1 所在行与 m_2

所在列交叉处的字母,而 c_2 取为 m_2 所在行与 m_1 所在列交叉处的字母。

例如,设密钥为"cryptography",则 5×5 加密矩阵为

$$
\begin{pmatrix}
C & R & Y & P & T \\
O & G & A & H & B \\
D & E & F & I & K \\
L & M & N & Q & S \\
U & V & W & X & Z
\end{pmatrix}
$$

设需加密的明文为 $m =$ HIDE THE GOLD IN THE TREE STUMP,则先对明文分组成

$$\text{HI DE TH EG OL DI NT HE TR EX ES TU MP}$$

加密后的密文为 $c =$ IQ EF PB ME DU EK SY GI CY IV KM CZ QR。

1.2.4 Hill 密码

Hill 密码是在 1929 年由 Lester S. Hill 发明的,其主要思想是基于剩余类环上的线性变换。

在 Hill 密码中,首先将字母集编码成数字,如将 26 个英文字母 A,B,$\cdots$,Z 分别编码成 $0,1,2,\cdots,25$。密钥就是剩余类环 $\mathbb{Z}_{26}$ 上的一个方阵,可称为密钥矩阵。在加密前,明文则需要先按字母分组成若干个长度为密钥矩阵阶数的明文组。设密钥矩阵为 n 阶方阵 $\boldsymbol{K} = (k_{i,j})_{n \times n}$,那么明文 $\boldsymbol{M} = \boldsymbol{M}_1 \boldsymbol{M}_2 \cdots \boldsymbol{M}_t$ 就按字母分成若干个长度为 n 的明文组(看成一个 n 元向量),记为 $\boldsymbol{M} = \boldsymbol{M}_1 \boldsymbol{M}_2 \cdots \boldsymbol{M}_t$,其中 $\boldsymbol{M}_i = (m_{i,1}, m_{i,2}, \cdots, m_{i,n}) (i = 1, 2, \cdots, t)$,则加密后的密文为 $\boldsymbol{C} = \boldsymbol{C}_1 \boldsymbol{C}_2 \cdots \boldsymbol{C}_t$,其中

$$
\boldsymbol{C}_i = \boldsymbol{M}_i \boldsymbol{K} = (m_{i,1}, m_{i,2}, \cdots, m_{i,n})
\begin{pmatrix}
k_{1,1} & k_{1,2} & \cdots & k_{1,n} \\
k_{2,1} & k_{2,2} & \cdots & k_{2,n} \\
\vdots & \vdots & \ddots & \vdots \\
k_{n,1} & k_{n,2} & \cdots & k_{n,n}
\end{pmatrix}, \quad i = 1, 2, \cdots, t
$$

这里的矩阵运算为剩余类环 $\mathbb{Z}_{26}$ 上的矩阵乘积,即须对乘积后的每个矩阵元作取模 26 运算。

如果将明文 $\boldsymbol{M}$ 记成

$$
\boldsymbol{M} =
\begin{pmatrix}
\boldsymbol{M}_1 \\
\boldsymbol{M}_2 \\
\vdots \\
\boldsymbol{M}_t
\end{pmatrix}
$$

则加密运算可表示成剩余类环 $\mathbb{Z}_{26}$ 上的矩阵乘积:$\boldsymbol{C} = \boldsymbol{M}\boldsymbol{K} = (m_{l,s})_{t \times n}(k_{i,j})_{n \times n}$。

由线性代数知识可知,如果密钥矩阵不可逆,那么不同明文的密文可能会相同,因此密钥矩阵须取为可逆矩阵。由密文恢复出明文的运算为 $\boldsymbol{M} = \boldsymbol{C}\boldsymbol{K}^{-1}$,其中 $\boldsymbol{K}^{-1}$ 为 $\boldsymbol{K}$ 的逆矩阵。

1.2.5 置换密码

在置换密码中,密钥是一个置换。如果密钥是一个 n 元置换,则须将明文分组成若干

个长度为 n 的字母组,对每个字母组加密后再组合得到密文。

例如,设

$$\boldsymbol{\sigma}_k = \begin{pmatrix} 1 & 2 & 3 & 4 & 5 & 6 & 7 & 8 \\ 2 & 5 & 8 & 6 & 1 & 3 & 7 & 4 \end{pmatrix}$$

是密钥,$m=$ Hide the gold in the tree stump 为明文。先将明文分组成

$$\text{Hidetheg} \mid \text{oldinthe} \mid \text{treestum} \mid \text{phidethe},$$

因分组时最后剩下一个 p,所以重写明文 hide the,直到构成一组。对四个组分别作置换 σ_k 加密,得到

$$\sigma_k(\text{ Hidetheg} \mid \text{oldinthe} \mid \text{treestum} \mid \text{phidethe})$$
$$=\sigma_k(\text{ Hidetheg}) \mid \sigma_k(\text{oldinthe}) \mid \sigma_k(\text{treestum}) \mid \sigma_k(\text{phidethe})$$
$$=\text{ITGHHDEE} \mid \text{LNETODHI} \mid \text{RSMTTEUE} \mid \text{HEETPIHD}$$

即最后的密文为

$$\text{ITGHHDEELNETODHIRSMTTEUEHEETPIHD}$$

解密时使用 $\boldsymbol{\sigma}_k$ 的逆置换

$$\boldsymbol{\sigma}_k^{-1} = \begin{pmatrix} 1 & 2 & 3 & 4 & 5 & 6 & 7 & 8 \\ 5 & 1 & 6 & 8 & 2 & 4 & 7 & 3 \end{pmatrix}$$

单轮置换的密码一般比较容易被攻破,使用多轮置换的密码可提高密码的安全性。

置换密码的使用已有几百年历史,最早在 1563 年就由 Giovanni Porta 具体定义并描述了与代换密码的区别。

古典密码具有悠久的发展历史。虽然古典密码的结构简单,易于破解,但它们已在其历史阶段发挥了应有的作用,并为传统密码学的发展奠定了一定的基础。

1.3　密码学基本概念

研究密码学的基本目的是利用不安全信道实现保密通信,也就是使得两个在不安全信道中通信的人,通常称为 Alice 和 Bob,以一种使他们的敌手(攻击者)Oscar 不能明白和理解通信内容的方式进行通信。这样的不安全信道是普遍存在的,比如电话线或计算机网络。

1.3.1　密码学的基本术语

消息(message):用语言、文字、数字、符号、图像、声音或它们的组合等方式记载或传递的有意义的内容。在密码学里,消息也称为信息。

明文(plaintext):未经过任何伪装或隐藏技术处理的消息。

加密(encryption):利用某些方法或技术对明文进行伪装或隐藏的过程。

密文(ciphertext):明文经过加密处理后的结果。

解密(decryption):将密文恢复成原明文的过程或操作。解密也可称为脱密。

加密算法(encryption algorithm):将明文消息加密成密文所采用的一组规则或数学函数。

解密算法(decryption algorithm)：将密文消息解密成明文所采用的一组规则或数学函数。

密钥(key)：进行加密或解密操作所需要的秘密参数或关键信息。在公钥密码系统中，密钥分为私钥与公钥两种。私钥指必须保密的密钥，公钥指可以向外界公开的密钥。

定义 1.1 一个密码体制(cryptosystem)是一个五元组(M, C, K, e, d)。

(1) 明文空间 $M = \{m\}$：表示所有可能的明文组成的有限集合；

(2) 密文空间 $C = \{c\}$：表示所有可能的密文组成的有限集合；

(3) 密钥空间 $K = \{k\}$：表示所有可能的密钥组成的有限集合；

(4) 加密变换 e：表示一个确定的映射

$$e: K \times M \to C$$
$$(k, m) \mapsto c$$

(5) 解密变换 d：表示一个确定的映射

$$d: K \times C \to M$$
$$(k, c) \mapsto m$$

一个密码体制满足下列条件：对于给定的密钥 k，均有

$$d(k, e(k, m)) = m, \quad \forall m \in M$$

对于给定的密钥 k，由 e 和 d 诱导的下列两个变换：

$$e_k: M \longrightarrow C$$
$$m \mapsto e(k, m)$$
$$d_k: C \longrightarrow M$$
$$c \mapsto d(k, c)$$

也称为加密/解密变换。这时，定义 1.1 所满足的条件可以记为 $d_k(e_k(m)) = m(\forall m \in M)$。

1.3.2 密码体制分类

密码体制从使用密钥策略上可分为单钥密码体制(one key cryptosystem)与双钥密码体制(double key cryptosystem)两类。

在单钥密码体制中，使用的密钥必须完全保密，且加密密钥与解密密钥相同，或从加密密钥可推出解密密钥，反之亦可。所以，单钥密码体制又称为秘密密钥密码体制(secret key cryptosystem)、传统密码体制(traditional cryptosystem)或对称密码体制(symmetric cryptosystem)。按照对明文的加密方式不同，单钥密码体制分为序列密码和分组密码。序列密码将明文消息按字符(如二元数字)逐位进行加密，也叫流密码。分组密码将明文消息分成等长的组，一组一组来加密，分组密码也叫块密码。

在双钥密码体制中，每个使用密码体制的主体(个人、团体或某系统)均有一对密钥：一个密钥可以公开，称为公钥；另一个密钥则必须保密，称为私钥。且不能从公钥推出私钥，或者说从公钥推出私钥在计算上困难的。所以双钥密码体制又称为公钥密码体制(public key cryptosystem)或非对称密码体制(asymmetric cryptosystem)。

公钥密码体制的显著特点是有两个本质上完全不同的密钥，任何人均可以向持有私钥的人发送秘密信息，即利用私钥持有人的相应公钥对信息加密后通过公共信道发送给私钥持有人，而只有私钥持有人才可用他的私钥解密接收到的加密消息。

如果私钥持有人用他的私钥对信息进行加密,那么任何人都可用他相应的公钥来解密经私钥持有人加密后的消息。据此任何人可验证该消息确实来自相应的私钥持有人,其他人则无法实现这种"加密"。这也就是数字签名算法的基本原理。

传统密码体制只可用来对信息进行加密,保障信息的机密性。而公钥密码体制不仅可用来对信息进行加密,还可对信息进行数字签名。在公钥加密算法中,任何人都可用信息接收者的公钥对信息进行加密,信息接收者则用他的私钥进行解密。在数字签名算法中,签名者则用他的私钥对信息进行签名,任何人可用他的公钥验证其签名。因此,公钥密码体制不仅可保障信息的机密性,还具有抗抵赖性以及身份识别的功能。

1.3.3 密码学的基本模型

图 1.2 是一个最基本的密码学模型。在传统密码体制中,加密密钥 k_1 与解秘密钥 k_2 相同或本质上相同,且解密算法是加密算法的逆过程或逆函数。在公钥密码体制中,作为公钥的加密密钥 k_1 与作为私钥的解密密钥 k_2 在本质上完全不同,因而解密算法一般也不是加密算法的逆过程或逆函数。

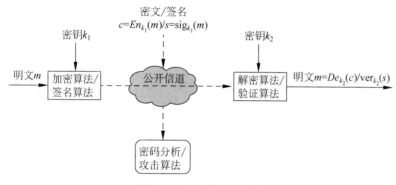

图 1.2 密码学基本模型

1.4 密码分析

一般情况下,可以假设攻击者 Oscar 知道正在使用的密码体制,这个假设通常称为 Kerckhoff 假设。根据攻击者可获取的信息量,研究对密码体制的攻击,即密码分析法,可分为四种基本类型。

(1) 唯密文攻击(ciphertext only attack):攻击者已知加密方法(算法)、明文语言,且可截获到密文。

(2) 已知明文攻击(known-plaintext attack):攻击者已知加密方法(算法),且已知部分明密文对。

(3) 选择明文攻击(chosen-plaintext attack):攻击者已知加密方法(算法),且可自己选择一定数量的明文,并得到其密文。

(4) 选择密文攻击(chosen-ciphertext attack):攻击者已知加密方法(算法),且可自己选择一定数量的密文,并得到它们对应的明文。

在上述四种攻击类型下,攻击者的目的都是确定密钥或者明文。显然,这四种类型的攻击强度依次增大。选择密文攻击主要与公钥密码体制相关。

如果在一种密码体制中,攻击者无论知道多少密文以及采用何种方法都得不到任何关于明文或密钥的信息,则称其为无条件安全的(unconditioned secure)的密码体制。Shannon 证明了只有一次一密,即密钥至少和明文一样长的密码体制才是无条件安全的。然而,无条件安全的密码体制会给密钥管理带来非常大的压力,所以这样的密码体制一般是不实际的。具有实际应用意义的密码体制是指在密码破译者利用现有的有限资源在预定时间内不可破解的密码体制,这样的密码体制称为计算上安全的(computationally secure)密码体制。密码体制只要满足以下两条准则之一就是计算上安全的:一是破译密文的代价超过被加密信息的价值;二是破译密文所花费的时间超过信息的有用期。

习题

1. 为什么说,信息安全技术的核心是密码技术?

2. 求置换

$$\sigma_k = \begin{pmatrix} 1 & 2 & 3 & 4 & 5 & 6 & 7 & 8 \\ 5 & 1 & 7 & 2 & 6 & 8 & 4 & 3 \end{pmatrix}$$

的逆置换 σ_k^{-1}。

3. 假设明文信息为

$$m = \text{I have a lot of money}$$

密钥为

mathematics

试求 Vigenère 密码加密得到的密文。

4. 已知用 Hill 密码加密明文

breathtaking

得到对应的密文

RUPOTENTOIFV

试分析加密密钥矩阵的阶数,并求出该加密矩阵。你所进行的攻击属于密码体制的哪种攻击类型?

第2章

流　密　码

对称密码体制根据对明文加密方式的不同而分为流密码和分组密码。流密码又称为序列密码。

2.1　基本概念

流密码的基本思想是利用密钥 k 产生一个密钥流 $z=z_0 z_1 z_2 \cdots$，并使用如下规则对明文串 $x=x_0 x_1 x_2 \cdots$ 进行加密：

$$y=y_0 y_1 y_2 \cdots = E_{z_0}(x_0) E_{z_1}(x_1) E_{z_2}(x_2) \cdots$$

密钥流由密钥流发生器 f 产生：$z_i = f(k, \sigma_i)$，这里 σ_i 是加密器中的记忆元件（存储器）在时刻 i 的状态，f 是由密钥 k 和 σ_i 产生的函数。

分组密码与流密码的区别就在于有无记忆性，如图 2.1 所示。流密码的滚动密钥 $z_0 = f(k, \sigma_0)$ 由函数 f、密钥 k 和指定的初态 σ_0 完全确定。此后，由于输入加密器的明文可能影响加密器中内部记忆元件的存储状态，因而 $\sigma_i (i>0)$ 可能依赖于 $k, \sigma_0, x_0, x_1, \cdots, x_{i-1}$ 等参数。

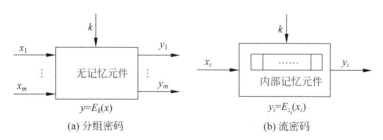

图 2.1　分组密码与流密码比较

2.1.1　同步流密码

根据加密器中记忆元件的存储状态 σ_i 是否依赖于输入的明文字符，流密码可进一步分成同步和自同步两种。σ_i 独立于明文字符的叫做同步流密码,否则叫做自同步流密码。由于自同步流密码的密钥流的产生与明文有关,因而较难从理论上进行分析。目前大多数研究成果都是关于同步流密码的。在同步流密码中,密钥流 $z_i = f(k, \sigma_i)$ 与明文字符无关,此时密文字符 $y_i = E_{z_i}(x_i)$ 也不依赖于此前的明文字符。可将同步流密码的加密器分成密钥流生成器和加密变换器两个部分。如果与上述加密变换对应的解密变换为 $x_i = D_{z_i}(y_i)$,则可给出同步流密码体制的模型如图 2.2 所示。

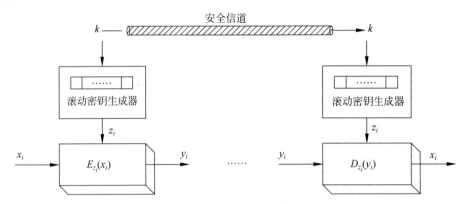

图 2.2　同步流密码模型

同步流密码的加密变换 E_{z_i} 可以有多种选择,只要保证变换是可逆的即可。实际使用的数字保密通信系统一般都是二元系统,因而在有限域 $GF(2)$ 上讨论的二元加法流密码(见图 2.3)是目前最为常用的流密码体制,其加密变换可表示为 $y_i = z_i \oplus x_i$。

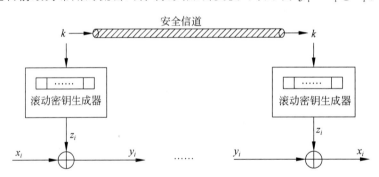

图 2.3　加法流密码体制模型

一次一密密码是加法序列密码的原型。事实上,如果 $z_i = k_i$(即密钥流序列完全随机),则加法序列密码就退化成一次一密密码。实际使用的密钥流序列(以下简称密钥)都是按一定算法生成的,因而不可能是完全随机的,所以也就不可能是完善保密系统。为了尽可能提高系统的安全强度,就必须要求所产生的密钥流序列尽可能具有随机序列的特征。因此,密码设计者的最大愿望是设计出一个滚动密钥生成器,使得密钥经其扩展成的密钥流序列具有如下性质(接近随机序列)。

(1) 极大的周期:按任何算法产生的序列都是周期的;

(2) 良好的统计特性:均匀的游程分布,更好地掩盖明文;

（3）抗线性分析：不能从一小段密钥推知整个密钥序列；

（4）抗统计分析：用统计方法由密钥序列 $\{z_i\}$ 提取密钥生成器结构或密钥源的足够信息在计算上是不可能的。

2.1.2　有限状态自动机

有限状态自动机（finite state automation，FSA），是具有有限离散输入和输出（输入集和输出集均有限）的一种数学模型，由以下三部分组成：

（1）有限状态集 $S=\{s_i\,|\,i=1,2,\cdots,l\}$；

（2）有限输入字符集 $A_1=\{A_j^{(1)}\,|\,j=1,2,\cdots,m\}$ 和有限输出字符集 $A_2=\{A_k^{(2)}\,|\,k=1,2,\cdots,n\}$；

（3）转移函数 $A_k^{(2)}=f_1(s_i,A_j^{(1)})$，$s_h=f_2(s_i,A_j^{(1)})$，即在状态为 s_i，输入为 $A_j^{(1)}$ 时，输出为 $A_k^{(2)}$，而状态转移为 s_h。

FSA 可用有向图表示，称为转移图。转移图的顶点对应于自动机的状态。若状态 s_i 在输入 $A_j^{(1)}$ 时转为状态 s_h，且输出一字符 $A_k^{(2)}$，则在转移图中，从状态 s_i 到状态 s_h 有一条标有 $(A_j^{(1)},A_k^{(2)})$ 的弧线，如图 2.4 所示。

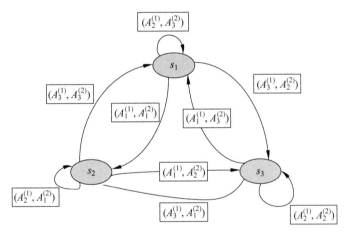

图 2.4　有限状态机的转移图

例 2.1　设 $S=\{s_1,s_2,s_3\}$，$A_1=\{A_1^{(1)},A_2^{(1)},A_3^{(1)}\}$，$A_2=\{A_1^{(2)},A_2^{(2)},A_3^{(2)}\}$，则其转移函数（又称驱动函数）$f_1$ 的状态转移方式由表 2.1 给出，表 2.2 是驱动函数 f_2 的状态更新方式。

表 2.1　驱动函数 f_1 确定的状态转移方式

f_1	$A_1^{(1)}$	$A_2^{(1)}$	$A_3^{(1)}$
s_1	$A_1^{(2)}$	$A_3^{(2)}$	$A_2^{(2)}$
s_2	$A_2^{(2)}$	$A_1^{(2)}$	$A_3^{(2)}$
s_3	$A_3^{(2)}$	$A_2^{(2)}$	$A_1^{(2)}$

表 2.2 驱动函数 f_2 的状态更新方式

f_2	$A_1^{(1)}$	$A_2^{(1)}$	$A_3^{(1)}$
s_1	s_2	s_1	s_3
s_2	s_3	s_2	s_1
s_3	s_1	s_3	s_2

若 输 入 序 列 为 $A_1^{(1)}A_2^{(1)}A_1^{(1)}A_3^{(1)}A_3^{(1)}A_1^{(1)}$，初 始 状 态 为 s_1，则 得 到 状 态 序 列 $s_1s_2s_2s_3s_2s_1s_2$，即可表示成 $s_1 \xrightarrow{A_1^{(1)}} s_2 \xrightarrow{A_2^{(1)}} s_2 \xrightarrow{A_1^{(1)}} s_3 \xrightarrow{A_3^{(1)}} s_2 \xrightarrow{A_3^{(1)}} s_1 \xrightarrow{A_1^{(1)}} s_2$，而相应的输出字符序列为 $A_1^{(2)}A_1^{(2)}A_2^{(2)}A_1^{(2)}A_3^{(2)}A_1^{(2)}$。

但是，对于一般情况，给定 FSA 在 t 时刻和 t_1 时刻的状态，未必能够唯一确定 FSA 在 t 时刻的输入，并且 FSA 输出本身可能与 FSA 的输入也是相关的。但由于线性反馈移位寄存器(linear feedback shift register,LFSR)以及非线性反馈移位寄存器(nonlinear feedback shift register,NFSR)是自驱动，即状态更新只和当前状态相关而输出也特指最低寄存器的状态，因此通常针对 NFSR 以及 LFSR 的状态转移图不含有输入 $A_u^{(1)}$ 与输出 $A_u^{(2)}$。

2.1.3 密钥流生成器

同步流密码的关键是密钥流生成器，一般可将其看成一个参数为 k 的有限状态自动机，由一个输出符号集 Z、一个状态集 Σ、两个函数 φ 和 ψ 以及一个初始状态 σ_0 组成，如图 2.5 所示。状态转移函数 $\varphi:\sigma_i \to \sigma_{i+1}$，将当前状态 σ_i 变为一个新状态 σ_{i+1}，输出函数 $\psi:\sigma_i \to z_i$，当前状态 σ_i 变为输出符号集中的一个元素 z_i。这种密钥流生成器设计的关键在于找出适当的状态转移函数 φ 和输出函数 ψ，使得输出序列 z 满足密钥流序列 $\{z_i\}$ 应满足的几个条件，并且要求在设备上是节省的和容易实现的。为了实现这一目标，必须采用非线性函数。

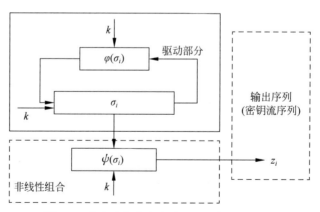

图 2.5 作为有限状态自动机的密钥流生成器

由于具有非线性的 φ 的有限状态自动机理论很不完善，相应的密钥流产生器的分析工作受到极大的限制。相反地，当采用线性的 φ 和非线性的 ψ 时，将能够进行深入的分析，并可以得到好的生成器。为方便讨论，可将这类生成器分成驱动部分和非线性组合部分,如图 2.6 所示。驱动部分控制生成器的状态转移,并为非线性组合部分提供统计性能好的序列,而非线性组合部分要利用这些序列组合出满足要求的密钥流序列。

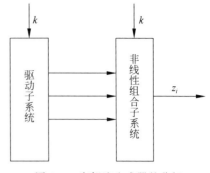

图 2.6　密钥流生成器的分解

序列周期的定义:一般来说,密钥流生成器的输入——种子密钥较短,人们却希望它的输出——密钥流对不知情的人来说像是随机的。就目前的想象和预见,人们对密钥流生成器提出了以下基本要求:

(1) 种子密钥的变化量足够大,一般应在 2^{128} 以上;

(2) 密钥流生成器产生的密钥序列具有极大周期,一般应不小于 2^{55};

(3) 密钥流具有均匀的 n-元分布,即在一个周期环上,某特定形式的 n 长 bit 串与其求反,两者出现的频数大抵相当(例如,均匀的游程分布);

(4) 密钥流不可由一个低级(比如,小于 10^6 级)的线性反馈移位寄存器产生;

(5) 利用统计方法由密钥序列提取关于密钥流生成器结构或种子密钥的信息在计算上不可行;

(6) 混乱性,即密钥流的每一比特都与种子密钥的大多数比特有关;

(7) 扩散性,即种子密钥任一比特的改变要引起密钥流在全貌上的变化。

目前最为流行和实用的密钥流产生器,其驱动部分是一个或多个线性反馈移位寄存器,如图 2.7 所示。

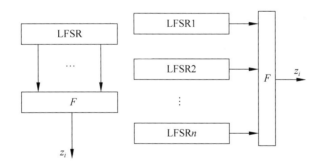

图 2.7　常见的两种密钥流生成器

2.2　线性反馈移位寄存器

移位寄存器是序列密码产生密钥流的一个主要组成部分。$GF(2)$ 上一个 n 级反馈移位寄存器由 n 个二元存储器与一个反馈函数 $f(a_1, a_2, \cdots, a_n)$ 组成,如图 2.8 所示。每一存储器称为移位寄存器的一级,在任一时刻,这些级的内容构成该反馈移位寄存器的状态,每一状态对应于 $GF(2)$ 上的一个 n 维向量,共有 2^n 种可能的状态。每一时刻的状态可用 n

长序列 $a_1, a_2, \cdots, a_n$ 或 n 维向量 $(a_1, a_2, \cdots, a_n)$ 表示,其中,a_i 是第 i 级存储器的内容。初始状态由用户确定,当移位时钟脉冲到来时,每一级存储器 a_i 都将其内容向下一级 a_{i-1} 传递,并根据寄存器此时的状态 $a_1, a_2, \cdots, a_n$ 计算 $f(a_1, a_2, \cdots, a_n)$,作为下一时刻的 a_n。反馈函数 $f(a_1, a_2, \cdots, a_n)$ 是 n 元布尔函数,即 n 个变元 $a_1, a_2, \cdots, a_n$ 可以独立地取 0 和 1 这两个可能的值,函数中的运算有逻辑与、逻辑或、逻辑补等运算,最后的函数值也为 0 或 1。

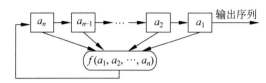

图 2.8 $GF(2)$ 上的 n 级反馈移位寄存器

例 2.2(3 级反馈移位寄存器,如图 2.9 所示) 初始状态为 $(a_1, a_2, a_3) = (1, 0, 1)$,输出值由表 2.3 求出。

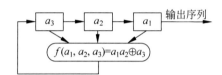

图 2.9 一个 3 级反馈移位寄存器

表 2.3 状态与输出

状 态	输 出	状 态	输 出
1 0 1	1	0 1 1	1
1 1 0	1	1 1 1	0

即输出序列为 $\underbrace{1011}_{\text{初态}}10111011\cdots$,其周期为 4。

如果移位寄存器的反馈函数 $f(a_1, a_2, \cdots, a_n)$ 是 $a_1, a_2, \cdots, a_n$ 的线性函数,即 LFSR,则 f 可写为

$$f(a_1, a_2, \cdots, a_n) = c_n a_1 \oplus c_{n-1} a_2 \oplus \cdots \oplus c_1 a_n$$

其中常数 $c_i = 0$ 或 1,$\oplus$ 是模 2 加法。$c_i = 0$ 或 1 可用开关的断开和闭合来实现,如图 2.10 所示。

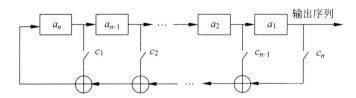

图 2.10 $GF(2)$ 上的 n 级线性反馈移位寄存器

输出序列 $\{a_t\}$ 满足 $a_{n+t} = c_n a_t \oplus c_{n-1} a_{t+1} \oplus \cdots \oplus c_1 a_{n+t-1}$,$t$ 为正整数。

LFSR 因其实现简单、速度快、有较为成熟的理论等优点而成为构造密钥流生成器最重

要的部件之一。

例 2.3(5 级线性反馈移位寄存器)　图 2.11 为一线性移位寄存器,其初始状态为$(a_1,a_2,a_3,a_4,a_5)=(1,0,0,1,1)$,输出序列为 1001101001000010101110110001111100110…,周期为 31。

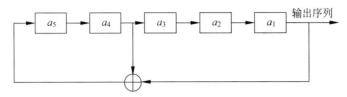

图 2.11　一个 5 级线性反馈移位寄存器

在 LFSR 中总是假定 $c_1,c_2,\cdots,c_n$ 中至少有一个不为 0,否则 $f(a_1,a_2,\cdots,a_n)=0$,这样在 n 个脉冲后状态必然是 00$\cdots$0,且这个状态必将一直持续下去。若只有一个系数不为 0,设仅有 c_j 不为 0,实际上是一种延迟装置。一般对于 n 级线性反馈移位寄存器,总是假定 $c_n=1$。

线性反馈移位寄存器输出序列的性质完全由其反馈函数决定。n 级线性反馈移位寄存器最多有 2^n 个不同的状态。若其初始状态为 0,则其状态恒为 0;若其初始状态非 0,则其后继状态也不会为 0。因此 n 级线性反馈移位寄存器的状态周期小于等于 2^n-1。其输出序列的周期与状态周期相等,也小于等于 2^n-1。只要选择合适的反馈函数,便可使序列的周期达到最大值 2^n-1,周期达到最大值的序列称为 m 序列。

2.3　线性反馈移位寄存器的一元多项式表示

设 n 级 LFSR 的输出序列 $\{a_i\}$ 满足递推关系
$$a_{n+k}=c_1a_{n+k-1}\oplus c_2a_{n+k-2}\oplus\cdots\oplus c_na_k$$
且对任何 $k\geq1$ 成立。这种递推关系可用一个一元高次多项式
$$p(x)=1+c_1x+c_2x^2+\cdots+c_{n-1}x^{n-1}+c_nx^n$$
表示,则称这个多项式为 LFSR 的特征多项式。

设 n 级线性反馈移位寄存器对应于如上递推关系,由于 $a_i\in GF(2)(i=1,2,\cdots,n)$,所以共有 2^n 组初始状态,即 2^n 个递推序列,其中非恒为零的有 2^n-1 个,记 2^n-1 个非零序列的全体为 $G(p(x))$。

对于一个序列 $\{a_i\}$,其生成函数定义为
$$A(x)=a_1+a_2x+\cdots+a_nx^{n-1}+\cdots,\quad 即\quad A(x)=\sum a_ix^{i-1}$$

定理 2.1　设 $p(x)=1+c_1x+\cdots+c_{n-1}x^{n-1}+c_nx^n$ 是 $GF(2)$ 上的多项式,$G(p(x))$ 中任一序列 $\{a_i\}$ 的生成函数 $A(x)$ 满足
$$A(x)=\frac{\varphi(x)}{p(x)}$$

其中 $\varphi(x)=\sum_{i=1}^{n}\left(c_{n-i}x^{n-i}\sum_{j=1}^{i}a_j x^{j-1}\right),c_0=1$。

证明：在等式

$$a_{n+1}=c_1 a_n\oplus c_2 a_{n-1}\oplus\cdots\oplus c_n a_1,\quad a_{n+2}=c_1 a_{n+1}\oplus c_2 a_n\oplus\cdots\oplus c_n a_2$$

两边分别乘以 $x^n,x^{n+1},\cdots$再求和,可得

$$A(x)-(a_1+a_2 x+\cdots+a_n x^{n-1})$$
$$=c_1 x\left[A(x)-(a_1+a_2 x+\cdots+a_{n-1}x^{n-2})\right]+$$
$$c_2 x^2\left[A(x)-(a_1+a_2 x+\cdots+a_{n-2}x^{n-3})\right]+\quad\cdots+c_n x^n A(x)$$

移项整理得

$$(1+c_1 x+\cdots+c_{n-1}x^{n-1}+c_n x^n)A(x)$$
$$=(a_1+a_2 x+\cdots+a_n x^{n-1})+c_1 x(a_1+a_2 x+\cdots+a_{n-1}x^{n-2})+$$
$$c_2 x^2(a_1+a_2 x+\cdots+a_{n-2}x^{n-3})+\cdots+c_{n-1}x^{n-1}a_1$$

即

$$p(x)A(x)=\sum_{i=1}^{n}\left(c_{n-i}x^{n-i}\sum_{j=1}^{i}a_j x^{j-1}\right)=\varphi(x)$$

注意在 $GF(2)$ 上有 $a+a=0$。

定理 2.2 $p(x)|q(x)$ 的充要条件是 $G(p(x))\subset G(q(x))$。

证明：若 $p(x)|q(x)$,可设 $q(x)=p(x)r(x)$,因此

$$A(x)=\frac{\varphi(x)}{p(x)}=\frac{\varphi(x)r(x)}{p(x)r(x)}=\frac{\varphi(x)r(x)}{q(x)}$$

所以若 $\{a_i\}\in G(p(x))$,则 $\{a_i\}\in G(q(x))$,即 $G(p(x))\subset G(q(x))$。

反之,若 $G(p(x))\subset G(q(x))$,则由定理 2.1,对于多项式 $\varphi(x)$,存在序列 $\{a_i\}\in G(p(x))$ 以 $A(x)=\varphi(x)/q(x)$ 为生成函数。特别地,对于多项式 $\varphi(x)=1$,存在序列 $\{a_i\}\in G(p(x))$ 以 $1/p(x)$ 为生成多项式。由 $\{a_i\}\in G(p(x))$ 知 $\{a_i\}\in G(q(x))$,所以存在函数 $r(x)$,使得 $\{a_i\}$ 的生成函数等于 $r(x)/q(x)$,从而 $1/p(x)=r(x)/q(x)$,即 $q(x)=p(x)r(x)$,所以 $p(x)|q(x)$ 的充要条件是 $G(p(x))\subset G(q(x))$。

定理 2.2 说明可用 n 级 LFSR 产生的序列,也可用级数更多的 LFSR 来产生。

定义 2.1 设 $p(x)$ 是 $GF(2)$ 上的多项式,使 $p(x)|(x^p-1)$ 的最小 p 称为 $p(x)$ 的周期或阶。

定理 2.3 若序列 $\{a_i\}$ 的特征多项式 $p(x)$ 定义在 $GF(2)$ 上,p 是 $p(x)$ 的周期,则 $\{a_i\}$ 的周期为 $r|p$。

证明：由 $p(x)$ 周期的定义得 $p(x)|(x^p-1)$,因此存在 $q(x)$,使得 $x^p-1=p(x)q(x)$。又由 $p(x)A(x)=\varphi(x)$ 可得 $p(x)q(x)A(x)=\varphi(x)q(x)$,所以 $(x^p-1)A(x)=\varphi(x)q(x)$。因 $p(x)$ 的次数不超过 n,故 $q(x)$ 的次数不超过 $p-n$,又 $\varphi(x)$ 的次数不超过 $n-1$,所以 $(x^p-1)A(x)$ 的次数不超过 $(p-n)+(n-1)=p-1$。这就证明了对于任意正整数 i 都有 $a_{i+p}=a_i$。

设 $p=kr+t,0\leqslant t<r$,则 $a_{i+p}=a_{i+kr+t}=a_{i+t}=a_i$,所以 $t=0$,即 $r|p$。

可见,n 级 LFSR 输出序列的周期 r 不依赖于初始条件(全 0 初态除外),而依赖于特征

多项式 $p(x)$。研究人员感兴趣的是 LFSR 遍历 2^n-1 个非零状态,这时序列的周期达到最大 2^n-1,这种序列就是 m 序列。显然对于特征多项式一样,而仅初始条件不同的两个输出 m 序列,一个记为 $\{a_i^{(1)}\}$,另一个记为 $\{a_i^{(2)}\}$,其中一个必是另一个的移位,即存在一个常数 k,使得 $a_i^{(1)}=a_{k+i}^{(1)}$,$i=1,2,\cdots$。

下面讨论特征多项式满足什么条件时,LFSR 的输出序列为 m 序列。

定理 2.4　设 $p(x)$ 是 n 次不可约多项式,周期为 p,序列 $\{a_i\}\in G(p(x))$,则 $\{a_i\}$ 的周期为 p。

证明：设 $\{a_i\}$ 的周期为 r,由定理 2.3 有 $r\mid p$,所以 $r\leqslant p$。设 $A(x)$ 为 $\{a_i\}$ 的生成函数,$A(x)=\varphi(x)/p(x)$,即 $p(x)A(x)=\varphi(x)\neq 0$,$\varphi(x)$ 的次数不超过 $n-1$,而

$$
\begin{aligned}
A(x) &= \sum a_i x^{i-1} \\
&= a_1+a_2 x+\cdots+a_r x^{r-1}+x^r(a_1+a_2 x+\cdots+a_r x^{r-1})+ \\
&\quad (x^r)^2(a_1+a_2 x+\cdots+a_r x^{r-1})+\cdots \\
&= (a_1+a_2 x+\cdots+a_r x^{r-1})/(1-x^r) \\
&= (a_1+a_2 x+\cdots+a_r x^{r-1})/(x^r-1)
\end{aligned}
$$

于是 $A(x)=(a_1+a_2 x+\cdots+a_r x^{r-1})/(x^r-1)=\varphi(x)/p(x)$,即

$$
p(x)(a_1+a_2 x+\cdots+a_r x^{r-1})=\varphi(x)(x^r-1)
$$

因 $p(x)$ 是不可约的,所以 $\gcd(p(x),\varphi(x))=1$,$p(x)\mid(x^r-1)$,得 $p\leqslant r$。综上可知 $r=p$。

定理 2.5　n 级 LFSR 产生的序列有最大周期 2^n-1 的必要条件是其特征多项式为不可约的。

证明：设 n 级 LFSR 产生的序列周期达到最大 2^n-1,除 0 序列外,每一序列的周期由特征多项式唯一决定,而与初始状态无关。设特征多项式为 $p(x)$,若 $p(x)$ 可约,可设为 $p(x)=g(x)h(x)$,其中 $g(x)$ 不可约,且次数 $k<n$。由于 $G(g(x))\subset G(p(x))$,而 $G(g(x))$ 中序列的周期一方面不超过 2^k-1,另一方面又等于 2^n-1,这是矛盾的,所以 $p(x)$ 不可约。

注：定理 2.5 的逆不成立,即 LFSR 的特征多项式为不可约多项式时,其输出序列不一定是 m 序列。

例 2.4　$f(x)=x^4+x^3+x^2+x+1$ 为 $GF(2)$ 上的不可约多项式,这可由 x,$x+1$,x^2+x+1 都不能整除 $f(x)$ 得到。以 $f(x)$ 为特征多项式的 LFSR 的输出序列可由

$$
a_k=a_{k-1}\oplus a_{k-2}\oplus a_{k-3}\oplus a_{k-4} \quad (k\geqslant 4)
$$

和给定的初始状态求出,设初始状态为 0001,则输出序列为 $000110001100011\cdots$,周期为 5,不是 m 序列。

定义 2.2　若 n 次不可约多项式 $p(x)$ 的周期为 2^n-1,则称 $p(x)$ 是 n 次本原多项式。

定理 2.6　设 $\{a_i\}\in G(p(x))$,$\{a_i\}$ 为 m 序列的充要条件是 $p(x)$ 为本原多项式。

证明：若 $p(x)$ 是本原多项式,则其阶为 2^n-1,由定理 2.4 得 $\{a_i\}$ 的周期等于 2^n-1,即 $\{a_i\}$ 为 m 序列。

反之,若 $\{a_i\}$ 为 m 序列,即其周期等于 2^n-1,由定理 2.5 知 $p(x)$ 是不可约的。由定理 2.3 知 $\{a_i\}$ 的周期 2^n-1 整除 $p(x)$ 的阶,而 $p(x)$ 的阶不超过 2^n-1,所以 $p(x)$ 的阶为

2^n-1，即 $p(x)$ 是本原多项式。

$\{a_i\}$ 为 m 序列的关键在于 $p(x)$ 为本原多项式，n 次本原多项式的个数为 $\phi(2^n-1)/n$。已经证明，对于任意的正整数 n，至少存在一个 n 次本原多项式。所以对于任意的 n 级 LFSR，至少存在一种连接方式使其输出序列为 m 序列。

例 2.5 设 $p(x)=x^4+x+1$，由于 $p(x)|(x^{15}-1)$，但不存在小于 15 的常数 l，使得 $p(x)|(x^l-1)$，所以 $p(x)$ 的周期为 15。$p(x)$ 的不可约性可由 $x,x+1,x^2+x+1$ 都不能整除 $p(x)$ 得到，所以 $p(x)$ 是本原多项式。

若 LFSR 以 $p(x)$ 为特征多项式，则输出序列的递推关系为

$$a_k=a_{k-1}\oplus a_{k-4} \quad (k\geqslant 4)$$

若初始状态为 1001，则输出为 100100011110101100100011110101…，周期为 $2^4-1=15$，即输出序列为 m 序列。

2.4 m 序列的伪随机性

流密码的安全性取决于密钥流的安全性，因此要求密钥流序列有好的随机性，以使密码分析者对它无法预测。也就是说，即使破译方截获其中一段，也无法推测后面是什么。严格地说，如果密钥流是周期的，就不可能做到随机。只能要求截获比周期短的一段时不会泄露更多信息，这样的序列称为伪随机序列。

为讨论序列的随机性，下面先讨论随机序列的一般特性。

设 $\{a_i\}=(a_1,a_2,a_3,\cdots)$ 为 0、1 序列，例如 00110111，其前两个数字是 00，称为 0 的 2 游程；接着是 11，是 1 的 2 游程；再下来是 0 的 1 游程和 1 的 3 游程。

定义 2.3 $GF(2)$ 上周期为 T 的序列 $\{a_i\}$ 的自相关函数定义为

$$R(\tau)=\frac{1}{T}\sum_{k=1}^{T}(-1)^{a_k}(-1)^{a_{k+\tau}}, \quad 0\leqslant \tau\leqslant T-1$$

定义中的和式表示序列 $\{a_i\}$ 与 $\{a_{i+\tau}\}$（序列 $\{a_i\}$ 向后平移 τ 位得到）在一个周期内对应位相同的位数与对应位不同的位数之差。当 $\tau=0$ 时，$R(\tau)=1$；当 $\tau\neq 0$ 时，称 $R(\tau)$ 为异相自相关函数。

Golomb 对伪随机周期序列提出了应满足的如下三个随机性公设：

(1) 在序列的一个周期内，0 与 1 的个数相差至多为 1；

(2) 在序列的一个周期内，长为 i 的游程占游程总数的 $1/2^i(i=1,2,\cdots)$，且在等长的游程中 0 的游程数和 1 的游程数相等；

(3) 异相自相关函数是一个常数。

第一个公设说明 $\{a_i\}$ 中 0 与 1 出现的概率基本上相同；第二个公设说明 0 与 1 在序列中每一位置上出现的概率相同；第三个公设意味着通过对序列与其平移后的序列做比较，不能给出其他任何信息。

从密码系统的角度看，一个伪随机序列还应满足下面的条件：

(1) $\{a_i\}$ 的周期相当大；

(2) $\{a_i\}$ 的确定在计算上是容易的；

(3) 由密文及相应的明文的部分信息,不能确定整个 $\{a_i\}$。

定理 2.7 $GF(2)$ 上的 n 长 m 序列 $\{a_i\}$ 具有如下性质:

(1) 在一个周期内,0、1 出现的次数分别为 $2^{n-1}-1$ 和 2^{n-1};

(2) 在一个周期内,总游程数为 2^{n-1};对 $1 \leqslant i \leqslant n-2$,长为 i 的游程有 2^{n-i-1} 个,且 0、1 游程各占一半;长为 $n-1$ 的 0 游程一个,长为 n 的 1 游程一个;

(3) $\{a_i\}$ 的自相关函数为

$$R(\tau) = \begin{cases} 1, & \tau = 0 \\ -\dfrac{1}{2^n-1}, & 0 < \tau \leqslant 2^n - 2 \end{cases}$$

此定理说明,m 序列满足 Golomb 的三个随机性公设。

证明:

(1) 在 n 长 m 序列的一个周期内,除了全 0 状态外,每个 n 长状态(共有 2^n-1 个)都恰好出现一次,这些状态中有 2^{n-1} 个在 a_1 位是 1,其余 $2^n-1-2^{n-1}=2^{n-1}-1$ 个状态在 a_1 位是 0。

(2) 对 $n=1,2$,易证结论成立。

对 $n>2$,当 $1 \leqslant i \leqslant n-2$ 时,n 长 m 序列的一个周期内,长为 i 的 0 游程数目等于序列中如下形式的状态数目:

$\underbrace{100\cdots001}_{i \uparrow 0}\ \underbrace{** \cdots **}_{n-i-2 \uparrow 0 \text{或} 1}$,这种状态共有 2^{n-i-2} 个。同理可得长为 i 的 1 游程数也等于 2^{n-i-2},所以长为 i 的游程总数为 2^{n-i-1}。

由于寄存器中不会出现全 0 状态,所以不会出现 0 的 n 游程,但必有一个 1 的 n 游程,而且 1 的游程不会更大,因为若出现 1 的 $n+1$ 游程,就必然有两个相邻的全 1 状态,但这是不可能的。这就证明了 1 的 n 游程必然出现在如下的串中:

$$0\ \underbrace{11\cdots1}_{n \uparrow 1}\ 0$$

当 $n+2$ 位通过移位寄存器时,便依次产生以下状态:

$$0\ \underbrace{11\cdots1}_{n-1 \uparrow 1},\ \underbrace{11\cdots1}_{n \uparrow 1},\ \underbrace{11\cdots1}_{n-1 \uparrow 1}\ 0$$

由于 $\underbrace{011\cdots1}_{n-1 \uparrow 1}$ 与 $\underbrace{11\cdots10}_{n-1 \uparrow 1}$ 这两个状态只能各出现一次,所以不会有 1 的 $n-1$ 游程。

于是在一个周期内,总游程数为

$$1 + 1 + \sum_{i=1}^{n-2} 2^{n-i-1} = 2^{n-1}$$

(3) 设 $\{a_i\}$ 是周期为 2^n-1 的 m 序列,对于任一正整数 $\tau(0<\tau<2^n-1)$,$\{a_i\}+\{a_{i+\tau}\}$ 在一个周期内为 0 的位的数目正好是序列 $\{a_i\}$ 和 $\{a_{i+\tau}\}$ 对应位相同的位的数目。

设序列 $\{a_i\}$ 满足递推关系:

$$a_{h+n} = c_1 a_{h+n-1} \oplus c_2 a_{h+n-2} \oplus \cdots \oplus c_n a_h$$

则

$$a_{h+n+\tau} = c_1 a_{h+n+\tau-1} \oplus c_2 a_{h+n+\tau-2} \oplus \cdots \oplus c_n a_{h+\tau}$$

$$a_{h+n} \oplus a_{h+n+\tau} = c_1(a_{h+n-1} \oplus a_{h+n+\tau-1}) \oplus c_2(a_{h+n-2} \oplus a_{h+n+\tau-2}) \oplus \cdots \oplus c_n(a_h + a_{h+\tau})$$

令 $b_j = a_j \oplus a_{j+\tau}$，由递推序列 $\{a_i\}$ 可推得递推序列 $\{b_i\}$，$\{b_i\}$ 满足

$$b_{h+n} = c_1 b_{h+n-1} \oplus c_2 b_{h+n-2} \oplus \cdots \oplus c_n b_h$$

于是，由 $\{a_i\}$ 是 m 序列，知 $\{b_i\}$ 也是 m 序列。为了计算 $R(\tau)$，只要用 $\{b_i\}$ 在一个周期中 0 的个数减去 1 的个数，再除以 $2^n - 1$，即

$$R(\tau) = \frac{2^{n-1} - 1 - 2^{n-1}}{2^n - 1} = -\frac{1}{2^n - 1}$$

2.5 m 序列密码的破译

有限域 $GF(2)$ 上的二元加法流密码是目前最为常用的流密码体制。设滚动密钥生成器是线性反馈移位寄存器，产生的密钥是 m 序列。又设 $\boldsymbol{S}_h$ 和 $\boldsymbol{S}_{h+1}$ 是序列中两个连续的 n 长向量，其中

$$\boldsymbol{S}_h = \begin{pmatrix} a_h \\ a_{h+1} \\ \vdots \\ a_{h+n-1} \end{pmatrix}, \quad \boldsymbol{S}_{h+1} = \begin{pmatrix} a_{h+1} \\ a_{h+2} \\ \vdots \\ a_{h+n} \end{pmatrix}$$

设序列 $\{a_i\}$ 满足线性递推关系：

$$a_{h+n} = c_1 a_{h+n-1} \oplus c_2 a_{h+n-2} \oplus \cdots \oplus c_n a_h$$

可表示为

$$\begin{pmatrix} a_{h+1} \\ a_{h+2} \\ \vdots \\ a_{h+n} \end{pmatrix} = \begin{pmatrix} 0 & 1 & 0 & \cdots & 0 \\ 0 & 0 & 1 & \cdots & 0 \\ \vdots & \vdots & \vdots & & \vdots \\ c_n & c_{n-1} & c_{n-2} & \cdots & c_1 \end{pmatrix} \begin{pmatrix} a_h \\ a_{h+1} \\ \vdots \\ a_{h+n-1} \end{pmatrix}$$

或记为 $\boldsymbol{S}_{h+1} = \boldsymbol{M} \cdot \boldsymbol{S}_h$，其中 $\boldsymbol{M}$ 为上面的矩阵。

又设敌手知道一段长为 $2n$ 的明密文对，即已知

$$x = x_1 x_2 \cdots x_{2n}, \quad y = y_1 y_2 \cdots y_{2n}$$

于是可求出一段长为 $2n$ 的密钥序列

$$z = z_1 z_2 \cdots z_{2n}$$

其中，$z_i = x_i \oplus y_i = x_i \oplus (x_i \oplus z_i)$，由此可推出线性反馈移位寄存器连续的 $n+1$ 个状态：

$$S_1 = (z_1 z_2 \cdots z_n) \xlongequal{\text{记为}} (a_1 a_2 \cdots a_n)$$

$$S_2 = (z_2 z_3 \cdots z_{n+1}) \xlongequal{\text{记为}} (a_2 a_3 \cdots a_{n+1})$$

$$\vdots$$

$$S_{n+1} = (z_{n+1} z_{n+2} \cdots z_{2n}) \xlongequal{\text{记为}} (a_{n+1} a_{n+2} \cdots a_{2n})$$

构造矩阵

$$\boldsymbol{X} = (\boldsymbol{S}_1 \quad \boldsymbol{S}_2 \quad \cdots \quad \boldsymbol{S}_n)$$

则

$$(a_{n+1} \quad a_{n+2} \quad \cdots \quad a_{2n}) = (c_n \quad c_{n-1} \quad \cdots \quad c_1) \begin{pmatrix} a_1 & a_2 & \cdots & a_n \\ a_2 & a_3 & \cdots & a_{n+1} \\ \vdots & \vdots & & \vdots \\ a_n & a_{n+1} & \cdots & a_{2n-1} \end{pmatrix}$$

$$= (c_n \quad c_{n-1} \quad \cdots \quad c_1) \boldsymbol{X}$$

其中 $\boldsymbol{X}$ 为上式中 $n \times n$ 矩阵,若 $\boldsymbol{X}$ 可逆,则

$$(c_n \quad c_{n-1} \quad \cdots \quad c_1) = (a_{n+1} \quad a_{n+2} \cdots \quad a_{2n}) \boldsymbol{X}^{-1}$$

下面证明 $\boldsymbol{X}$ 的确是可逆的。

因为 $\boldsymbol{X}$ 是由 $\boldsymbol{S}_1, \boldsymbol{S}_2, \cdots, \boldsymbol{S}_n$ 作为列向量的 $n \times n$ 矩阵,要证 $\boldsymbol{X}$ 可逆,只要证明这 n 个向量线性无关。

由序列递推关系

$$a_{h+n} = c_1 a_{h+n-1} \oplus c_2 a_{h+n-2} \oplus \cdots \oplus c_n a_h$$

可推出向量的递推关系:

$$\boldsymbol{S}_{h+n} = c_1 \boldsymbol{S}_{h+n-1} \oplus c_2 \boldsymbol{S}_{h+n-2} \oplus \cdots \oplus c_n \boldsymbol{S}_h = \sum_{i=1}^{n} c_i \boldsymbol{S}_{h+n-i} \pmod 2$$

设 $m (m \leq n+1)$ 是使 $\boldsymbol{S}_1, \boldsymbol{S}_2, \cdots, \boldsymbol{S}_m$ 线性相关的最小正整数,即存在不全为 0 的系数 $l_1, l_2, \cdots, l_m$,不妨设 $l_1 = 1$,使得

$$\boldsymbol{S}_m = l_m \boldsymbol{S}_1 + l_{m-1} \boldsymbol{S}_2 + \cdots + l_2 \boldsymbol{S}_{m-1} = \sum_{j=1}^{m-1} l_{j+1} \boldsymbol{S}_{m-j}$$

对于任一整数 i 有

$$\boldsymbol{S}_{m+i} = \boldsymbol{M}^i \boldsymbol{S}_m = \boldsymbol{M}^i (l_m \boldsymbol{S}_1 + l_{m-1} \boldsymbol{S}_2 + \cdots + l_2 \boldsymbol{S}_{m-1})$$

$$= l_m \boldsymbol{M}^i \boldsymbol{S}_1 + l_{m-1} \boldsymbol{M}^i \boldsymbol{S}_2 + \cdots + l_2 \boldsymbol{M}^i \boldsymbol{S}_{m-1}$$

$$= l_m \boldsymbol{S}_{i+1} + l_{m-1} \boldsymbol{S}_{i+2} + \cdots + l_2 \boldsymbol{S}_{m+i-1}$$

由此又可推出密钥流的递推关系:

$$a_{m+i} = l_2 a_{m+i-1} \oplus l_3 a_{m+i-2} \oplus \cdots \oplus l_m a_{i+1}$$

即密钥流的级数小于 m。若 $m \leq n$,则可得出密钥流的级数小于 n,矛盾。所以 $m = n+1$,从而矩阵 $\boldsymbol{X}$ 必是可逆的。

例 2.6 设敌手得到密文串 1011010111110010 和相应的明文串 0110011111111001,因此可计算出相应的密钥流为 110100100001011。进一步假定敌手还知道密钥流是使用 5 级线性反馈移位寄存器产生的,那么敌手可分别用密文串中的前 10bit 和明文串中的前 10bit 建立如下方程:

$$(a_6 \quad a_7 \quad a_8 \quad a_9 \quad a_{10}) = (c_5 \quad c_4 \quad c_3 \quad c_2 \quad c_1) \begin{pmatrix} a_1 & a_2 & a_3 & a_4 & a_5 \\ a_2 & a_3 & a_4 & a_5 & a_6 \\ a_3 & a_4 & a_5 & a_6 & a_7 \\ a_4 & a_5 & a_6 & a_7 & a_8 \\ a_5 & a_6 & a_7 & a_8 & a_9 \end{pmatrix}$$

即

$$(0 \quad 1 \quad 0 \quad 0 \quad 0) = (c_5 \quad c_4 \quad c_3 \quad c_2 \quad c_1) \begin{pmatrix} 1 & 1 & 0 & 1 & 0 \\ 1 & 0 & 1 & 0 & 0 \\ 0 & 1 & 0 & 0 & 1 \\ 1 & 0 & 0 & 1 & 0 \\ 0 & 0 & 1 & 0 & 0 \end{pmatrix}$$

而

$$\begin{pmatrix} 1 & 1 & 0 & 1 & 0 \\ 1 & 0 & 1 & 0 & 0 \\ 0 & 1 & 0 & 0 & 1 \\ 1 & 0 & 0 & 1 & 0 \\ 0 & 0 & 1 & 0 & 0 \end{pmatrix}^{-1} = \begin{pmatrix} 0 & 1 & 0 & 0 & 1 \\ 1 & 0 & 0 & 1 & 0 \\ 0 & 0 & 0 & 0 & 1 \\ 0 & 1 & 0 & 1 & 1 \\ 1 & 0 & 1 & 1 & 0 \end{pmatrix}$$

得到

$$(c_5 \quad c_4 \quad c_3 \quad c_2 \quad c_1) = (0 \quad 1 \quad 0 \quad 0 \quad 0) \begin{pmatrix} 0 & 1 & 0 & 0 & 1 \\ 1 & 0 & 0 & 1 & 0 \\ 0 & 0 & 0 & 0 & 1 \\ 0 & 1 & 0 & 1 & 1 \\ 1 & 0 & 1 & 1 & 0 \end{pmatrix}$$

所以

$$(c_5 \quad c_4 \quad c_3 \quad c_2 \quad c_1) = (1 \quad 0 \quad 0 \quad 1 \quad 0)$$

密钥流的递推关系为

$$a_{i+5} = c_5 a_i \oplus c_2 a_{i+3} = a_i \oplus a_{i+3}$$

2.6　非线性序列

2.1.3 节已介绍密钥流生成器可分解为驱动子系统和非线性组合子系统。如图 2.6 所示,驱动子系统常用一个或多个线性反馈移位寄存器来实现,非线性组合子系统用非线性组合函数 F 来实现,如图 2.7 所示。本节介绍第二部分非线性组合子系统。

为了使密钥流生成器输出的二元序列尽可能复杂,应保证其周期尽可能大、线性复杂度和不可预测性尽可能高,因此常使用多个 LFSR 来构造二元序列,每个 LFSR 的输出序列称为驱动序列。显然密钥流生成器输出序列的周期不大于各驱动序列周期的乘积,因此,提高输出序列的线性复杂度应从极大化其周期开始。

二元序列的线性复杂度指生成该序列的最短 LFSR 的级数,最短 LFSR 的特征多项式称为二元序列的极小特征多项式。

下面介绍四种由多个 LFSR 驱动的非线性序列生成器。

2.6.1　Geffe 序列生成器

Geffe 序列生成器由 3 个 LFSR 组成,其中 LFSR2 作为控制生成器使用,如图 2.12

所示。

当 LFSR2 输出 1 时,输出 LFSR1 的输出;当 LFSR2 输出 0 时,输出 LFSR3 的输出。若设 LFSRi 的输出序列为 $a_k^{(i)}(i=1,2,3)$,则输出序列 $\{b_k\}$ 可以表示为

$$b_k = a_k^{(1)}a_k^{(2)} + a_k^{(3)}\overline{a_k^{(2)}} = a_k^{(1)}a_k^{(2)} + a_k^{(3)}a_k^{(2)} + a_k^{(3)}$$

Geffe 序列生成器也可以表示为图 2.13 所示的形式,其中 LFSR1 和 LFSR3 作为多路复合器的输入,LFSR2 控制多路复合器的输出。设 LFSRi 的特征多项式分别为 n_i 次本原多项式,且 n_i 两两互素,则 Geffe 序列的周期为

$$\prod_{i=1}^{3}(2^{n_i}-1)$$

线性复杂度为(输出序列 $\{b_k\}$ 的特征多项式次数)$(n_1+n_3)n_2+n_3$。

Geffe 序列的周期实现了极大化,且 0 与 1 之间的分布大体上是平衡的。

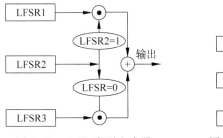 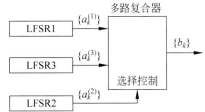

图 2.12　Geffe 序列生成器　　　　图 2.13　多路复合器的 Geffe 序列生成器

2.6.2　J-K 触发器

J-K 触发器如图 2.14 所示,它的两个输入端分别用 J 和 K 表示,其输出 c_k 不仅依赖于输入,还依赖于前一个输出位 c_{k-1},即 $c_k = \overline{(x_1+x_2)}c_{k-1}+x_1$。其中 x_1 和 x_2 分别是 J 和 K 端的输入。由此可得 J-K 触发器的真值表,见表 2.4。

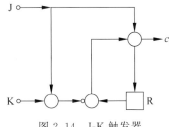

图 2.14　J-K 触发器

表 2.4　J-K 触发器真值表

J	K	c_k
0	0	c_{k-1}
0	1	0
1	0	1
1	1	$\overline{c_{k-1}}$

利用 J-K 触发器的非线性序列生成器如图 2.15 所示,令驱动序列 $\{a_k\}$ 和 $\{b_k\}$ 分别为 m 级和 n 级的 m 序列,则

$$c_k = \overline{(a_k+b_k)}c_{k-1}+a_k = (a_k+b_k+1)c_{k-1}+a_k$$

如果令 $c_{-1}=0$,则输出序列的最初 3 项为

$$\begin{cases} c_0 = a_0 \\ c_1 = (a_1 + b_1 + 1)a_0 + a_1 \\ c_2 = (a_2 + b_2 + 1)((a_1 + b_1 + 1)a_0 + a_1) + a_2 \end{cases}$$

可以证明,当 m 与 n 互素且 $a_0 + b_0 = 1$ 时,序列 $\{c_k\}$ 的周期为 $(2^m - 1)(2^n - 1)$。

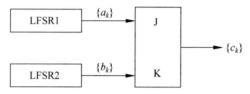

图 2.15　利用 J-K 触发器的非线性序列生成器

例 2.7　令 $m = 2, n = 3$,两个驱动 m 序列分别为

$$\{a_k\} = 0, 1, 1, \cdots$$

和

$$\{b_k\} = 1, 0, 0, 1, 0, 1, 1, \cdots$$

于是,输出序列 $\{c_k\}$ 是 $0, 1, 1, 0, 1, 0, 0, 1, 1, 1, 0, 1, 0, 1, 0, 0, 1, 0, 0, 1, 0, \cdots$,其周期为 $(2^2 - 1)(2^3 - 1) = 21$。

由表达式 $c_k = (a_k + b_k + 1)c_{k-1} + a_k$ 可得

$$c_k = \begin{cases} a_k, & c_{k-1} = 0 \\ \overline{b_k}, & c_{k-1} = 1 \end{cases}$$

因此,如果知道 $\{c_k\}$ 中相邻位的值 C_{k-1} 和 c_k,就可以推断出 a_k 和 b_k 中的一个。而一旦知道足够多的这类信息,就可通过密码分析的方法得到序列 $\{a_k\}$ 和 $\{b_k\}$。为了克服上述缺点,Pless 提出了由多个 J-K 触发器序列驱动的多路复合序列方案,称为 Pless 生成器。

2.6.3　Pless 生成器

Pless 生成器由 8 个 LFSR、4 个 J-K 触发器和 1 个循环计数器构成,由循环计数器进行选择控制,如图 2.16 所示。假定在时刻 t 输出第 $t \pmod 4$ 个单元,则输出序列为 $a_0 b_1 c_2 d_3 a_4 b_5 c_6$。

2.6.4　钟控序列生成器

钟控序列最基本的模型是用一个 LFSR 控制另外一个 LFSR 的移位时钟脉冲,如图 2.17 所示。

假设 LFSR1 和 LFSR2 分别输出序列 $\{a_k\}$ 和 $\{b_k\}$,其周期分别为 p_1 和 p_2。当 LFSR1 输出 1 时,移位时钟脉冲通过与门使 LFSR2 进行一次移位,从而生成下一位。当 LFSR1 输出 0 时,移位时钟脉冲无法通过与门影响 LFSR2。因此 LFSR2 重复输出前一位。假设钟控序列 $\{c_k\}$ 的周期为 p,可得如下关系:

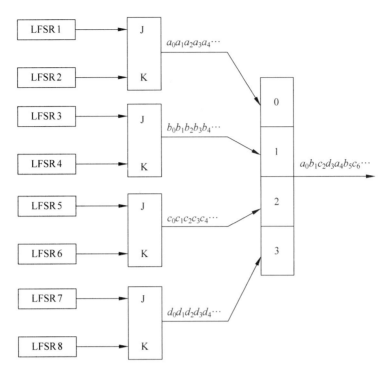

图 2.16 Pless 生成器

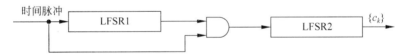

图 2.17 最简单的钟控序列生成器

$$p = \frac{p_1 p_2}{\gcd(w_1, p_2)}$$

其中

$$w_1 = \sum_{i=0}^{p_1-1} a_i$$

又设 $\{a_k\}$ 和 $\{b_k\}$ 的极小特征多项式分别为 $GF(2)$ 上的 m 和 n 次本原多项式 $f_1(x)$ 和 $f_2(x)$,且 $m \mid n$。因此,$p_1 = 2^m - 1$,$p_2 = 2^n - 1$。又知 $w_1 = 2^{m-1}$,因此 $\gcd(w_1, p_2) = 1$,所以 $p = p_1 p_2 = (2^m - 1)(2^n - 1)$。

此外,也可推导出 $\{c_k\}$ 的线性复杂度为 $n(2^m - 1)$,极小特征多项式为 $f_2(x^{2^{m-1}})$。

例 2.8 设 LFSR1 为 3 级 m 序列生成器,其特征多项式为 $f_1(x) = 1 + x + x^3$。设初始状态为 $a_0 = a_1 = a_2 = 1$,于是输出序列为 $\{a_k\} = 1,1,1,0,1,0,0,\cdots$。

又设 LFSR2 为 3 级 m 序列生成器,且记其状态向量为 σ_k,则 σ_k 的变化情况如下:

$$\sigma_0, \quad \sigma_1 \quad \sigma_2 \quad \sigma_3 \quad \sigma_3 \quad \sigma_4 \quad \sigma_4$$
$$\sigma_5 \quad \sigma_6 \quad \sigma_0 \quad \sigma_0 \quad \sigma_1 \quad \sigma_1 \quad \sigma_1$$
$$\sigma_2 \quad \sigma_3 \quad \sigma_4 \quad \sigma_4 \quad \sigma_5 \quad \sigma_5 \quad \sigma_5$$
$$\sigma_6 \quad \sigma_0 \quad \sigma_1 \quad \sigma_1 \quad \sigma_2 \quad \sigma_2 \quad \sigma_2$$
$$\sigma_0 \quad \sigma_1 \quad \sigma_2 \quad \sigma_2 \quad \sigma_3 \quad \sigma_3 \quad \sigma_3$$
$$\sigma_4 \quad \sigma_5 \quad \sigma_6 \quad \sigma_6 \quad \sigma_0 \quad \sigma_0 \quad \cdots$$

$\{c_k\}$ 的周期为 $(2^3-1)^2 = 49$，在它的一个周期内，每个 σ_k 恰好出现 7 次。

设 $f_2(x) = 1 + x^2 + x^3$ 为 LFSR2 的特征多项式，且初态为 $b_0 = b_1 = b_2 = 1$，则 $\{b_k\} = 1,1,1,0,0,1,0,\cdots$。

由 σ_k 的变化情况得

$\{c_k\} = 1,1,1,0,0,0,0,0,\ 1,0,1,1,1,1,1,\ 1,0,0,0,1,1,1,\ 0,1,1,1,1,1,1,\ 0,0,1,$
$1,0,0,0,\ 1,1,1,1,0,0,0,\ 0,1,0,0,1,1,\cdots$

$\{c_k\}$ 的极小特征多项式为 $1 + x^{14} + x^{21}$，其线性复杂度为 $3 \cdot (2^3-1) = 21$，图 2.18 是其线性等价生成器。

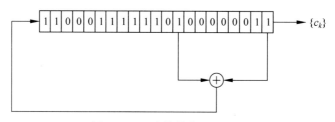

图 2.18　一个钟控序列生成器

实际应用中，可以用上述最基本的钟控序列生成器构造复杂的模型。

设计一个性能良好的序列密码是一项十分困难的任务。最基本的设计原则是"密钥流生成器的不可预测性"，它可分解为下述基本原则：

（1）长周期；

（2）高线性复杂度；

（3）统计性能良好；

（4）足够的"混乱"；

（5）足够的"扩散"；

（6）抵抗不同形式的攻击。

习题

1. 设 3 级线性反馈移位寄存器在 $c_3 = 1$ 时可有 4 种线性反馈函数，设其初始状态为 $(a_1, a_2, a_3) = (1,0,1)$，求各线性反馈函数的输出序列及周期。

2. 设 n 级线性反馈移位寄存器的特征多项式为 $p(x)$，初始状态为 $(a_1, a_2, \cdots, a_{n-1}, a_n) = (0,0,\cdots,0,1)$，证明其输出序列的周期等于 $p(x)$ 的阶。

3. 设 $n=4$，序列 $\{a_n\}$ 的反馈函数为 $f(a_1,a_2,a_3,a_4)=a_1 \oplus a_4 \oplus 1 \oplus a_2 a_3$，初始状态为 $(a_1,a_2,a_3,a_4)=(1,1,0,1)$，求此非线性反馈移位寄存器的输出序列及周期。

4. 假设破译者得到密文串 1010110110 和相应的明文串 0100010001。假定攻击者也知道密钥流是使用 3 级线性移位寄存器产生的，试破译该密码系统。

5. 设 J-K 触发器中 $\{a_k\}$ 和 $\{b_k\}$ 分别为 3 级和 4 级 m 序列，且

$$\begin{cases} \{a_k\}=11101001110100\cdots \\ \{b_k\}=001011011011000001011011011000\cdots \end{cases}$$

求输出序列 $\{c_k\}$ 及周期。

6. 设基本钟控序列产生器中 $\{a_k\}$ 和 $\{b_k\}$ 分别为 2 级和 3 级的 m 序列，且

$$\begin{cases} \{a_k\}=101101\cdots \\ \{b_k\}=10011011001101\cdots \end{cases}$$

求输出序列 $\{c_k\}$ 及周期。

7. 设 5 级线性移位寄存器中，反馈系数为 $(c_0,c_1,c_2,c_3,c_4)=(1,0,0,1,1)$，输入状态为 $(1,1,1,0,1)$。计算该寄存器的输出序列，并判断是否为 m 序列。

第3章

基本分组密码体制

分组密码就是将明文消息分成等长的消息组 $m_1, m_2, \cdots, m_i, \cdots$，其中 $m_i = (x_{i1}, x_{i2}, \cdots, x_{in})$。在密钥 k 控制下，按固定的算法 E_k 一组一组地进行加密。加密后输出等长密文组 $c_1, c_2, \cdots, c_i, \cdots$，其中 $c_i = (y_{i1}, y_{i2}, \cdots, y_{im})$。$n$ 称为分组长度，当 $n > m$ 时称为有数据压缩的分组密码；当 $n < m$ 时称为有数据扩展的分组密码。通常取 $n = m$。

研究分组密码就是研究从明文组 $(x_1, x_2, \cdots, x_n)$ 到密文组 $(y_1, y_2, \cdots, y_m)$ 的变换规则。由于本书只研究二元情况，都是二元组，于是研究分组密码就是研究从 $GF(2^n)$ 到 $GF(2^m)$ 的映射。一般只考虑 $n = m$ 的情况。

具有代表性的分组密码算法有 DES、IDEA、AES、A5 等。现代分组密码算法完全公开，安全性仅依赖于密钥。成功的密码分析是指密码分析者可以恢复明文或密钥。

3.1 数据加密标准

1973 年 5 月 15 日，美国国家标准局公开征集密码体制，最终导致了数据加密标准 (Data Encryption Standard，DES) 的出现，它曾经是世界上最广泛使用的密码体制。DES 是由 IBM 公司于 1971 年设计的，是早期的 Lucifer 密码的一种发展和改进。DES 于 1975 年 3 月 17 日首次公布，在经过大量的公开讨论后，DES 于 1977 年 2 月 15 日被美国国家标准局采纳作为"非密级"应用的一个标准，同年 7 月 15 日开始生效。DES 的出台揭开了商用民用密码研究的序幕。

DES 被采用后，大约每隔五年由美国国家保密局 (National Security Agency，NSA) 评估一次，并重新批准它能否继续作为联邦加密标准。DES 的最后一次评估在 1994 年 1 月，美国已经决定 1998 年 12 月以后不再使用 DES。虽然 DES 已有替代的数据加密标准算法，但它是一种最有代表性的分组密码体制，它对于推动密码理论的发展和应用起到重大作用，对于掌握分组密码的基本理论、设计思想和实际应用仍然有着重要的参考价值。

3.1.1 DES 描述

DES 的明文长度是 64bit，有效密钥长度为 56bit (密钥总长度为 64bit，有 8bit 奇偶校验)，加密后的密文长度也是 64bit。实际中的明文未必恰好是 64bit，所以要经过分组和填充把它们对齐为若干个 64bit 的组,然后进行加密处理。

　　DES 的主体运算由初始置换、Feistel 网络和逆初始值换组成。整体逻辑结构如图 3.1 所示:首先是初始值换 IP,用于重排明文分组的 64bit;接着是具有相同功能的 16 轮变化 (圈函数),注意第 16 轮变换的输出不交换次序;最后经过逆初始值换 IP^{-1},从而产生 64bit 的密文。其中,L_i、R_i 均为 32bit,K_i 是由密钥扩展运算生成的长度为 48bit 的子密钥。 DES 的解密算法与加密算法相同,只是子密钥的使用顺序与加密时刚好相反。下面分别介 绍初始置换、圈函数、密钥扩展和解密处理。

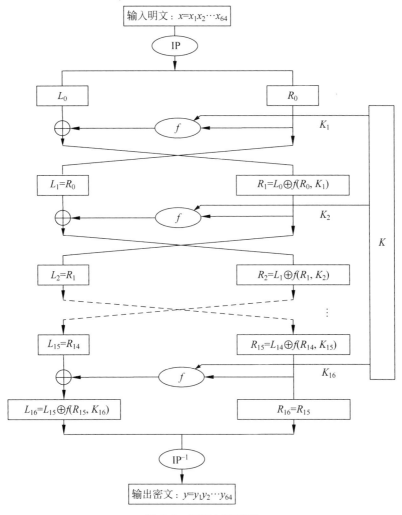

图 3.1　DES 加密流程

1. 初始置换 IP

　　IP 及其逆置换 IP^{-1} 是第 64 个比特位置的置换。IP 表示把第 58 比特(t_{58})换到第 1 个比特位置,把第 50 比特(t_{50})换到第 2 个比特位置,$\cdots$,把第 7 比特(t_7)换到第 64 个比 特位置。即给定一个长为 64 的比特串 $m = (t_1, t_2, \cdots, t_{64})$,经过 IP 置换后输出 $IP(m) = t_{58}, t_{50}, \cdots, t_7$。IP 及 IP^{-1} 可表示成矩阵形式,如图 3.2 所示。

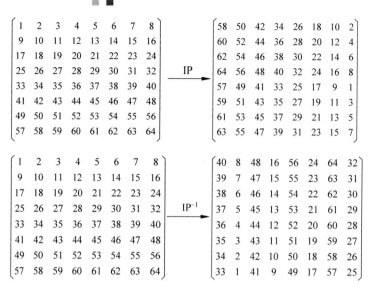

图 3.2 置换 IP 及其逆 IP^{-1} 的矩阵表示

值得注意的是，IP 也可具体地表示成映射的形式：

$$t_i \mid \xrightarrow{\text{IP}} t_{58-\left[\frac{i}{33}\right]+2\left(\left[\frac{i-1}{8}\right]\bmod 4\right)-8(i-1\bmod 8)}, \quad i=1,2,\cdots,64$$

其中，$[x]$ 表示不超过 x 的最大整数（上述公式对编程实现置换 IP 及其逆 IP^{-1} 时会用到）。

2. 圈函数

圈函数由规则 $L_i=R_{i-1}$，$R_i=L_{i-1}\oplus f(R_{i-1},K_i)(i=1,2,\cdots,16)$ 给出，如图 3.3 所示，函数 f 由扩展变换 E、异或运算、S-盒代替（8 个 S-盒）及 P-盒置换组成。其中，扩展变换 E，又称为位选择函数，它将 32bit 的数扩展为 48bit；异或运算的输入是 E 的输出和子密钥；S-盒代替则把 48bit 的数压缩为 32bit；P-盒置换是 32bit 数的位置置换。

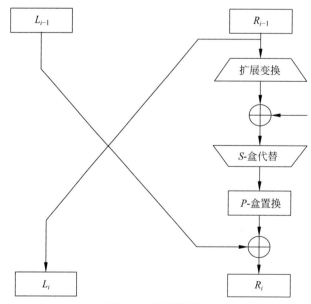

图 3.3 圈函数结构

（1）扩展变换 E：由输入 $8\times4=32$bit 按照图 3.4 所示规则扩展成 $8\times6=48$bit，其中有 16bit 出现两次。

也可表示成矩阵形式，如图 3.5 所示。

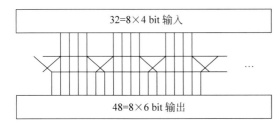

图 3.4 位选择函数 E

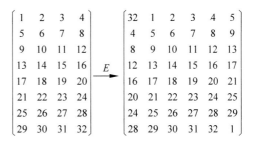

图 3.5 E 的矩阵表示

（2）S-盒代替：如图 3.6 所示，把 48bit 的数分成 8 组，每组 6bit，每组 6bit 分别输入一个 S-盒得到 4bit 的输出。

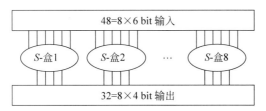

图 3.6 8 个 S-盒置换图

S-盒的变换关系可表示成一张 64 个 4 位数的表，8 个 S-盒的变换关系如表 3.1 所示。可将每个 S-盒看成一个 4×16 的矩阵 $S=(s_{ij})(i=1,2,3,4;j=1,2,\cdots,16)$，每行均是整数 $0,1,2,\cdots,15$ 的一个排列。对于每个 S-盒，其 6bit 输入中的第 1 个和第 6 个比特形成一个 2 位的二进制数，用来决定矩阵 S 的某一行的二进制数，中间 4bit 用来决定矩阵 S 的某一行的二进制数，行和列确定后，得到其交叉位置的十进制数，这个数对应的二进制数即为该 S-盒的输出。其形式化表示如下：设 6bit 输入 $x=x_1x_2x_3x_4x_5x_6$，令 $i=x_1x_6+1$，$j=x_2x_3x_4x_5+1$，则 $y=s_{i,j}$ 即为对应的输出。

表 3.1 8 个 S-盒置换表

S_1															
14	4	13	1	2	15	11	8	3	10	6	12	5	9	0	7
0	15	7	4	14	2	13	1	10	6	12	11	9	5	3	8
4	1	14	8	13	6	2	11	15	12	9	7	3	10	5	0
15	12	8	2	4	9	1	7	5	11	3	15	10	0	6	13
S_2															
15	1	8	14	6	11	3	4	9	7	2	13	12	0	5	10
3	13	4	7	15	2	8	14	12	0	1	10	6	9	11	5
0	14	7	11	10	4	13	1	5	8	12	6	9	3	2	15
13	8	10	1	3	15	4	2	11	6	7	12	0	5	14	9

S_3

10	0	9	14	6	3	15	5	1	13	12	7	11	4	2	8
13	7	0	9	3	4	6	10	2	8	5	14	12	11	15	1
13	6	4	9	8	15	3	0	11	1	2	12	5	10	14	7
1	10	13	0	6	9	8	7	4	15	14	3	11	5	2	12

S_4

7	13	14	3	0	6	9	10	1	2	8	5	11	12	4	15
13	8	11	5	6	15	0	3	4	7	2	12	1	10	14	9
10	6	9	0	12	11	7	13	15	1	3	14	5	2	8	4
3	15	0	6	10	1	13	8	9	4	5	11	12	7	2	14

S_5

2	12	4	1	7	10	11	6	8	5	3	15	13	0	14	9
14	11	2	12	4	7	13	1	5	0	15	10	3	9	8	6
4	2	1	11	10	13	7	8	15	9	12	5	6	3	0	14
11	8	12	7	1	14	2	13	6	15	0	9	10	4	5	3

S_6

12	1	10	15	9	2	6	8	0	13	3	4	14	7	5	11
10	15	4	2	7	12	9	5	6	1	13	14	0	11	3	8
9	14	15	5	2	8	12	3	7	0	4	10	1	13	11	6
4	3	2	12	9	5	15	10	11	14	1	7	6	0	8	13

S_7

4	11	2	14	15	0	8	13	3	12	9	7	5	10	6	1
13	0	11	7	4	9	1	10	14	3	5	12	2	15	8	6
1	4	11	13	12	3	7	14	10	15	6	8	0	5	9	2
6	11	13	8	1	4	10	7	9	5	0	15	14	2	3	12

S_8

13	2	8	4	6	15	11	1	10	9	3	14	5	0	12	7
1	15	13	8	10	3	7	4	12	5	6	11	0	14	9	2
7	11	4	1	9	12	14	2	0	6	10	13	15	3	5	8
2	1	14	7	4	10	8	13	15	12	9	0	3	5	6	11

注:1. S-盒不是置换,因为 S-盒的输入空间是 $\{0,1,2,\cdots,63\}$,输出空间是 $\{0,1,2,\cdots,15\}$;

2. 沿用计算机语言惯例,矩阵的行和列都是从 0 开始记。

例 3.1(S-盒的计算) 设 $x=101101$,则 $i=x_1x_6+1=(11)_2+1=4$,$j=x_2x_3x_4x_5+1=(0110)_2+1=7$,于是

$$y=s_{ij}=s_{47}=\begin{cases}1=(0001)_2, & \text{对应于 } S_1 \\ 4=(0100)_2, & \text{对应于 } S_2 \\ 15=(1111)_2, & \text{对应于 } S_6\end{cases}$$

（3）P-盒：是 32 个比特位置的置换，如表 3.2 所示，用法和 IP 类似。

表 3.2 P-盒

16	7	20	21	29	12	28	17	1	15	23	26	5	18	31	10
2	8	24	14	32	27	3	9	19	13	30	6	22	11	4	25

或表示成矩阵形式，如图 3.7 所示。

3. 密钥扩展

DES 的密钥 k 为 56bit，使用中在每 7bit 后添加一个奇偶校验位，扩充为 64bit 的 K 是为防止出错的一种简单编码手段。密钥扩展运算将 64bit 的带校验位的密钥 K（本质上是 56bit 密钥）扩展成 16 个长度为 48bit 的子密钥 K_i，用于 16 轮圈函数。如图 3.8 所示，密钥扩展运算由三种变换组成：拣选变换 PC-1、PC-2 及循环左移变换 LS。

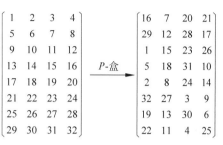

图 3.7 P-盒的矩阵表示

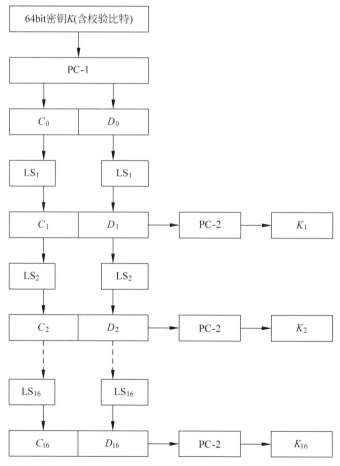

图 3.8 密钥扩展算法

其中,拣选变换 PC-1 表示从 64bit 中选出 56bit 的比特串,并适当调整比特次序,拣选方法由表 3.3 给出。它表示选择第 57bit 放到第 1 个比特位置,选择第 49 个比特放到第 2 个比特位置,……,选择第 4 个比特放到第 56 个比特位置。C_i 与 D_i($1 \leqslant i \leqslant 16$)是长度为 28 的比特串。

表 3.3 PC-1

57	49	41	33	25	17	9	1	58	50	42	34	26	18	10	2
59	51	43	35	27	19	11	3	60	52	44	36	63	55	47	39
31	23	15	7	62	54	46	38	30	22	14	6	61	53	45	37
29	21	13	5	28	20	12	4								

与 PC-1 类似,PC-2 则是从 56bit 中拣选出 48bit 的变换,即从 C_i 与 D_i 连接得到的比特串 $C_i D_i$ 中选取 48bit 作为子密钥 K_i。拣选方法由表 3.4 给出,使用方法和表 3.3 相同。

LS_i 表示对 28 比特串的循环左移:当 $i = 1, 2, 9, 16$ 时,移 1 位;对其他 i,移 2 位。当 $1 \leqslant i \leqslant 16$ 时,$C_i = LS_i(C_{i-1})$,$D_i = LS_i(D_{i-1})$。

表 3.4 PC-2

14	17	11	24	1	5	3	28	15	6	21	10	23	19	12	4
26	8	16	7	27	20	13	2	41	52	31	37	47	55	30	40
51	45	33	48	44	49	39	56	34	53	46	42	50	36	29	32

4. 解密

解密是加密的逆变换。其运算与加密相似,但子密钥的使用次序正好与加密变换相反。

$$K_1' = K_{16}, \cdots, K_{16}' = K_1$$

3.1.2 DES 分析

在 DES 作为一个标准被提出时,学界曾出现过很多的批评,其中之一就是针对 S-盒的。DES 的所有运算,除去 S-盒,全是线性的。因为它在商业系统中的广泛采用,加上人们怀疑 NSA 在 DES 中加入了陷门,各种研究机构和高校在 20 世纪 80—90 年代对其进行了大量的分析和破译工作。下面列出一些重要的结果和事件。

(1)**弱密钥**:如果密钥分成的两部分(每部分 28bit),分别都是全 0 或全 1,则任一周期(圈函数)中的子密钥将完全相同,叫做弱密钥。此外,使圈密钥只有两种的弱密钥叫半弱密钥。

(2)**补密钥**:若用 X' 表示 X 的补,则

$$e_k(P) = C \Leftrightarrow e_{k'} \cdot (P') = C'$$

这可能是一个弱点。

(3)**密钥长度**:太小,IBM 建议用 112 比特。

(4)**差分密码分析与线性密码分析**:Biham 与 Shamir 于 1990 年提出差分密码分析方法。

Matsui 于 1993 年的欧洲密码年会上提出一种计算复杂度更低的线性密码分析方法。这属于已知明文攻击方法。

(5) 20 世纪 90 年代 RSA 公司发起对 DES 三次挑战(攻击)。

(6) 1999 年一百多 CPU,利用并行算法,用 23 小时左右成功破译。

(7) 1999 年在互联网上,用分割密钥方法,成功破译。

应该注意到的一个事实是,DES 经过了可能是当今最多的分析或攻击,但未发现任何结构方面的漏洞。DES 算法最终之所以被破译的关键是密钥的长度问题,用当今计算机处理速度看,56bit 的密钥对穷搜索攻击已经太小。1998 年电子开拓基金会耗资 23 万美元制造了一台特殊的计算机,可在 56 个小时内破解 DES 加密的信息,经改进后 7 个小时内就破解了 DES。如果能获取大量的明密文对,那么可采用差分分析法在更短的时间内破解 DES。另一种破解 DES 的方法是进行大规模的计算机网络并行计算。1995 年 Boneh、Dunworth 及 Lipton 利用其构造的分子计算机,在经过近 4 个月的时间准备好一种不到一升的含有大量 DNA 链的溶液后,在一天之内破解了 DES。

所以,后来人们提出的多数算法把密钥长度增加到 80bit、128bit 甚至 256bit 以上。

3.1.3 三重 DES

人们认识到 DES 最大缺陷是使用了短密钥。为了克服这个缺陷,Tuchman 于 1979 年提出了三重 DES,使用了 168bit 的长密钥。DES 1985 年成为金融应用标准(见 ANSI X9.17),1999 年并入美国国家标准与技术研究局的数据加密标准(见 FIPS PUB 46-3)。

三重 DES,记为 TDES,使用 3 倍 DES 的密钥长度的密钥,即执行 3 次 DES 算法。记 TDES 的加密密钥 $k=(k_1,k_2,k_3)$,m 是明文,c 是密文,则加密过程为

$$c=\text{TDES}_k(m)=\text{DES}_{k_3}(\text{DES}_{k_2}^{-1}(\text{DES}_{k_1}(m)))$$

相应的解密过程为

$$m=\text{TDES}_k^{-1}(c)=\text{DES}_{k_1}^{-1}(\text{DES}_{k_2}(\text{DES}_{k_3}^{-1}(c)))$$

这里,$\text{DES}_{k_i}()$ 与 $\text{DES}_{k_i}^{-1}()$ 分别表示 DES 的加/解密运算。TDES 所用的加密次序并非是在故弄玄虚,主要是考虑与已有系统的兼容。巧妙之处在于,当取 $k_1=k_2=k_3$ 时,TDES 则退化成普通的 DES。

FIPS PUB 46-3 规定 TDES 的另一种使用方式是假定 $k_1=k_3$,这时 TDES 可用于密钥长度是 112bit 的数据加密。

因为 TDES 的基础算法是 DES,它和 DES 具有相同的对密码分析的抵抗力,同时,168bit 的长密钥可以有效地抵抗穷搜攻击。

3.2 高级加密标准

尽管 TDES 在强度上满足了当时商用密码的要求,但计算速度的提高和密码分析技术的不断进步,造成了人们对 DES 的担心。另一方面,DES 是针对集成电路实现设计的,对于在计算机系统和智能卡中的实现不大适合,限制了其应用范围。1997 年 1 月 2 日,NIST

开始在全世界范围内征集 DES 替代算法。该替代算法称为高级加密标准（advanced encryption standard，AES）。

AES 的基本要求是计算速度比三重 DES 快，而且安全性不比三重 DES 弱。AES 还被要求支持 128bit、192bit 和 256bit 的密钥长度，并且能在全世界范围内免费得到。

AES 的遴选活动包含几个重要的阶段：

1997 年 1 月发起征集高级加密标准（AES）的活动；

1998 年 8 月宣布了 15 个候选算法；

1999 年 8 月 5 个算法入围最后决赛，这 5 个算法分别是 MARS、RC6、Rijndael、Serpent 和 Twofish；

2000 年 10 月 Rijndael 当选；

2001 年 11 月被 NIST 采纳为标准，12 月在联邦记录中作为 FIPS197 公布；

2002 年 5 月正式生效。

AES 的候选算法根据以下三条主要原则评判：

（1）安全性；

（2）代价，指各种实现的计算效率（速度和存储需求），包括软硬件实现和智能卡实现；

（3）算法和实现特点，包括算法的灵活性、简洁性。

3.2.1 数学基础

所有 AES 中的操作都以字节（8bit）为基础，涉及字节的加法、乘法和求逆，字的加法和乘法等。可利用有限域上的操作来描述这些运算。

1. 有限域 $GF(2^8)$

设 F_2 是由 0 和 1 构成的二元域。令 $F_2[x]$ 是 F_2 上的多项式环，故 $F_2[x]$ 中有乘法和加法两种运算，并满足自然的运算规则。

设 $m(x)=x^8+x^4+x^3+x+1$（Rijndael 中 $m(x)$ 是取定的），则 $m(x)$ 是一个不可约多项式，从而 $F_2[x]/(m(x))$ 是一个域，即 $GF(2^8)$。

因 $F_2[x]/(m(x))$ 可看成次数不高于 7 次的多项式的集合，故恰与 8 位长的二进制数有一一对应关系：

$$f(x)=b_7x^7+\cdots+b_0 \Leftrightarrow f(x)=b_7\cdots b_0$$

所以，可把 $GF(2^8)$ 中每个元看成一个字节，把 $GF(2^8)$ 中 256 个元看成 256 个字节，并赋予相应的运算。下面用'x'表示 x 是一个十六进制的数。

1）加法

数字表示：逐位模 2 加；

多项式表示：系数模 2 加。

例 3.2（字节相加） 求'59'+'87'。

解：'59'的二进制表示为 01011001，对应的多项式为

$$f_1(x)=x^6+x^4+x^3+1$$

'87'的二进制表示为 10000111，对应的多项式为

$$f_2(x) = x^7 + x^2 + x + 1$$

因为 $f_1(x) + f_2(x) = x^7 + x^6 + x^4 + x^3 + x^2 + x$ 对应的二进制表示为 11011110，所以

$$\text{'59'} + \text{'87'} = \text{'DE'}$$

2）乘法

通常的多项式相乘，模 $m(x)$ 得余多项式。

例 3.3（字节相乘） 求'59'·'87'的值。

解：'59'的二进制表示为 01011001，对应的多项式为

$$f_1(x) = x^6 + x^4 + x^3 + 1$$

'87'的二进制表示为 10000111，对应的多项式为

$$f_2(x) = x^7 + x^2 + x + 1$$

因为 $f_1(x) \cdot f_2(x) = x^7 + x^6 + x^5 + x^3 + x^2 + 1 \pmod{m(x)}$ 对应的二进制表示为 11101101，所以

$$\text{'59'} \cdot \text{'87'} = \text{'ED'}$$

3）求逆

对于多项式 $f(x), g(x) \in GF(2^8)$，若 $f(x)g(x) = 1 \pmod{m(x)}$，则称 $f(x), g(x)$ 互为逆元。利用扩展的欧几里得算法，可以在 $GF(2^8)$ 求多项式的逆元。求逆元的运算稍微麻烦一点，可借助数学软件 MAPLE 求逆元。有兴趣的读者可以验证：$f_1(x) = x^6 + x^4 + x^3 + 1$ 的逆为 $f_1(x)^{-1} = x^5 + x^4 + x^3 + x^2 + x$。$g(x) = x^6 + x^4 + x + 1$ 的逆元为 $g(x)^{-1} = x^7 + x^6 + x^3 + x$。

4）结合律

对于任意的 $f(x), g(x), h(x) \in GF(2^8)$，容易验证 $f(x)(g(x) + h(x)) = f(x)g(x) + f(x)h(x)$ 成立。

可见，在上述定义下，256 个可能的字节构成了 $GF(2^8)$。因此字节的运算便转化为 $GF(2^8)$ 中元素的运算。

2. 系数在 $GF(2^8)$ 中的多项式 $GF(2^8)[x]$

取定 $GF(2^8)[x]$ 中多项式 $n(x)$（Rijndael 中 $n(x) = x^4 + 1$）。利用类似于上面的办法，建立 $GF(2^8)[x]/(n(x))$ 中多项式与系数组成的 4 维向量的对应关系，则 $GF(2^8)[x]/(n(x))$ 中元与 4 字节的字有一一对应关系。即字可以表示成系数在 $GF(2^8)$ 中的次数小于 4 的多项式，于是可利用 $GF(2^8)[x]/(n(x))$ 多项式的乘法计算两个字的乘积。

1）环 $GF(2^8)[x]/(n(x))$ 中的"多项式"加法

设 $a(x) = a_3 x^3 + a_2 x^2 + a_1 x + a_0, b(x) = b_3 x^3 + b_2 x^2 + b_1 x + b_0 \in GF(2^8)[x]/(n(x))$，则

$$a(x) + b(x) = (a_3 + b_3)x^3 + (a_2 + b_2)x^2 + (a_1 + b_1)x + (a_0 + b_0), a_i + b_i (0 \leqslant i \leqslant 3)$$

为字节相加（见例 3.2），限域 $GF(2^8)$ 中定义的加法。

2）环 $GF(2^8)[x]/(n(x))$ 中的"多项式"乘法

通常的多项式相乘，再模 $n(x)=x^4+1$。设

$$a(x)=a_3x^3+a_2x^2+a_1x+a_0$$

$$b(x)=b_3x^3+b_2x^2+b_1x+b_0$$

$$d(x)=a(x)\cdot b(x)=d_3x^3+\cdots+d_0$$

则其系数的计算公式为

$$\begin{cases} d_0=a_0b_0+a_3b_1+a_2b_2+a_1b_3 \\ d_1=a_1b_0+a_0b_1+a_3b_2+a_2b_3 \\ d_2=a_2b_0+a_1b_1+a_0b_2+a_3b_3 \\ d_3=a_3b_0+a_2b_1+a_1b_2+a_0b_3 \end{cases}$$

即

$$\begin{pmatrix} d_0 \\ d_1 \\ d_2 \\ d_3 \end{pmatrix} = \begin{pmatrix} a_0 & a_3 & a_2 & a_1 \\ a_1 & a_0 & a_3 & a_2 \\ a_2 & a_1 & a_0 & a_3 \\ a_3 & a_2 & a_1 & a_0 \end{pmatrix} \begin{pmatrix} b_0 \\ b_1 \\ b_2 \\ b_3 \end{pmatrix}$$

这里的加法和乘法均为有限域 $GF(2^8)$ 中定义的加法和乘法。

3.2.2　AES 描述

AES 的明文分组长度为固定 128bit[①]，密钥长度有三种选择：128bit、192bit 以及 256bit。

与 DES 一样，AES 也是迭代型密码，迭代次数 N_r 依赖于密钥长度。如图 3.9 所示，AES 执行过程如下：

给定明文，对其进行圈密钥加（AddRoundKey）操作，将其与 RoundKey 异或；

对前 N_r-1 轮中的每一轮，包含一次字节代换（SubBytes）操作、一次行移位（ShiftRows）操作和一次列混合（MixColumns）操作，然后进行 AddRoundKey 操作；

第 N_r 轮依次进行 SubBytes、ShiftRows 和 AddRoundKey 操作；

输出密文。

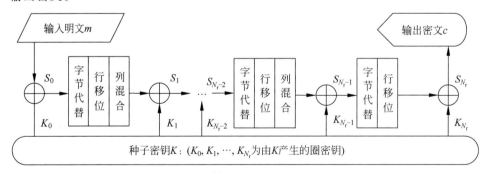

图 3.9　AES 流程图

---

① Rijndael 算法有三种分组长度，分别为 128bit、192bit、256bit，所以 AES 算法可以看作 Rijndael 分组加密算法的一个加密算法子集。

1) Rijndael 的状态、密钥和圈密钥

Rijndael 中的各种运算都是以字节为单位进行处理的,按照先列后行的顺序把数据表示成 4 行的字节矩阵,即矩阵的每个元素都是字节,每列元素构成一个字。

(1) 状态(state):表示加密的中间结果,和明文(或密文)分组有相同的长度,用 $GF(2^8)$ 上的一个 $4 \times N_b$ 矩阵表示,N_b 等于分组长度(比特位数)除以 32。因此,$N_b = 4, 6$ 或 8。如果是 AES 算法,则 $N_b = 4$。

(2) 密钥(key):用一个 $GF(2^8)$ 上的 $4 \times N_k$ 矩阵表示,N_k 等于密钥长度除以 32。因此,$N_k = 4, 6$ 或 8。

(3) 圈数:表示下述圈变换重复执行的次数,用 N_r 表示。

(4) 圈密钥(roundKey):由(种子)密钥扩展得到每一圈需要的圈密钥,用 $GF(2^8)$ 上的 $4 \times N_b$ 矩阵表示。

例如,$N_b = 6, N_k = 4$ 时,按先列、后行的顺序把字节数组:$a_{00} \cdots a_{30} a_{01} \cdots a_{35}$;$k_{00} \cdots k_{30} k_{01} \cdots k_{33}$ 表示成状态矩阵 S_l 和圈密钥矩阵 K_l。这里 $0 \leqslant l \leqslant N_r$,每个 a_{ij} 表示一个字节,即 $a_{ij} \in GF(2^8)$。$\vec{a_j} = (a_{0j}, a_{1j}, a_{2j}, a_{3j})$ 表示一个字,即 $\vec{a_j} \in GF(2^8)[x]/(n(x))$。

$$
S_l = \begin{pmatrix} a_{00} & a_{01} & a_{02} & a_{03} & a_{04} & a_{05} \\ a_{10} & a_{11} & a_{12} & a_{13} & a_{14} & a_{15} \\ a_{20} & a_{21} & a_{22} & a_{23} & a_{24} & a_{25} \\ a_{30} & a_{31} & a_{32} & a_{33} & a_{34} & a_{35} \end{pmatrix}
$$

$$
K_l = \begin{pmatrix} k_{00} & k_{01} & k_{02} & k_{03} & k_{04} & k_{05} \\ k_{10} & k_{11} & k_{12} & k_{13} & k_{14} & k_{15} \\ k_{20} & k_{21} & k_{22} & k_{23} & k_{24} & k_{25} \\ k_{30} & k_{31} & k_{32} & k_{33} & k_{34} & k_{35} \end{pmatrix}
$$

注意密钥矩阵为

$$
K = \begin{pmatrix} k_{00} & k_{01} & k_{02} & k_{03} \\ k_{10} & k_{11} & k_{12} & k_{13} \\ k_{20} & k_{21} & k_{22} & k_{23} \\ k_{30} & k_{31} & k_{32} & k_{33} \end{pmatrix}
$$

轮(圈)数 N_r 与 N_b、N_k 之间的关系如表 3.5 所示。

表 3.5 圈数 N_r 与 N_b、N_k 间的关系

N_k \ N_r \ N_b	4	6	8
4	10	12	14
6	12	12	14
8	14	14	14

2) 圈变换

AES 加密过程中的圈变换由四个不同的变换组成,分别是字节代换(SubByte)、行移位

(ShiftRow)、列混合(MixColumn)及圈密钥加(AddRoundKey)。其伪 C 语言代码如下：

```
Round(State, Roundkey){
SubBytes(State);
ShiftRows(State);
MixColumns(State);
AddRoundKey(State, RoundKey);
}
```

但最后一个圈变换则不包含列混合 MixColumns(State)，即

```
FinalRound(State, Roundkey){
SubBytes(State);
ShiftRows(State);
AddRoundKey(State, RoundKey);
}
```

(1) 字节代替——SubBytes

SubBytes 是作用在字节上的一种非线性变换，使用一个 S-盒 π_S 对 State 中的每个字节进行独立的代换，于是 π_S 是 $\{0,1\}^8$ 的一个置换。为了方便表示 π_S，用十六进制来表示字节，这样每一个字节将包含两个十六进制数字。π_S 可表示为一个 16 阶的方阵，其中行号和列号都用十六进制表示，行号为 X、列号为 Y 的项记为 $\pi_S(XY)$。π_S 的矩阵表示如图 3.10 所示。

X	\multicolumn{16}{c}{Y}														
	0	1	2	3	4	5	6	7	8	9	A	B	C	D	E	F
0	63	7C	77	7B	F2	6B	6F	C5	30	01	67	2B	FE	D7	AB	76
1	CA	82	C9	7D	FA	59	47	F0	AD	D4	A2	AF	9C	A4	72	C0
2	B7	FD	93	26	36	3F	F7	CC	34	A5	E5	F1	71	D8	31	15
3	04	C7	23	C3	18	96	05	9A	07	12	80	E2	EB	27	B2	75
4	09	83	2C	1A	1B	6E	5A	A0	52	3B	D6	B3	29	E3	2F	84
5	53	D1	00	ED	20	FC	B1	5B	6A	CB	BE	39	4A	4C	58	CF
6	D0	EF	AA	FB	43	4D	33	85	45	F9	02	7F	50	3C	9F	A8
7	51	A3	40	8F	92	9D	38	F5	BC	B6	DA	21	10	FF	F3	D2
8	CD	0C	13	BC	5F	97	44	17	C4	A7	7E	3D	64	5D	19	73
9	60	81	4F	DC	22	2A	90	88	46	EE	B8	14	DE	5E	0B	DB
A	E0	32	3A	0A	49	06	24	5C	C2	D3	AC	62	91	95	E4	79
B	E7	C8	37	6D	8D	D5	4E	A9	6C	56	F4	EA	65	7A	AE	08
C	BA	78	25	2E	1C	A6	B4	C6	E8	DD	74	1F	4B	BD	8B	8A
D	70	38	B5	66	48	03	F6	0E	61	35	57	B9	86	C1	1D	9E
E	E1	F8	98	11	69	D9	8E	94	9B	1E	87	E9	CE	55	28	DF
F	8C	A1	89	0D	BF	E6	42	68	41	99	2D	0F	B0	54	BB	16

图 3.10 AES 的 S-盒

例 3.4(AES 中 S-盒的使用) 若 $a_{00}=10100010=\text{A2}$，则

$$\pi_S(XY)=\pi_S(\text{A2})=3\text{A}=00111010, \quad 即 \quad \text{SubBytes}(10100010)=00111010$$

与 DES 的 S-盒相比，AES 的 S-盒能进行代数上的定义，而不像 DES 的 S-盒那样是明显的"随机"代换。AES 的 S-盒包含两步运算：

对初始状态中的每个非零字节在 $GF(2^8)$ 中取逆，而"00"映射到自身；

再经过 $GF(2)$ 中的仿射变换把上一步所得的字节 $\boldsymbol{X}=(x_7,x_6,\cdots,x_1,x_0)^{\mathrm{T}}$ 映射到 $\boldsymbol{Y}=(y_7,y_6,\cdots,y_1,y_0)^{\mathrm{T}}$，即

$$
\begin{bmatrix} y_0 \\ y_1 \\ \vdots \\ y_7 \end{bmatrix} = \begin{bmatrix} 1 & 0 & 0 & 0 & 1 & 1 & 1 & 1 \\ 1 & 1 & 0 & 0 & 0 & 1 & 1 & 1 \\ 1 & 1 & 1 & 0 & 0 & 0 & 1 & 1 \\ 1 & 1 & 1 & 1 & 0 & 0 & 0 & 1 \\ 1 & 1 & 1 & 1 & 1 & 0 & 0 & 0 \\ 0 & 1 & 1 & 1 & 1 & 1 & 0 & 0 \\ 0 & 0 & 1 & 1 & 1 & 1 & 1 & 0 \\ 0 & 0 & 0 & 1 & 1 & 1 & 1 & 1 \end{bmatrix} \begin{bmatrix} x_0 \\ x_1 \\ \vdots \\ x_7 \end{bmatrix} + \begin{bmatrix} 1 \\ 1 \\ 0 \\ 0 \\ 0 \\ 1 \\ 1 \\ 0 \end{bmatrix}
$$

例 3.5（AES 中 S-盒的代数运算）　$g(x)=x^6+x^4+x+1$ 的逆元为 $g(x)^{-1}=x^7+x^6+x^3+x$（见 3.3.1 节）。$g(x)$ 的字节表示为 $a_{00}=01010011=$'53'，$g(x)^{-1}$ 的字节表示为 $a_{00}=11001010$，所以 $\mathrm{SubBytes}(01010011)=10110111=\mathrm{ED}$。这与查询 S-盒矩阵 $\pi_S(53)=\mathrm{ED}$ 结果一致。

（2）行移位——ShiftRows

保持状态矩阵的第一行不动，第 2、3、4 行分别循环左移 s_1 字节、s_2 字节、s_3 字节。位移量 s_1、s_2、s_3 与 N_b 的取值之间的关系由表 3.6 给出。

表 3.6　位移量 s_1、s_2、s_3 与 N_b 取值之间的关系

N_b	s_1	s_2	s_3
4	1	2	3
6	1	2	3
8	1	3	4

例 3.6（AES 中行移位）　设 $N_b=6$ 的状态矩阵为

$$
\boldsymbol{S}_l = \begin{bmatrix} a_{00} & a_{01} & a_{02} & a_{03} & a_{04} & a_{05} \\ a_{10} & a_{11} & a_{12} & a_{13} & a_{14} & a_{15} \\ a_{20} & a_{21} & a_{22} & a_{23} & a_{24} & a_{25} \\ a_{30} & a_{31} & a_{32} & a_{33} & a_{34} & a_{35} \end{bmatrix}
$$

则在行位移 ShiftRow 下变换成

$$
\mathrm{ShiftRow}(\boldsymbol{S}_l) = \begin{bmatrix} a_{00} & a_{01} & a_{02} & a_{03} & a_{04} & a_{05} \\ a_{11} & a_{12} & a_{13} & a_{14} & a_{15} & a_{10} \\ a_{22} & a_{23} & a_{24} & a_{25} & a_{20} & a_{21} \\ a_{33} & a_{34} & a_{35} & a_{30} & a_{31} & a_{32} \end{bmatrix}
$$

（3）列混合——MixColumns

在列混合变换中，对 State 中的每一列进行操作：$\mathrm{MixColumn}(\vec{a_j})=\vec{a_j}\cdot\vec{c}$，$\vec{c}=$（'03'，'01'，'01'，'02'）为固定值；把状态矩阵的每一列均视为 $GF(2^8)$ 上的一个多项式

$$
a_{3j}x^3+a_{2j}x^2+a_{1j}x+a_{0j}
$$

将它与固定多项式

$$c(x) = `03'x^3 + `01'x^2 + `01'x + `02'$$

相乘后,再取模 x^4+1 得一多项式,记为

$$b(x) = b_{3j}x^3 + b_{2j}x^2 + b_{1j}x + b_{0j}$$

则 $b(x)$ 对应的列是混合的结果,矩阵表示为

$$\begin{bmatrix} b_{0j} \\ b_{1j} \\ b_{2j} \\ b_{3j} \end{bmatrix} = \begin{bmatrix} `02' & `03' & `01' & `01' \\ `01' & `02' & `03' & `01' \\ `01' & `01' & `02' & `03' \\ `03' & `01' & `01' & `02' \end{bmatrix} \begin{bmatrix} a_{0j} \\ a_{1j} \\ a_{2j} \\ a_{3j} \end{bmatrix}$$

(4) 圈密钥加——AddRoundKey

圈密钥加就是将某一个状态(矩阵)与相应的圈密钥(矩阵)作逐比特异或运算,圈密钥由种子密钥经密钥扩展算法得到。

3) 密钥扩展

Rijndael 把种子密钥扩展成长度为 $(N_r+1) \times N_b \times 32$ 的密钥比特串,然后把最前面的 $N_b \times 32\text{bit}$ 作为第 0 个圈密钥矩阵;接下来的 $N_b \times 32\text{bit}$ 作为第 1 个圈密钥矩阵,如此继续下去。

密钥扩展过程把种子密钥(矩阵)K 扩展为一个 $4 \times (N_b \times (N_r+1))$ 的字节矩阵 W,用 $W(i)$ 表示 W 的第 i 列($0 \leqslant i \leqslant N_b \times (N_r+1)-1$)。对于 $N_k=4,6$ 和 $N_k=8$ 应用两个不同的算法进行扩展。

(1) $N_k=4,6$ 的情形

$0 \leqslant i \leqslant N_k-1$ 时,$W(i)=K(i)$。即 W 最前面的 N_k 列为种子密钥(矩阵)K。

$i > N_k-1$ 时:

若 $i(\bmod N_k) \neq 0$,则 $W(i)=W(i-1) \oplus W(i-N_k)$;

若 $i(\bmod N_k)=0$,$W(i)=\text{SubByte}(\text{RotByte}(W(i-1))) \oplus W(i-N_k) \oplus \text{Rcon}(i/N_k)$。

这里,$\text{Rcon}(j)=((`02')^{j-1}, `00', `00', `00')^T$,其中 $(`02')^{j-1}$ 表示 $GF(2^8)$ 中元 `02' 的 $j-1$ 次方幂。`02' 是指 $GF(2^8)$ 中的多项式 x 所对应的字节,用十六进制表示。

(2) $N_k=8$ 的情形

与 $N_k=4,6$ 的情形基本类似,但当 $i \equiv 4(\bmod N_k)$ 时,$W(i)=\text{SubByte}(W(i-1)) \oplus W(i-N_k)$。

4) 解密

字字代替、行移位、列混合、圈密钥加四个主要的变换过程都是可逆的,而且其他变换非常简单。所以解密过程很容易由上述加密过程得到。这里就不再赘述了。

3.2.3 AES 安全分析

AES 算法设计的各个方面融合了多种特色,从而能抵抗各种攻击。例如,有限域的有关性质给加解密提供了良好的理论基础,使算法既能高度隐藏信息,又保证了算法的可逆性;加解密使用不同的变换,消除了在 DES 中出现的弱密钥和半密钥的可能性;字节代换(即 S-盒)的构造中有限域逆操作的应用为抵御差分和线性攻击(分组密钥最常见的攻击方法)提供了安全性;密钥扩展中每轮常数的不同消除了圈密钥的对称性。

3.3 国际数据加密算法

国际数据加密算法(International Data Encryption Algorithm,IDEA)是由 Xuejia Lai 和 James Messey 提出的,其第一个版本于 1990 年公布,当时称为建议加密标准(Proposed Encryption Standard,PES)。1991 年,在 Biham 和 Shamir 提出差分密码分析之后,设计者推出了改进算法 IPES,即改进型建议加密标准,1992 年更名为 IDEA。IDEA 是近年来提出的各种分组密码中一个很成功的方案,已经应用于一款(电子邮件)加密软件 PGP (Pretty Good Privacy)中。

3.3.1 设计原理

IDEA 明文和密文的分组长度是 64bit,密钥长度是 128bit(抗强力攻击能力比 DES 强),同一算法既可加密也可解密。从理论上讲,IDEA 属于"强"加密算法,至今还没有出现对该算法的有效攻击方法。

IDEA 的安全性主要是通过有效的混乱与扩散特性来保证。

混乱是借助下面三种运算实现的,三种运算都是作用在 16bit 的分组数据上。

(1) 逐比特异或,记为 $\oplus$;

(2) 模 2^{16}(即 65536)整数加法,记为 $\boxplus$,其输入和输出作为 16 位无符号整数处理;

(3) 模 $2^{16}+1$(即 65537)整数乘法,记为 $\odot$,输入和输出中除 16 位全 0 作为 2^{16} 处理外,其余都作为 16 位无符号整数处理。(IDEA 的 S-盒)

例 3.7(模 $2^{16}+1$ 整数乘法):

$$0000000000000000 \odot 1000000000000000 = 1000000000000001$$

这是因为 $2^{16} \times 2^{15} \bmod (2^{16}+1) = 2^{15}+1$。

以上三种运算结合起来使用可对算法的输入提供复杂的变换,从而使得对 IDEA 的密码分析比对仅使用异或运算的 DES 更为困难。

扩散是由称为乘加(Multiplication/Addition,MA)结构(见图 3.11)的基本单元实现的。该结构的输入是两个 16bit 的子段和两个 16bit 的子密钥,输出也为两个 16bit 的子段。这一结构在算法中重复使用了 8 次,获得非常有效的扩散效果。

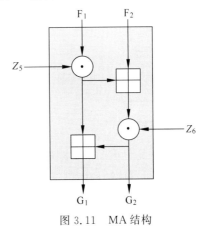

图 3.11 MA 结构

3.3.2 IDEA 描述

如图 3.12 所示,IDEA 由连续的 8 圈迭代运算和一个输出变换构成。首先将 64bit 的明文分成 4 组,每组 16bit,每圈均以 4 个 16bit 组作为输入,与 6 个 16bit 的子密钥进行运算后,输出 4 个 16bit 组。最后的输出变换则使用 4 个 16bit 的子密钥分别对 4 个 16bit 组进行运算,其后输出 4 个 16bit 组,链接后即得到 64bit 的密文。

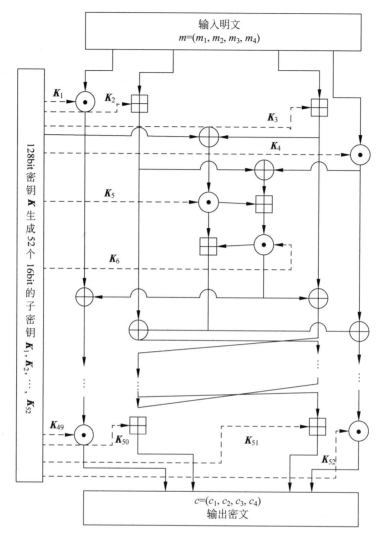

图 3.12　IDEA 加密流程图

1. 圈结构

图 3.13 是 IDEA 第 1 圈的结构示意图,以后各圈也都是这种结构,只是所用的子密钥和圈输入不同。从结构图可见,IDEA 不是传统的 Feistel 密码结构。每轮开始时有一个变换,该变换的输入是 4 个分组和 4 个子密钥,变换中的运算是两个乘法和两个加法,输出的 4 个分组经过异或运算形成了两个 16bit 的分组作为 MA 结构的输入。MA 结构也有两个输入的子密钥,输出是两个 16bit 的子段。

最后,变换的 4 个输出分组和 MA 结构的两个输出分组经过异或运算产生这一轮的 4 个输出分组。注意,由 X_2 产生的输出分组和由 X_3 产生的输出分组交换位置后形成 W_{12} 和 W_{13},目的在于进一步增加混淆效果,使得算法更易抵抗差分密码分析。

IDEA 每一圈的执行的顺序概括如下:

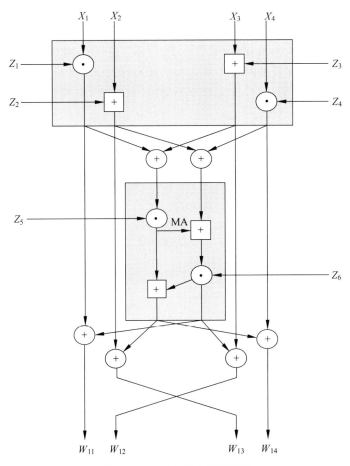

图 3.13　IDEA 第 1 圈的结构

(1) X_1 和第一个子密钥相乘。

(2) X_2 和第二个子密钥相加。

(3) X_3 和第三个子密钥相加。

(4) X_4 和第四个子密钥相乘。

(5) 将第(1)步和第(3)步的结果相异或。

(6) 将第(2)步和第(4)步的结果相异或。

(7) 将第(5)步的结果与第五个子密钥相乘。

(8) 将第(6)步和第(7)步的结果相加。

(9) 将第(8)步的结果与第六个子密钥相乘。

(10) 将第(7)步和第(9)步的结果相加。

(11) 将第(1)步和第(9)步的结果相异或。

(12) 将第(3)步和第(9)步的结果相异或。

(13) 将第(2)步和第(10)步的结果相异或。

(14) 将第(4)步和第(10)步的结果相异或。

2. 输出变换

算法的第(9)步是一个输出变换,如图 3.14 所示。它的结构和每一圈开始的变换结构一样,不同之处在于输出变换的第 2 个和第 3 个输入首先交换了位置,目的在于撤销第 8 圈输出中两个分组的交换。第(9)步仅需 4 个子密钥,而前面 8 圈中每圈需要 6 个子密钥。

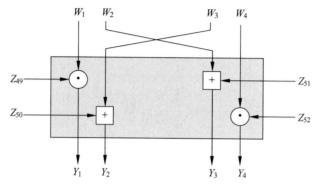

图 3.14 IDEA 的输出变换

3. 子密钥的产生

每轮迭代还需使用 6 个 16bit 的子密钥,最后的输出变换需使用 4 个 16bit 的子密钥,所以子密钥总数为 52。IDEA 算法的 52 个子密钥是由 128bit 的种子密钥 K 按循环方式产生的:首先将 128bit 的种子密钥分成 8 个 16bit 的子密钥 $K_1, \cdots, K_8$;然后将 K 循环向左移 25bit 后再分成 8 个 16bit 的子密钥 $K_9, \cdots, K_{16}$;如此重复,直到 52 个子密钥全部产生。

4. 解密

解密与加密过程基本相同,但子密钥的选取不同,解密子密钥是由加密子密钥按下面的方式生成(将加密过程的最后一步的输出变换作为第 9 圈)。

(1) 第 $i(i=1,2,\cdots,9)$ 圈解密的前 4 个子密钥是由加密过程的第 $(10-i)$ 圈的前 4 个子密钥得出。第 1 个和第 4 个解密子密钥取为相应的第 1 个和第 4 个加密子密钥模 $2^{16}+1$ 乘法逆元。第 2 和第 3 个子密钥的取法为:当 $2 \leqslant i \leqslant 8$ 时,取为相应的第 3 个和第 2 个加密子密钥的模 2^{16} 加法逆元,当 $i=1$ 和 9 时,取为相应的第 2 个和第 3 个加密子密钥的模 2^{16} 加法逆元。

(2) 第 $i(i=1,2,\cdots,8)$ 圈解密的后两个子密钥等于加密过程的第 $(9-i)$ 圈的后两个子密钥。

3.3.3 IDEA 实现

IDEA 可方便地通过软件和硬件实现。

(1) 软件:软件实现采用 16bit 分组处理,可通过使用容易编程的加法、移位等运算实现算法的三种运算。

（2）硬件：由于加、解密相似，差别仅为使用密钥的方式，因此可用同一器件实现。再者，算法中规则的模块结构，可方便 VLSI 的实现。

3.4 SM4 算法

SM4 算法是我国官方于 2006 年 2 月公布的第一个商用分组密码标准，打破了无线安全领域由国外密码算法垄断的局面，WAPI 推荐使用该分组密码算法。SM4 算法是一个对称分组算法，分组长度和密钥长度均为 128bit。SM4 算法使用 32 轮的非线性迭代结构，是最初在 LOKI 密码算法的密钥扩展算法中出现的结构。SM4 在最后一轮非线性迭代之后加了一个反序变换，因此 SM4 中只要解密密钥是加密密钥的逆序，它的解密算法与加密算法就可以保持一致。另外，SM4 中的密钥扩展方案也是利用了 32 轮的非线性迭代结构。

SM4 算法中的参数均采用十六进制表示。

3.4.1 设计原理

SM4 算法采用了 32 轮的非平衡 Feistel 结构，分组长度及密钥长度均为 128bit，它的加密步骤和解密步骤相同，只是轮密钥的顺序相反。

设 (X_1, X_2, X_3, X_4) 为 128bit 的明文输入，其中 $X_i \in \mathbb{Z}_2^{32}(i=0,1,2,3)$；$(Y_1, Y_2, Y_3, Y_4)$ 为 128bit 的密文输出，其中 $Y_i \in \mathbb{Z}_2^{32}(i=0,1,2,3)$；$RK_i \in \mathbb{Z}_2^{32}(i=0,1,2,\cdots,31)$ 为轮密钥。

SM4 算法结构如图 3.15 所示。

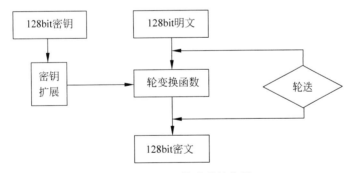

图 3.15 SM4 算法的结构图

1. SM4 算法加密过程

SM4 算法的加密步骤如下：
$$X_{i+4} = F(X_i, X_{i+1}, X_{i+2}, X_{i+3}, RK_i)$$
$$= X_i \oplus T(X_{i+1} \oplus X_{i+2} \oplus X_{i+3} \oplus RK_i)$$
其中，$i=0,1,2,\cdots,31$。

第 i 轮的输出为 $(X_{i+1}, X_{i+2}, X_{i+3}, X_{i+4})$，最后一轮的输出是 $(X_{32}, X_{33}, X_{34}, X_{35})$，对最后一轮的输出应用变换得到最后的 128bit 的密文：

$$(Y_1,Y_2,Y_3,Y_4)=R(X_{32},X_{33},X_{34},X_{35})$$
$$=(X_{35},X_{34},X_{33},X_{32})$$

SM4 算法的第 i 轮的变换表示如下:

$$(X_i,X_{i+1},X_{i+2},X_{i+3})\rightarrow(X_{i+1},X_{i+2},X_{i+3},X_{i+4})$$

其中,

$$X_{i+4}=X_i\oplus T(X_{i+1}\oplus X_{i+2}\oplus X_{i+3}\oplus RK_i)$$

SM4 算法的合成置换 T 是 $\mathbb{Z}_2^{32}\rightarrow\mathbb{Z}_2^{32}$,是一个可逆的置换。$T$ 置换是由一个非线性变换 τ 和一个线性扩散变换 L 的复合而成,其运算过程如下:

$$T(\cdot)=L(\tau(\cdot))$$

T 置换过程如图 3.16 所示。

在图 3.16 中,非线性变换 τ 由 4 个 S-盒并行组成,L 变换是由一系列的循环移位和异或运算组成。其中,第 i 轮的 SM4 算法的加密过程如图 3.17 所示。

非线性变换 τ 是由 4 个 S-盒并行运用于 32bit 的输入。设 $A=(a_0,a_1,a_2,a_3)\in(\mathbb{Z}_2^8)^4$ 表示 τ 变换的输入,$B=(b_0,b_1,b_2,b_3)\in(\mathbb{Z}_2^8)^4$ 表示 τ 变换对应的输出,则 τ 变换表示如下:

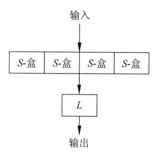

图 3.16 T 置换

$$(b_0,b_1,b_2,b_3)=\tau(A)=(Sbox(a_0),Sbox(a_1),Sbox(a_2),Sbox(a_3))$$

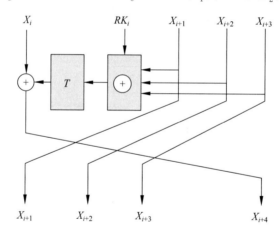

图 3.17 第 i 轮的 SM4 算法加密过程

非线性变换 τ 的输出是线性变换 L 的输入。设变换 L 的输入为 $B\in\mathbb{Z}_2^{32}$,输出为 $C\in\mathbb{Z}_2^{32}$,则

$$C=L(B)=B\oplus(B\lll 2)\oplus(B\lll 10)\oplus(B\lll 18)\oplus(B\lll 24)$$

2. SM4 算法解密过程

解密流程与加密流程的轮函数结构完全相同,只是解密密钥是加密密钥的逆序。假设加密轮密钥的使用顺序为

$$(RK_0,RK_1,\cdots,RK_{30},RK_{31})$$

则解密轮密钥的使用顺序为

$$(RK_{31},RK_{30},\cdots,RK_1,RK_0)$$

R 函数为反序变换：

$$R(A_0,A_1,A_2,A_3)=(A_3,A_2,A_1,A_0)$$

3.4.2　SM4 算法的密钥扩展方案

SM4 算法的密钥扩展方案将 128bit 的种子密钥扩展生成为 32 个轮密钥,加密密钥通过密钥扩展算法生成加密算法的轮密钥。首先,128bit 的种子密钥 MK 被分为 4 个字：

$$(MK_0,MK_1,MK_2,MK_3),\quad MK_i\in\mathbb{Z}_2^{32},\quad i=0,1,2,3$$

给定系统参数：

$$FK=(FK_0,FK_1,FK_2,FK_3),\quad FK_i\in\mathbb{Z}_2^{32},\quad i=0,1,2,3$$

固定参数：

$$CK=(CK_0,CK_1,CK_2,CK_3),\quad CK_i\in\mathbb{Z}_2^{32},\quad i=0,1,2,3$$

设中间变量为 $K_i\in\mathbb{Z}_2^{32},i=0,1,2,\cdots,35$,轮密钥为 $rk_i\in\mathbb{Z}_2^{32},i=0,1,2,\cdots,31$,则密码扩展方案如下：

(1) $(K_0,K_1,K_2,K_3)=(MK_0\oplus FK_0,MK_1\oplus FK_1,MK_2\oplus FK_2,MK_3\oplus FK_3)$；

(2) $rk_i=K_{i+4}=K_i\oplus T'(K_{i+1}\oplus K_{i+2}\oplus K_{i+3}\oplus CK_i),i=0,1,2,\cdots,31$。

其中：

(1) T' 变换与加密算法轮函数中的 T 变换除其中的线性变换 L 不同外,其他相同。T' 变换的线性变换 L' 为

$$L'(B)=B\oplus(B<<<13)\oplus(B<<<23)$$

(2) 系统参数 FK 取值为

$$(FK_0,FK_1,FK_2,FK_3)=(\mathrm{A3B1BAC6,56AA3350,677D9197,B27022DC})$$

(3) 固定参数 CK 的取值方法为

设 $ck_{i,j}$ 为 CK_i 的第 j 字节 $(i=0,1,2,\cdots,31;j=0,1,2,3)$,即

$$CK_i=(ck_{i,0},ck_{i,1},ck_{i,2},ck_{i,3})\in(\mathbb{Z}_2^8)^4$$

则

$$ck_{i,j}=(4i+j)\times7(\mathrm{mod}256)$$

32 个固定参数 CK_i 取值依次为

$$00070e15,1c232a31,383f464d,545b6269,$$
$$70777e85,8c939aa1,a8afb6bd,c4cbd2d9,$$
$$e0e7eef5,fc030a11,181f262d,343b4249,$$
$$50575e65,6c737a81,888f969d,a4abb2b9,$$
$$c0c7ced5,dce3eaf1,f8ff060d,141b2229,$$
$$30373e45,4c535a61,686f767d,848b9299,$$
$$a0a7aeb5,bcc3cad1,d8dfe6ed,f4fb0209,$$
$$10171e25,2c333a41,484f565d,646b7279$$

3.4.3　SM4 算法的 S-盒分析

S-盒首次出现在 Lucifer 算法中,后来被 DES 算法所采用,因为 DES 的广泛使用,S-盒也被很多密码设计者运用到了分组密码的设计中。S-盒的密码强度直接影响整个分组密码的安全强度,因为在很多分组密码算法中,如 DES、SM4 等,S-盒是唯一的非线性变换,S-盒的安全性在很大程度上决定了该密码算法的安全性,所以 S-盒的性能至关重要。S-盒本质上可以看作映射 $S(x)=(f_1(x),\cdots,f_m(x)):\mathbb{Z}_2^n \to \mathbb{Z}_2^m$。现在一般称这个 S-盒是一个 $n\times m$ 的 S-盒,即 $(0,1)^n \to (0,1)^m$ 上的映射。密码算法的强弱直接由 S-盒的复杂程度和破解难度决定,当 n 和 m 越来越大时,攻击者就越难对算法的统计特性进行分析,实施攻击就变得更加困难,显然,S-盒的规模越大,密码算法的可破译性就越低。与此同时,实现 S-盒的软硬件复杂度也越高,也需要更大的存储空间,在加密过程中的查表运算也更加耗时,这降低了算法的运行效率。

选择一个好的 S-盒不是一件容易的事,由于 S-盒在分组密码中的重要性,密码学家提出了很多与 S-盒的设计有关的概念和定理,也对 S-盒的具体实现提出了要求。究竟要采用哪种方法取决于密码算法的具体要求。现在有四种普遍使用的构造 S-盒的方法。

(1) 随机选择:可以用程序随机生成,这个方法简单快捷,对于比较大的 S-盒是可行的,而由此生成的小 S-盒的安全性比较差。

(2) 选择和测试:这种方法首先也要随机产生一些 S-盒,然后根据具体要求对这些 S-盒进行测试,从中选择符合条件的 S-盒。

(3) 人为构造:这个方法很直接,完全由 S-盒的设计者来决定,这对设计者的密码学和数学知识的要求比较高。

(4) 数学方法构造:这就需要用到数学上关于密码学的一些定理,这样生成的 S-盒其安全性是有较高保证的。但是和前一个方法一样,这个方法对设计者的要求也较高。

目前比较流行的是 8×8 的 S-盒,SM4 算法就是采用的 8×8 的 S-盒。SM4 算法的 S-盒如表 3.7 所示,这也是 SM4 算法分组密码算法使用的唯一的 S-盒。虽然 SM4 算法每轮要用到 4 个 S-盒,但与 DES 等分组密码算法不同,SM4 算法用的是同一个 S-盒,这也给分析创造了便利。

表 3.7　SM4 算法的 S-盒

	$0x0$	$0x1$	$0x2$	$0x3$	$0x4$	$0x5$	$0x6$	$0x7$	$0x8$	$0x9$	$0xa$	$0xb$	$0xc$	$0xd$	$0xe$	$0xf$
$0x0$	D6	90	E9	FE	CC	E1	3D	B7	16	B6	14	C2	28	FB	2C	05
$0x1$	2B	67	9A	76	2A	BE	04	C3	AA	44	13	26	49	86	06	99
$0x2$	9C	42	50	F4	91	EF	98	7A	33	54	0B	43	ED	CF	AC	62
$0x3$	E4	B3	1C	A9	C9	08	E8	95	80	DF	94	FA	75	8F	3F	A6
$0x4$	47	07	A7	FC	F3	73	17	BA	83	59	3C	19	E6	85	4F	A8
$0x5$	68	6B	81	B2	71	64	DA	8B	F8	EB	0F	4B	70	56	9D	35
$0x6$	1E	24	0E	5E	63	58	D1	A2	25	22	7C	3B	01	21	78	87
$0x7$	D4	00	46	57	9F	D3	27	52	4C	36	02	E7	A0	C4	C8	9E
$0x8$	EA	BF	8A	D2	40	C7	38	B5	A3	F7	F2	CE	F9	61	15	A1
$0x9$	E0	AE	5D	A4	9B	34	1A	55	AD	93	32	30	F5	8C	B1	E3

续表

	0x0	0x1	0x2	0x3	0x4	0x5	0x6	0x7	0x8	0x9	0xa	0xb	0xc	0xd	0xe	0xf
0xa	1D	F6	E2	2E	82	66	CA	60	C0	29	23	AB	0D	53	4E	6F
0xb	D5	DB	37	45	DE	FD	8E	2F	03	FF	6A	72	6D	6C	5B	51
0xc	8D	1B	AF	92	BB	DD	BC	7F	11	D9	5C	41	1F	10	5A	D8
0xd	0A	C1	31	88	A5	CD	7B	BD	2D	74	D0	12	B8	E5	B4	B0
0xe	89	69	97	4A	0C	96	77	7E	65	B9	F1	09	C5	6E	C6	84
0xf	18	F0	7D	EC	3A	DC	4D	20	79	EE	5F	3E	D7	CB	39	48

SM4算法中的 S-盒在设计之初完全按照欧美分组密码的设计标准进行,它采用的方法是能够很好抵抗插值攻击的仿射函数逆映射复合法,很好地抵抗了插值攻击,其差分均匀性可达 2^{-6},非线性度可达到 112。它有很好的非线性性、平衡性和 Walsh 谱等特性,能够有效地抵抗暴力破解的攻击。

目前针对 SM4 算法的分析主要有差分攻击、差分功耗攻击、差分故障攻击、不可能差分攻击、Square 攻击、Cache 计时攻击等。

3.4.4 SM4 算法加密实例

以下为本算法 ECB 工作方式的运算实例。

实例:对一组明文用密钥加密一次。

明文:01234567 89abcdef fedcba98 76543210。

加密密钥:01234567 89abcdef fedcba98 76543210。

轮密钥与每轮输出状态:

$$rk[0]=f12186f9 \quad X[0]=27fad345$$
$$rk[1]=41662b61 \quad X[1]=a18\ b4cb2$$
$$rk[2]=5a6ab19a \quad X[2]=11c\ 1e22a$$
$$rk[3]=7ba92077 \quad X[3]=cc1\ 3e2ee$$
$$rk[4]=367360f4 \quad X[4]=f87c5bd5$$
$$rk[5]=776a0c61 \quad X[5]=33220757$$
$$rk[6]=b6bb89b3 \quad X[6]=77f4c297$$
$$rk[7]=24763151 \quad X[7]=7a96f2eb$$
$$rk[8]=a520307c \quad X[8]=27dac07f$$
$$rk[9]=b7584dbd \quad X[9]=42dd0f19$$
$$rk[10]=c3\ 753ed \quad X[10]=b8a5da02$$
$$rk[11]=7ee55b57 \quad X[11]=907127fa$$
$$rk[12]=6988608c \quad X[12]=8b952b83$$
$$rk[13]=30d895b7 \quad X[13]=d42b7c59$$
$$rk[14]=44ba14af \quad X[14]=2ffc5831$$
$$rk[15]=104495a1 \quad X[15]=f69e6888$$
$$rk[16]=d120b428 \quad X[16]=af2432c4$$

$$rk[17]=73b55fa3 \quad X[17]=ed1ec85e$$
$$rk[18]=cc874966 \quad X[18]=55a3ba22$$
$$rk[19]=92244439 \quad X[19]=124b18aa$$
$$rk[20]=e89e641f \quad X[20]=6ae7725f$$
$$rk[21]=98ca015a \quad X[21]=f4cba1f9$$
$$rk[22]=c7159060 \quad X[22]=1dcdfa10$$
$$rk[23]=99e1fd2e \quad X[23]=2ff60603$$
$$rk[24]=b79bd80c \quad X[24]=eff24fdc$$
$$rk[25]=1d2115b0 \quad X[25]=6fe46b75$$
$$rk[26]=0e228aeb \quad X[26]=893450ad$$
$$rk[27]=f1780c81 \quad X[27]=7b938f4c$$
$$rk[28]=428d3654 \quad X[28]=536e4246$$
$$rk[29]=62293496 \quad X[29]=86b3e94f$$
$$rk[30]=01cf72e5 \quad X[30]=d206965e$$
$$rk[31]=9124a012 \quad X[31]=681edf34$$

密文：68 1e df 34 d2 06 96 5e 86 b3 e9 4f 53 6e 42 46。

习题

1. 证明在 DES 加密算法中逐比特取补运算的对称性。即证明对任意比特串 x 及密钥串 k，有

$$\overline{\mathrm{DES}_k(x)}=\mathrm{DES}_{\bar{k}}(\bar{x})$$

其中，"‾"表示逐比特取补运算。

这种对称性对 DES 的逆运算 DES^{-1}，三重 DES 算法及 IDEA 是否成立？

2. 设有两条明文：

$m_1=00000000\ 00000000\ 00000000\ 00000000\ 00000000\ 00000000\ 00000000\ 00000000$

$m_2=10000000\ 00000000\ 00000000\ 00000000\ 00000000\ 00000000\ 00000000\ 00000000$

取密钥：$k=11111111\ 00000000\ 00000000\ 00000000\ 00000000\ 00000000\ 00000000$

(1) 推导 DES 加密算法中第一轮及第二轮的子密钥 K_1 与 K_2；

(2) 分别求出明文 m_1 与 m_2 经 DES 第一轮加密后的密文；

(3) 调用 DES 加密算法程序，计算 $\mathrm{DES}_k(m_1)$ 与 $\mathrm{DES}_k(m_2)$。

3. 证明 DES 中每个子密钥的前 24 位均来自初始密钥的 28 位，而后 24 位则来自初始密钥的另外 28 位。

4. 设 F_2 是二元域，并设 $m(x)=x^8+x^4+x^3+x+1$，$m_1(x)=x^8+x^7+x^5+x^3+1$，$m_2(x)=x^8+x^6+x^5+x^2+1$，则 $m(x)$，$m_1(x)$ 及 $m_2(x)$ 都是 F_2 上的不可约多项式，从而 $F_2[x]/(m(x))$，$F_2[x]/(m_1(x))$ 及 $F_2[x]/(m_2(x))$ 都可代表域 $GF(2^8)$。

(1) 分别在 $F_2[x]/(m(x))$，$F_2[x]/(m_1(x))$ 及 $F_2[x]/(m_2(x))$ 中计算多项式 $f_1(x)=x^6+x^4+x^3+x^2+1$ 与 $f_2(x)=x^7+x^4+x+1$ 的和与乘积。

(2) 分别在 $F_2[x]/(m(x))$，$F_2[x]/(m_1(x))$ 及 $F_2[x]/(m_2(x))$ 中求 f_1 的逆。

(3) 分别在 $F_2[x]/(m(x))$，$F_2[x]/(m_1(x))$ 及 $F_2[x]/(m_2(x))$ 中计算：

(a) 'B7'＋'DF'；(b) 'B7'・'DF'；(c) '3F'＋'AD'；(d) '3F'・'AD'。

(4) 分别在 $F_2[x]/(m(x))$，$F_2[x]/(m_1(x))$ 及 $F_2[x]/(m_2(x))$ 中计算元素 'FD' 与 'DF' 的逆。

(5) 上述的计算结果说明了什么？

5. 接上题，令 $GF(2^8)[x]=F_2[x]/(m_1(x))$，$n(x)=x^4+1$，$n_1(x)=x^4+x+1$。设
$$a(x)={}'DA'x^3+{}'FF'x^2+{}'03'x+{}'1B'$$
$$b(x)={}'AB'x^3+{}'DF'x^2+{}'2D'x+{}'CE'$$

计算：

(1) $a(x)+b(x) \bmod n(x)$ 与 $a(x)+b(x) \bmod n_1(x)$；

(2) $a(x) \cdot b(x) \bmod n(x)$ 与 $a(x) \cdot b(x) \bmod n_1(x)$。

6. 在 IDEA 的模运算中，如果将模 2^{16} 加运算改为模 $2^{16}+1$ 加运算，而将模 $2^{16}+1$ 乘运算改为模 2^{16} 乘运算，会出现什么结果？

7. 在 AES 加密算法中，行移位变换改变了状态（矩阵）中多少字节？AES 脱密算法与加密算法有何不同？

8. 在 AES 加密算法中，设有十六进制表示的明文
$$m=0001\ 0002\ 0003\ 0004\ 0005\ 0006\ 0007\ 0008$$
与十六进制表示的密钥
$$k=0101\ 0101\ 0101\ 0101\ 0101\ 0101\ 0101\ 0101$$

(1) 给出初始状态（矩阵）S_0 及初始密钥 K_0；

(2) 给出 S_0 经 K_0 加密后的值 S_0'；

(3) 给出 S_0' 经字节代换后的值 S_0''；

试着调用 AES 加密算法程序，计算密文 $c=\mathrm{AES}_k(m)$ 及 $c_1=\mathrm{AES}_{\bar{k}}(\bar{m})$。

9. 分析算法 DES 与算法 SM4 中的 S-盒有何共性与差异。

10. 试分析对 SM4 算法 S-盒的任意一个非零输入差分，在差分分布表中都有 127 个非零输出差分与之对应。其中，有且仅有一个值以 2^{-6} 的概率出现，其他 126 个值出现的概率是 2^{-7}。

11. 证明在 SM4 算法中的非线性 S 变换中有 $S(\Delta X)=0$，当且仅当 $\Delta X=0$（其中 $X \in \mathbf{Z}_2^{32}$）。

12. 用 Matlab 或其他程序语言对 SM4 算法进行仿真试验。设明文信息为你的生日、qq 号或 E-mail 地址。

第4章

哈希函数

密码学上的哈希函数能保证数据的完整性。哈希函数通常用来构造短的"指纹",一旦数据改变,指纹就不再正确。即使数据被存储在不安全的地方,通过重新计算数据的指纹并验证指纹是否改变,就能检测数据的完整性。

哈希函数,又称为散列函数或杂凑函数(记为 Hash 函数),是密码体制中常用的一类公开函数。所谓 Hash 函数,就是将任意长度的消息映射成某一固定长度的消息的一种函数。一般把 Hash 值称为输入消息的消息摘要 MD(Message Digest)或"数字指纹"。

设 h 是 Hash 函数,假定消息 x 的 Hash 值 $h(x)$ 被存储在一个安全的地方,而对 x 无此要求。如果 x 变为 x',则希望 $h(x)$ 不是 x' 的消息摘要。如果这样的话,则通过计算消息摘要 $h(x')$,并验证 $h(x') \neq h(x)$ 就能发现消息 x 被改变的事实。

Hash 函数在保护数据完整性中的特别应用是病毒防范和软件发布。后文将介绍把 Hash 函数应用在数字签名系统中有很多益处。

上面讨论的例子是假定存在一个单一固定的 Hash 函数,这也有助于研究带密钥的哈希函数族。一个带密钥的 Hash 函数通常作为消息认证码(MAC)。假定 Alice 和 Bob 共享密钥 k,该密钥确定一个 Hash 函数 h_k。对于消息 x,Alice 和 Bob 都能计算 $h_k(x) = y$,这样 y 和 x 都通过公开信道传输。当 Bob 收到 Alice 发来的 x 和 y 后,他能够自己验证是否 $y = h_k(x)$。如果这个等式成立且所用的 Hash 函数族是"安全"的,那么 Bob 就可以确认收到的数据的完整性。

不带密钥的 Hash 函数和带密钥的 Hash 函数各自提供的消息完整性是有区别的:用不带密钥的 Hash 函数时,消息必须被安全地存放;用收发双方共享的密钥确定的带密钥的 Hash 函数时,消息和其哈希值都可以通过公开信道传输。

本章主要介绍不带密钥的 Hash 函数 MD5、SHA-1,这两类 Hash 函数不基于任何假设和密码体制,而是通过直接构造复杂的非线性关系来达到安全性要求。此外,对最新密码算法 MD6、SHA-2 与 SHA-3 作了简单的介绍。

4.1 Hash 函数的定义和性质

4.1.1 Hash 函数的定义

定义 4.1 一个 Hash 族是满足下列条件的四元组 (X,Y,K,H)：

(1) X 是所有可能的消息的集合；

(2) Y 是所有可能的消息摘要构成的有限集；

(3) K 是密钥空间,是所有可能的密钥构成的有限集；

(4) 对于每个 $k \in K$,存在一个 Hash 函数 $h_k \in H$, $h_k : X \to Y$。

一个不带密钥的 Hash 函数是 $h : X \to Y$, X, Y 与定义 4.1 中的一致。可以把不带密钥的 Hash 函数简单地看做仅有一个密钥的 Hash 族,即 $|K|=1$。

Hash 函数的输入可以是任意长度的数据,而输出则是固定长度的数据。一般还要求对任意输入数据 x,计算 Hash 函数值 $h(x)$ 是容易的。

4.1.2 Hash 函数的性质

在密码学中,要求 Hash 函数满足以下三个安全性方面的要求：

(1) 单向性(one-way)：如果对任意给定的 y,寻找使 $h(x)=y$ 成立的 x 在计算上是困难的。

(2) 弱抗碰撞的(weakly collision resistant)：已知 x,寻找 $x' \neq x$,使得 $h(x)=h(x')$ 在计算上是困难的。

(3) 强抗碰撞的(strongly collision resistant)：寻找两个不同的 x 与 x',使得 $h(x)=h(x')$ 在计算上是困难的。

显然,一个 Hash 函数 h 是强抗碰撞的,仅当对任意数据 x, h 关于 x 是弱抗碰撞的。若一个 Hash 函数 h 是强抗碰撞的,则它一定是单向的。所以强抗碰撞性蕴含着弱抗碰撞性和单向性,反之则不一定成立。

对于一个应用于密码体制中的 Hash 函数 h,不仅要求对任意数据 x,计算 $h(x)$ 是容易的,且要求 h 是强抗碰撞的。

4.1.3 术语、符号及基本运算

一个"字"表示 32bit 的二进制数,一个"字节"表示 8bit 的二进制数；

(1) 符号"+"表示字的加,即模 2^{32} 的加；

(2) $X \lll S$ 表示 X 循环向左移 S 位得到的量；

(3) $X \ggg S$ 表示 X 循环向右移 S 位得到的量；

(4) $\overline{X}$ 表示 X 的逐比特补；

(5) $X \wedge Y$ 表示 X 与 Y 的逐比特逻辑"与"；

(6) $X \vee Y$ 表示 X 与 Y 的逐比特逻辑"或"；

(7) $X \oplus Y$ 表示 X 与 Y 的逐比特逻辑"异或"。

4.2 Hash 函数 MD5

MD5 是 1991 年由美国 MIT 计算机科学实验室及 RSA 数据公司的 Rivest 教授发明的 Hash 算法。1992 年公开该算法作为因特网标准草案（RFC 1321）。MD5 是 MD4 的一种的改进算法（MD4 在 1992 年已被攻破）。尽管 MD5 实现的速度比 MD4 要慢一些，但其安全性要强得多。

4.2.1 MD5 算法描述

如图 4.1 所示，MD5 是迭代结构的 Hash 函数。MD5 的输入为任意长度的消息（图中是 K bit），分组长度是 512bit，输出 128bit 长的消息摘要。整个算法分为五个步骤。

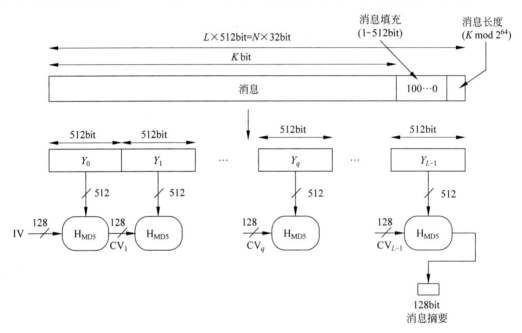

图 4.1 MD5 框架图

MD5 用到的四个基本逻辑函数定义如下（设 X,Y,Z 表示字）：

$$F(X,Y,Z) = (X \wedge Y) \vee (\overline{X} \wedge Z)$$

$$G(X,Y,Z) = (X \wedge Z) \vee (Y \wedge \overline{Z})$$

$$H(X,Y,Z) = X \oplus Y \oplus Z$$

$$I(X,Y,Z) = Y \oplus (X \vee \overline{Z})$$

1) 预处理：对消息填充

（1）设有一任意长度的消息 m，将 m 按 512bit 块进行分拆，对最后一个比特块（含有至少 1bit，至多 512bit）填充 0 或 1 成一个 448bit 的消息块：

$$m = m_1 m_2 \cdots m_{t-1} m_t'$$

其中,$m_i (i=1,2,\cdots,t-1)$ 为 512bit 的消息块,而 m_t' 为 448bit 的消息块。填充规则为从 m 的最低位开始,先添加一个"1",接着再在其右边添加若干个"0",使 m 的最后一个不足 448bit 的块填充成一个 448bit 的块。如果 m 分拆后的最后一个块本身就是 448bit 的块,则也必须按上述方法添加一个 1 及若干个 0,即要添加 512 个比特将最后的消息块分成比特分别为 512 及 448 的两个块。

(2) 将原始消息 m 的长度 l 表示成 64bit 的二进制形式(若不足 64bit,则从最低位开始添加若干个 0;倘若 l 的二进制表示超过 64bit,则取最低位的 64bit)。

(3) 将 l 的 64bit 的二进制形式添加到 m_t' 的右端后记为 m_t。

(4) 将每个消息块 $m_i (i=1,2,\cdots,t-1)$ 分拆成 16 个字。

(5) 记 $M = M[0]M[1]\cdots M[N-1]$ 为消息 m 经上述数据处理后得到的字表示。显然,N 是 16 的倍数。

例 4.1(数据分拆与填充) (为便于讲解,采用自左向右的书写方式)

假设消息为

$$X = ''abcde'' = 01100001\ 01100010\ 01100011\ 01100100\ 01100101$$
$$= (61\ 62\ 63\ 64\ 65)_{16}$$
$$|X| = 40 = (28)_{16}$$

填充 1 个"1"和 407 个"0",将 X 变成 448bit 的 X_1:

$X_1 = X \parallel 1 \parallel 0(407\ 个)$

　　$= X \parallel 800000\ 00000000\ 00000000\ 00000000\ 00000000\ 00000000\ 00000000$
　　　$00000000\ 00000000\ 00000000\ 00000000\ 00000000\ 00000000$

　　$= 61626364\ 65800000\ 00000000\ 00000000\ 00000000\ 00000000\ 00000000\ 00000000$
　　　$00000000\ 00000000\ 00000000\ 00000000\ 00000000\ 00000000$

添加消息(比特)位长度后变为 X_2:

$X_2 = X_1 \parallel 28(64\ 位)$

　　$= 61626364\ 65800000\ 00000000\ 00000000\ 00000000\ 00000000\ 00000000\ 00000000$
　　　$00000000\ 00000000\ 00000000\ 00000000\ 00000000\ 00000000\ 28000000$

　　$= M[0]M[1]\cdots M[15]$

2) MD5 算法的逻辑程序

(1) 初始化 MD5 的缓冲区:MD5 的缓冲区可表示为 4 个 32bit(字)的寄存器 $A,B,C,$ D 的四元向量 (A,B,C,D)。初始化 A,B,C,D 为(十六进制表示):

$$A = 67452301, \quad B = efcdab89, \quad C = 98badcfe, \quad D = 10325476$$

以 512 位(16 个字)的分组为单位处理消息:

如图 4.2 所示,每一分组都经过以压缩函数处理,压缩函数有 4 轮处理过程。每轮又对缓冲区的值进行 16 步迭代运算。

(2) 对 $i = 1,2,\cdots,64$,定义

$$T[i] = \text{trunc}(2^{32} \times \text{abs}(\sin i))$$

这里 $\sin i$ 是正弦函数,$\text{abs}(x)$ 表示取 x 的绝对值,$\text{trunc}(x)$ 表示取不超过 x 的最大整数。$T[i]$ 取值的十六进制表示可由表 4.1 给出。

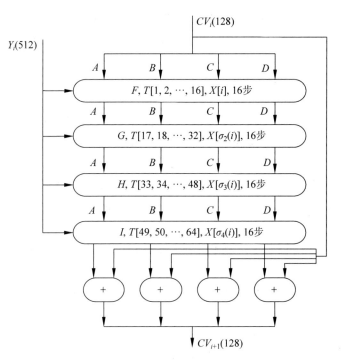

图 4.2 MD5 的分组处理

表 4.1 T[i] 的取值表

T[1]＝d76aa478	T[17]＝f61e2562	T[33]＝fffa3942	T[49]＝f4292244
T[2]＝e8c7b756	T[18]＝c040b340	T[34]＝8771f681	T[50]＝432aff97
T[3]＝242070db	T[19]＝265e5a51	T[35]＝6d9d6122	T[51]＝ab9423a7
T[4]＝c1bdceee	T[20]＝e9b6c7aa	T[36]＝fde5380c	T[52]＝fc93a039
T[5]＝f57c0faf	T[21]＝d62f105d	T[37]＝a4beea44	T[53]＝655b59c3
T[6]＝4787c62a	T[22]＝2441453	T[38]＝4bdecfa9	T[54]＝8f0ccc92
T[7]＝a8304613	T[23]＝d8a1e681	T[39]＝f6bb4b60	T[55]＝ffeff47d
T[8]＝fd469501	T[24]＝e7d3fbc8	T[40]＝bebfbc70	T[56]＝85845dd1
T[9]＝698098d8	T[25]＝21e1cde6	T[41]＝289b7ec6	T[57]＝6fa87e4f
T[10]＝8b44f7af	T[26]＝c33707d6	T[42]＝eaa127fa	T[58]＝fe2ce6e0
T[11]＝ffff5bb1	T[27]＝f4d50d87	T[43]＝d4ef3085	T[59]＝a3014314
T[12]＝895cd7be	T[28]＝455a14ed	T[44]＝4881d05	T[60]＝4e0811a1
T[13]＝6b901122	T[29]＝a9e3e905	T[45]＝d9d4d039	T[61]＝f7537e82
T[14]＝d987193	T[30]＝fcefa3f8	T[46]＝e6db99e5	T[62]＝bd3af235
T[15]＝a679438e	T[31]＝676f02d9	T[47]＝1fa27cf8	T[63]＝2ad7d2bb
T[16]＝49b40821	T[32]＝8d2a4c8a	T[48]＝c4ac5665	T[64]＝eb86d391

（3）对 $i＝0 \sim (N/16-1)$ 执行第（4）步至第（10）步；

（4）对 $j＝0 \sim 15$ 执行

$$X[j]＝M[16i+j]$$

（5）将寄存器 A, B, C, D 的值分别存储到 4 个新寄存器 AA, BB, CC, DD 中，即

$$AA＝A, \quad BB＝B, \quad CC＝C, \quad DD＝D$$

（6）执行第一轮循环

① 记函数 $FF(xyzw,k,s,i)$ 表示运算

$x=y+((x+F(y,z,w)+X[k]+T[i])<<<s)$；

② 对于 $l=0\sim3$ 执行

$FF(ABCD,4l,7,4l+1)$；

$FF(DABC,4l+1,12,4l+2)$；

$FF(CDAB,4l+2,17,4l+3)$；

$FF(BCDA,4l+3,22,4l+4)$。

（7）执行第二轮循环

① 记函数 $GG(xyzw,k,s,i)$ 表示运算

$x=y+((x+G(y,z,w)+X[k]+T[i])<<<s)$；

② 对于 $l=0\sim3$ 执行

$GG(ABCD,4l+1(\bmod 16),5,16+4l+1)$；

$GG(DABC,4l+6(\bmod 16),9,16+4l+2)$；

$GG(CDAB,4l+11(\bmod 16),14,16+4l+3)$；

$GG(BCDA,4l(\bmod 16),20,16+4l+4)$。

（8）执行第三轮循环

① 记函数 $HH(xyzw,k,s,i)$ 表示运算

$x=y+((x+H(y,z,w)+X[k]+T[i])<<<s)$；

② 对于 $l=0\sim3$ 执行

$HH(ABCD,12l+5(\bmod 16),4,32+4l+1)$；

$HH(DABC,12l+8(\bmod 16),11,32+4l+2)$；

$HH(CDAB,12l+11(\bmod 16),16,32+4l+3)$；

$HH(BCDA,12l+14(\bmod 16),23,32+4l+4)$。

（9）执行第四轮循环

① 记函数 $II(xyzw,k,s,i)$ 表示运算

$x=y+((x+I(y,z,w)+X[k]+T[i])<<<s)$；

② 对于 $l=0\sim3$ 执行

$II(ABCD,12l(\bmod 16),6,48+4l+1)$；

$II(DABC,12l+7(\bmod 16),10,48+4l+2)$；

$II(CDAB,12l+14(\bmod 16),15,48+4l+3)$；

$II(BCDA,12l+5(\bmod 16),21,48+4l+4)$。

（10）执行

$A=A+AA$；

$B=B+BB$；

$C=C+CC$；

$D=D+DD$。

3）输出

将 A,B,C,D 链接，就得到 Hash 函数 MD5 对消息 m 的输出值（消息摘要）：

$$\mathrm{MD5}(m) = A \parallel B \parallel C \parallel D$$

4.2.2 MD5 的安全性

1992 年 Berson 利用差分密码分析对 MD5 进行攻击,但这种攻击的有效性只可达到 MD5 的单轮。而 1993—1994 年 Robshaw、den Boer 及 Bosselaers 利用 MD5 的压缩函数 FF,GG,HH,II 产生碰撞的方法攻击 MD5 则要有效得多,但这仍不能对 MD5 构成实际的威胁。Rivest 曾猜想作为 128bit 长的 Hash 函数,MD5 的强度达到了最大:要找出两个具有相同 Hash 值的消息需执行 $O(2^{64})$ 次运算,而要找出具有给定 Hash 值的一个消息则要执行 $O(2^{128})$ 次运算。

我国的王小云教授(2004 年)提出的攻击对 MD5 最具威胁。王小云教授在 2004 年美洲密码年会上做了攻击 MD5、HAVAL-128、MD4 和 RIPEMD 算法的报告,公布了 MD 系列算法的破解结果。对于 MD5 的攻击,报告中给出了一个具体的碰撞例子。

设 m_1 表示消息(十六进制表示):

```
00000000  d1 31 dd 02 c5 e6 ee c4    69 3d 9a 06 98 af f9 5c
00000010  2f ca b5 87 12 46 7e ab    40 04 58 3e b8 fb 7f 89
00000020  55 ad 34 06 09 f4 b3 02    83 e4 88 83 25 71 41 5a
00000030  08 51 25 e8 f7 cd c9 9f    d9 1d bd f2 80 37 3c 5b
00000040  96 0b 1d d1 dc 41 7b 9c    e4 d8 97 f4 5a 65 55 d5
00000050  35 73 9a c7 f0 eb fd 0c    30 29 f1 66 d1 09 b1 8f
00000060  75 27 7f 79 30 d5 5c eb    22 e8 ad ba 79 cc 15 5c
00000070  ed 74 cb dd 5f c5 d3 6d    b1 9b 0a d8 35 cc a7 e3
```

m_2 表示消息:

```
00000000  d1 31 dd 02 c5 e6 ee c4    69 3d 9a 06 98 af f9 5c
00000010  2f ca b5 07 12 46 7e ab    40 04 58 3e b8 fb 7f 89
00000020  55 ad 34 06 09 f4 b3 02    83 e4 88 83 25 f1 41 5a
00000030  08 51 25 e8 f7 cd c9 9f    d9 1d bd 72 80 37 3c 5b
00000040  96 0b 1d d1 dc 41 7b 9c    e4 d8 97 f4 5a 65 55 d5
00000050  35 73 9a 47 f0 eb fd 0c    30 29 f1 66 d1 09 b1 8f
00000060  75 27 7f 79 30 d5 5c eb    22 e8 ad ba 79 4c 15 5c
00000070  ed 74 cb dd 5f c5 d3 6d    b1 9b 0a 58 35 cc a7 e3
```

则 $\mathrm{MD5}(m_1) = \mathrm{MD5}(m_2) = $ a4c0d35c95a63a805915367dcfe6b751。

消息 m_1 与 m_2 只有 6 个字节不同,即粗斜体字符部分。实际上,它们的 Hamming 距离也仅为 6bit。这清楚地表明 MD5 不是强抗碰撞的,也否定了 Rivest 的猜想。事实上,利用数据链接的方法,可通过在消息 m_1 与 m_2 的后端链接相同的数据,得到无穷多个碰撞的例子。

后来,国际密码学家 Lenstra 利用王小云等提供的 MD5 碰撞,伪造了符合 X.509 标准的数字证书。

因此,MD5 的安全性受到了严重的威胁。在安全强度要求较高的系统中,应避免 MD5 的使用。

4.3 SHA-1

安全 Hash 算法(Secure Hash Algorithm,SHA)是美国国家安全局(National Security Agency,NSA)1993 年在 MD4 基础上改进设计的,并由 NIST 公布作为安全 Hash 标准(Secure Hash Standard (SHS, FIPS 180))。1995 年,由于 SHA 存在一个未公开的安全性问题,NSA 提出了 SHA 的一个改进算法 SHA-1 作为安全 Hash 标准(SHS,FIPS 180-1)。1998 年,两位法国研究人员 Chabaud 与 Joux 发现了攻击 SHA 的一种差分碰撞算法。

2002 年,安全 Hash 标准 FIPS PUB 180-2 中公开了 SHA 的三种固定输出长度分别为 256bit、384bit 及 512bit 的变形算法 SHA-256、SHA-384 及 SHA-512。原 SHA 及 SHA-1 的固定输出长度为 160bit,但目前应用较广泛的还是 SHA-1。

4.3.1 SHA-1 算法描述

1)基本逻辑函数

设 X,Y,Z 表示字,定义四个逻辑函数如下:

$$f_1(X,Y,Z)=(X \wedge Y) \vee (\overline{X} \wedge Z)$$

$$f_2(X,Y,Z)=X \oplus Y \oplus Z$$

$$f_3(X,Y,Z)=(X \wedge Y) \vee (X \wedge Z) \vee (Y \wedge Z)$$

$$f_4(X,Y,Z)=f_2(X,Y,Z)$$

2)数据分拆与填充

在 SHA-1 中,对于输入的任意长度的消息 m,采用与 MD5 完全相同的方法将 m 进行数据分拆与填充后得到字表示:

$$M=M[0]M[1]\cdots M[N-1]$$

其中每个 $M[i]$ 均为一个 32bit 的字,N 是 16 的倍数。

3)SHA-1 算法的逻辑程序

每一分组都经过压缩函数处理,压缩函数有 4 轮处理过程。每轮又对缓冲区的值进行 20 步迭代运算。

(1)初始化 SHA-1 的缓冲区

SHA-1 的缓冲区可表示为 5 个 32bit(字)的寄存器 A,B,C,D,E 的五元向量(A,B,C,D,E)。初始化 A,B,C,D,E 为(十六进制表示):

$$A=67452301$$

$$B=efcdab89$$

$$C=98badcfe$$

$$D=10325476$$

$$E=c3d2e1f0$$

（2）4个常量参数

$$K_1 = 5a827999, \quad K_2 = 6ed9ebal, \quad K_3 = 8f1bbcdc, \quad K_4 = ca62c1d6$$

（3）对 $i = 0 \sim (N/16-1)$ 执行第（4）步至第（8）步；

（4）对 $j = 0 \sim 15$ 执行

$$X[j] = M[16i+j];$$

（5）对 $j = 16 \sim 79$ 执行

$$X[j] = (X[j-3] \oplus X[j-8] \oplus X[j-14] \oplus X[j-16]) <<< 1;$$

（6）将寄存器 A,B,C,D,E 的值分别存储到五个新寄存器 AA,BB,CC,DD,EE 中，即

$$AA=A, BB=B, CC=C, DD=D, EE=E$$

（7）对 $k = 0 \sim 79$ 执行

$$\text{TEMP} = (A <<< 5) + f_{1+trunc\left(\frac{k}{20}\right)}(B,C,D) + E + X[k] + K_{1+tranc\left(\frac{k}{20}\right)}$$

$$E=D, D=C, C=(B<<<30), B=A, A=\text{TEMP}$$

（8）执行

$$A=A+AA$$
$$B=B+BB$$
$$C=C+CC$$
$$D=D+DD$$
$$E=E+EE$$

4）输出

将 A,B,C,D,E 链接，就得到 Hash 函数 SHA-1 对消息 m 的输出值（消息摘要）：

$$\text{SHA-1}(m) = A \parallel B \parallel C \parallel D \parallel E.$$

SHA-1 算法中对 $k = 0 \sim 79$ 的 80 次循环运算可分为 4 轮循环，即第一轮循环（Round1：$k=0 \sim 19$）；第二轮循环（Round2：$k=20 \sim 39$）；第三轮循环（Round3：$k=40 \sim 59$）；第四轮循环（Round4：$k=60 \sim 79$）。

4.3.2　SHA-1 算法的安全性

SHA-1 算法与 MD4 非常相似，它是 MD4 的一种变体。MD4 在 1992 年已被攻破。H. Dobbertin 在 1996 年的欧洲密码年会也给出了一个碰撞的例子。在美洲密码年会上，王小云报告称可通过几乎手算的方式找到 MD4 算法的碰撞例子。对于 SHA-0（即 SHA），同一密码会议上，法国的计算机科学家 Joux 发现了 SHA-0 碰撞的实际例子：

设消息 m_1（2048bit）为

a766a602 b65cffe7 73bcf258 26b322b3 d01b1a97 2684ef53 3e3b4b7f 53fe3762

24c08e47 e959b2bc 3b519880 b9286568 247d110f 70f5c5e2 b4590ca3 f55f52fe

effd4c8f e68de835 329e603c c51e7f02 545410d1 671d108d f5a4000d cf20a439

4949d72c d14fbb03 45cf3a29 5dcda89f 998f8755 2c9a58b1 bdc38483 5e477185

f96e68be bb0025d2 d2b69edf 21724198 f688b41d eb9b4913 fbe696b5 457ab399

21e1d759 1f89de84 57e8613c 6c9e3b24 2879d4d8 783b2d9c a9935ea5 26a729c0

6edfc501 37e69330 be976012 cc5dfe1c 14c4c68b d1db3ecb 24438a59 a09b5db4

35563e0d 8bdf572f 77b53065 cef31f32 dc9dbaa0 4146261e 9994bd5c d0758e3d

消息 m_2(2048bit)为

a766a602 b65cffe7 73bcf258 26b322b1 d01b1ad7 2684ef51 be3b4b7f d3fe3762

a4c08e45 e959b2fc 3b519880 39286528 a47d110d 70f5c5e0 34590ce3 755f52fc

6ffd4c8d 668de875 329e603e 451e7f02 d45410d1 e71d108d f5a4000d cf20a439

4949d72c d14fbb01 45cf3a69 5dcda89d 198f8755 ac9a58b1 3dc38481 5e4771c5

796e68fe bb0025d0 52b69edd a17241d8 7688b41f 6b9b4911 7be696f5 c57ab399

a1e1d719 9f89de86 57e8613c ec9e3b26 a879d498 783b2d9e 29935ea7 a6a72980

6edfc503 37e69330 3e976010 4c5dfe5c 14c4c689 51db3ecb a4438a59 209b5db4

35563e0d 8bdf572f 77b53065 cef31f30 dc9dbae0 4146261c 1994bd5c 50758e3d

则可计算得

$$\text{SHA-0}(m_1) = \text{SHA-0}(m_2) = \text{c9f160777d4086fe8095fba58b7e20c228a4006b}$$

整个攻击运算是利用 BULL SA 公司开发的计算机系统 TERA NOVA（Intel-Itanium2 system）完成的。攻击很复杂，大约需要 SHA-0 算法的 2^{51} 次计算。同年，Biham 等找出了 40 步的 SHA-1 碰撞。2005 年，王小云等提出了对 SHA-1 的碰撞搜索攻击，该方法用于攻击完全版的 SHA-0 时，所用的运算次数少于 2^{39}；攻击 58 步的 SHA-1 时，所用的运算次数少于 2^{33}；他们还分析指出，用他们的方法攻击 70 步的 SHA-1 时，所用的运算次数少于 2^{50}；而攻击 80 步的 SHA-1 时，所用的运算次数少于 2^{69}。

一系列的研究结果使得美国国家标准与技术研究局曾宣布在 2010 年之前逐步淘汰 SHA-1，但目前仍有一些网络平台（如 QQ、Google）或计算机系统（如 Windows7 系统）使用 SHA-1。Google 已宣布在 2015 年底在其产品 Chrome 浏览器中停用 SHA-1，而使用新的 Hash 函数标准算法 SHA-2。Microsoft 已计划将于 2017 年起其 Windows 系统中的 SHA-1 由 SHA-2 替代。

事实上，2017 年 2 月 23 日，荷兰阿姆斯特丹 Centrum Wiskunde & Informatica（CWI）研究所的两位研究人员 Marc Stevens 与 Pierre Karpman，以及 Google 公司的 3 位研究人员 Elie Bursztein，Ange Albertini 与 Yarik Markov 在经过两年的合作研究后，在 Google 安全博客上发布了世界上第一例公开的哈希函数 SHA-1 的碰撞实例。作者也在 2017 年的美洲密码年会上报告了这一结果。

4.4　MD6、SHA-2 及 SHA-3 简介

4.4.1　MD6 算法

MD5 算法被发现存在安全漏洞（即 MD5 不是抗碰撞的）后，在 Crypto2008 上，Rivest 提出了 MD6 算法。该算法的链值长为 1024bit，即每轮输出为 16 个"字"（每个"字"的长度为 64bit）。算法增加了并行机制，适合于多核 CPU。与 MD5 相比，MD6 还能有效抵抗差分攻击。这个摘要函数可以使输入的任意不超过 $2^{64}-1$bit 长度的字符串映射成固定长度的字符串。MD6 可以有 4 种摘要长度分别为 224、256、384、512 的形式，即 MD6-224、MD6-256、MD6-384，以及 MD6-512。

1. 算法简述

1）输入

（1）M——需要作摘要的消息：要求输入消息 M 的长度 m 小于 2^{64} bit，即满足 $0 \leqslant m < 2^{64}$。

（2）d——消息作摘要后的长度：即输出值的长度，单位是比特位。d 可以取 $1 \sim 512$ 之间的任意一个整数（即 $0 < d \leqslant 512$），表示最后需要输出 d 位的消息摘要。d 的默认值为 512。

（3）K——密钥：作为哈希函数的输入密钥 K，其长度用 $keylen$ 表示，$0 \leqslant keylen \leqslant 64$。

（4）L——层次：消息中的数据存放在一棵足够大的四叉树中。树的高度指定为 L，其默认值为 64。当 $L = 0$，将按顺序压缩数据。如果 $L < 64$，MD6 将使用混合模式：首先基于 Merkle 树，从层次 0 到层次 L，随后，在每个层次内按顺序压缩数据。

（5）r——轮数：这是压缩函数可控的参数。一般来说，在硬件应用中每轮对应于一个时钟周期，在软件应用中每轮对应 16 步。默认 r 的值是 $40 + \lfloor d/4 \rfloor$，因此，当 $d = 512$ 时，r 的默认值是 168。

但是当 K 值缺省或为 0 时，出于安全性的考虑，轮数应当符合 $r \geqslant 80$，此时 r 的默认值是 $\mathrm{Max}(80, 40 + \lfloor d/4 \rfloor)$。

2）输出

$$D = H_{d,K,L,r}(M)$$

2. 运算模式

MD6 算法实质上是 4 个子结点一组的 Merkle 树。从图 4.3 可以看出 MD6 的 Merkle 树具有并行性，Merkle 树每个结点都可以并行计算，每个结构体的计量单位是"字"。

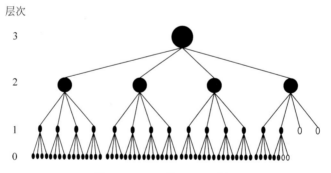

图 4.3 MD6 的 Merkle 树

把哈希函数的数据表示成树的叶子，如果输入文件不能满足每片叶子 16 个"字"，可以用 0 填补。每个结点有 4 个子结点，如果不够的话，可以用 0 填充结点，以此来创建虚构结点。每个模块由 4 个结点组成，被压缩后将得到 16 个"字"的结点。

在算法中，首先创建 Merkle 哈希树，计算时从下往上逐层运算，每棵树的非叶子节点都对应于一个压缩函数的输出，64 个"字"的数据块输入压缩成 16 个"字"输出。当只剩下一个根结点时，停止哈希运算。运算的摘要值为树根的截断值（即最后的 d 位值，也就是最后的 256 位值)。

3. 压缩函数

压缩函数的每个输入为 89 个"字"的向量,其中 Q、K、U、V 都是压缩函数的辅助输入,B 是数据的有效存储空间(64 个"字")。其具体表示如图 4.4 所示。

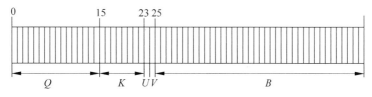

图 4.4　压缩函数的输入数据

Q 为一个 15 个"字"的常向量。

K 为 8 个"字"的密钥(如果没有使用密钥,则 K 值为 0)。

U 为结点的 ID 号,其大小为 1 个"字",指示分块的位置。由表示结点所在的层次(l)的一个字节以及表示结点所在层内具体位置(i)的 7 个字节组成。U 的具体结构如图 4.5 所示。

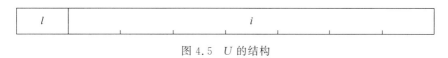

图 4.5　U 的结构

V 为控制字,其大小为 1 个"字"。具体细节如图 4.6 所示。r 为圈数,L 为树的最大高度,对于最后一次压缩而言 z 等于 1,否则 z 等于 0,p 为 B 中填充的 0 的个数,$keylen$ 为密钥的长度,d 为摘要的大小。

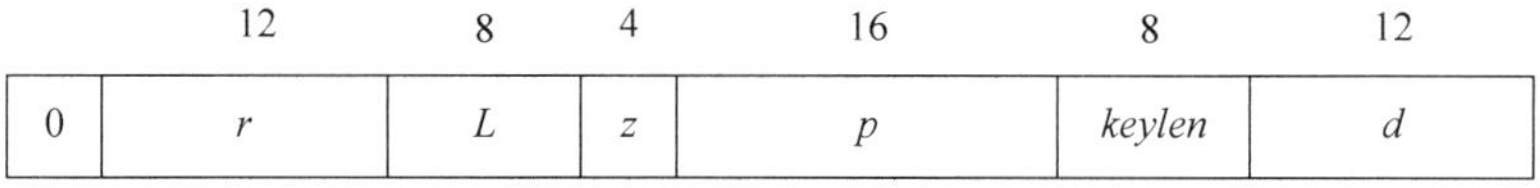

	12	8	4	16	8	12
0	r	L	z	p	$keylen$	d

图 4.6　控制字 V 的结构

B 为 64 个"字"的数据块,与 4 个 16 个"字"的结点相匹配。在 MD6 算法中,压缩函数将完成 r 轮运算(默认值为 168),每轮运算由 16 个具有并行性独立的循环组成。这 16 个独立循环由 15 个逻辑运算和移位操作组成。每轮从上一轮计算的 89 个"字"输出结果来计算出 16 个"字"输出结果,最后一轮计算的 16 个"字"的输出结果作为压缩函数的输出结果。

4.4.2　SHA-2 算法

SHA-2 算法是 2002 年美国 NIST 根据实际情况在 SHA-1 的基础之上增加了输出长度,形成的 SHA-224、SHA-256、SHA-384、SHA-512 等一系列算法,统称为 SHA-2 算法。这些算法都是单向哈希函数的迭代过程,通过这些哈希算法可以将任意长度的输入消息压缩成固定长度的信息摘要。SHA-2 系列哈希散列算法不仅可以保证数据的完整性,而且如果原数据有任意的改动,都会得到完全不同的信息摘要。由于这样的特性,哈希函数在数字

签名、随机数产生和消息认证码等领域中有广泛的应用。

1. SHA-2 系列算法简介

SHA-2 系列算法都可以分为两个主要的计算过程：预处理过程和哈希计算过程。其中预处理包括消息块的填充、将填充后的消息按要求等分成 512/1024bit 的处理块、设置哈希计算时的初始值。压缩计算是整个哈希循环计算的核心过程。利用初始值、常量、输入消息块，依据循环压缩计算方法进行计算。每一轮循环压缩计算得到的哈希值，在下一轮的循环压缩计算中使用。最后经过哈希计算后输出的哈希值就是最终的信息摘要。

虽然 SHA-2 系列的四种算法主要计算过程基本一样，但是存在一些不同之处，这些算法的主要不同在于操作数长度、初始向量值、常量值和最后产生信息摘要的长度。表 4.2 列出了 SHA-2 系列四种算法的主要区别。

表 4.2　不同摘要长度的 SHA-2 哈希算法特性对比

SHA 标准	攻击复杂度 /bit	信息块大小 /bit	循环次数	字长 /bit	哈希值位 /bit
SHA-224	2^{128}	$<2^{64}$	64	32	224
SHA-256	2^{128}	$<2^{64}$	64	32	256
SHA-384	2^{192}	$<2^{128}$	80	64	384
SHA-512	2^{256}	$<2^{128}$	80	64	512

2. 预处理

在进行哈希计算之前，待加密的数据首先要进行预处理过程。预处理过程主要有三步：消息块的填充、分割填充后的消息块、设置初始哈希值。

1）信息块填充

在进行哈希循环计算之前，输入的信息块 M 需要按规则进行填充。对于 SHA-224 和 SHA-256 算法，填充后的消息块为 512bit 的整数倍。假设输入消息块 M 输入长度为 L 位，在对输入信息块进行填充前，首先在信息块的最后一位后加上 1，然后在这位 1 后面添加 k 个 0，添加 0 的个数必须满足关系 $L+1+k=448 \bmod 512$，最后再添加 64bit 二进制数，并且这 64bit 二进制数为输入信息原始长度 L 的二进制数表示。

2）分割填充后的信息块

经过填充后的消息，必须要划分成固定 m 位一组的若干个数据块来用于哈希计算过程中。对于 SHA-224 和 SHA-256 算法，填充后的信息块为 512bit 的整数倍，因此要将填充后的信息块分割成 N 个 512bit 的信息块，然后将每个 512bit 的信息块分割成 16 个 32bit 的信息字用于哈希循环计算中。而对于 SHA-384 和 SHA-512 算法，经过填充后的信息块为 1024bit 的整数倍，所以填充后的信息块需要分割成 N 个 1024bit 的信息块。接着将每个 1024bit 的信息块分割成 16 个 64bit 的信息块作为哈希循环计算的输入。

3）设置初始哈希值

在哈希循环计算开始之前，还需要对各个算法设置确定的初始哈希值，初始哈希值的字长和取值根据各个算法的不同而有所差异。如 SHA-224 算法的 8 个初始哈希值是由正整数中第 9 个到第 16 个质数开平方根得到的小数部分前 32bit 值的十六进制；SHA-256 算法的初始哈希值为 8 个 32bit 值的十六进制，这些初始值是对正整数中前 8 个质数的平方根的小数部分取前 32bit 而得到的值；而 SHA-384 算法的初始哈希值为 8 个 64bit 值的十六进制，这些值是正整数中第 9 个到第 16 个质数开平方根所得小数部分的前 64 位的值。

4.4.3 SHA-3 算法

2009 年 10 月，美国 NIST 公开征集安全性更高的 SHA-3 系列算法，在 2009 年进行第一轮算法评选，共有 51 种算法通过竞选进入复赛，2010 年美国 NIST 进行第二轮算法评选，其中的五种算法入围决赛：BLAKE、Grøstl、JH、Keccak、Skein。美国 NIST 在 2012 年举行决赛并公布最终的算法，经过测试和分析，美国政府选择了 Keccak 算法作为 SHA-3 算法的加密标准。Keccak 算法是由 Guido Bertoni、Joan Daemen、Michaël Peeters 以及 Gilles Van Assche 等四位专家设计的。NIST 对于 Keccak 算法的评价是具有良好的安全性和实现性能，特别是与 SHA-2 完全不同的设计方式，可避免已有的攻击方式，而且能够提供 SHA-2 算法不具备的一些性能。但 SHA-3 算法并不是要取代 SHA-2 算法，因为目前并没有发现 SHA-2 算法存在明显的弱点。

1. Keccak 算法结构

Keccak 算法在迭代结构上采用的是 Sponge 结构，它与传统的 MD 系列算法的迭代结构不同，它依赖于一个固定的大置换，这为算法提供了良好的实用性和可证明安全性，理论上可以证明该结构在理想模型下与随机预言是不可区分的。Keccak 算法的置换是基于比特级的操作，实现起来非常简单，软件实现性能与 SHA-2 类似，而硬件实现性能非常优异，整个算法具有较大的安全余量和良好的适应性。Sponge 结构可以容易地调整安全强度和处理速度之间的平衡，很方便地产生较大或较小的输出值，并且可定义修改的链接模式用以提供认证加密等功能。Keccak 算法整体结构为 Sponge 结构，如图 4.7 所示。

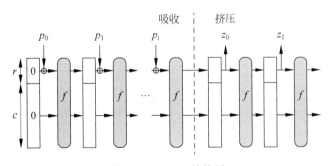

图 4.7 Sponge 结构图

Sponge 结构即是针对一个固定置换 f 的迭代过程置换，其长度 $b=r+c$，其中 r 称为比特率，与输入消息块长度相同，该部分比特称为外部状态；c 称为容量，该部分比特称为内部状态，算法的初始状态为全零。

2. Keccak 算法性能

Keccak 算法具有较大的安全余量，碰撞和近似碰撞的结果最能反映杂凑算法的安全性,Keccak 算法的 24 轮中只发现 5 轮的近似碰撞。区分攻击能够反映算法随机性的性能,针对 Keccak 算法的原象攻击方面仅有很少轮数且复杂性很高的结果。Keccak 算法用同一个置换产生所有输出长度的摘要输出,是易于实现的简洁变型算法。为了保证安全性,消息分块要随输出长度的变化而变化。但摘要越长,执行速度越慢。Keccak 算法具有可接受的软件性能和优异的硬件性能。Keccak 算法面向硬件的设计,完全基于简单的比特级运算和扩散,使其具有良好的性能和实现效率。Keccak 算法的软件性能大致与 SHA-2 相仿,但算法实现的效率比 SHA-2 算法好很多,不需要 SHA-2 算法所需的 32/64bit 密钥扩展过程,而且 Keccak 提供了良好的性能权衡能力,可视情况在安全性实现性能和简便变形等方面进行取舍。Keccak 设计简单轻巧,可用于多种环境。Sponge 结构的扩展方式使之易于为提高性能而改变消息分组长度所产生的对安全性的影响,可以扩展输出长度以适用于诸如 RSA 算法全域杂凑函数等场合。Keccak 认证加密模式是一个较好的附加性能,这是 Sponge 结构非常自然的扩展。

4.4.4　SM3 算法

SM3 算法是由王小云等设计的。SM3 算法于 2010 年 12 月被国家密码管理局颁布为我国商用密码杂凑标准算法,并于 2018 年 11 月成为 ISO/IEC 国际密码杂凑标准算法。该算法适用于商用密码应用中的数字签名和验证、消息认证码的生成与验证以及随机数的生成,可满足多种密码应用的安全需求。SM3 算法能够对任何小于 2^{64} bit 的数据进行计算,输出长度为 256bit 的杂凑值。

SM3 算法包括初始值与常量选取、预处理、消息扩展和迭代压缩四个部分。

初始值为 8 个表示成十六进制的字,常量为 64 个十六进制的字。预处理包括消息填充和消息分组两部分。消息经过填充处理后分组为 512bit 的若干个数据块。此后对每一个 512bit 的数据块进行消息扩展,生成 132 个字以用于迭代压缩算法中。压缩函数由下面的 3 个不同的布尔函数及两个置换函数构成。如果消息经处理后得到 N 个 256bit 长的数据块,则消息经过 N 次迭代压缩后得到 256bit 的杂凑值。

1. 布尔函数

$$FF_j(X,Y,Z) = \begin{cases} X \oplus Y \oplus Z, & 0 \leqslant j \leqslant 15 \\ (X \wedge Y) \vee (X \wedge Z) \vee (Y \wedge Z), & 16 \leqslant j \leqslant 63 \end{cases}$$

$$GG_j(X,Y,Z) = \begin{cases} X \oplus Y \oplus Z, & 0 \leqslant j \leqslant 15 \\ (X \wedge Y) \vee (\neg X \wedge Z), & 16 \leqslant j \leqslant 63 \end{cases}$$

2. 置换函数

$$P_0(X) = X \oplus (X \lll 9) \oplus (X \lll 17)$$
$$P_1(X) = X \oplus (X \lll 15) \oplus (X \lll 23)$$

上两式中,X, Y, Z 均为字。

总体来说,SM3 的压缩函数与 SHA-256 的压缩函数具有相似结构,但 SM3 密码杂凑的设计要更复杂些。其安全性及效率与 SHA-256 相当。

4.5 Hash 函数性能比较

表 4.3 是七类 Hash 函数的各参数及性能对比表。其中"中继散列值长度"指一个数据块进行每次压缩后的长度。

表 4.3 七类 Hash 函数的参数及各性能对比表

Hash 函数		输出杂凑值长度/bit	中继杂凑值长度/bit	数据块长度/bit	最大输入消息长度/bit	循环次数	使用的运算符	安全长度/bit
MD5		128	128 (4×32)	512	$2^{64}-1$	64	And，Xor，Rot，Add（mod 2^{32}），Or	<64 （发现碰撞）
SHA-0		160	160 (5×32)	512	$2^{64}-1$	80	And，Xor，Rot，Add（mod 2^{32}），Or	<80 （发现碰撞）
SHA-1		160	160 (5×32)	512	$2^{64}-1$	80		<80 （理论攻击为 2^{51}）
SM3		256	256 (8×32)	512	$2^{64}-1$	64	And，Xor，Rot，Add（mod 2^{32}），Or，Shift	128
SHA-2	SHA-224	224	256 (8×32)	512	$2^{64}-1$	64		112
	SHA-256	256						128
	SHA-384	383	512 (8×64)	1024	$2^{128}-1$	80	And，Xor，Rot，Add（mod 2^{32}），Or，Shift	192
	SHA-512	512						256
	SHA-512/224	224						112
	SHA-512/256	256						128
SHA-3	SHA3-224	224	1600 (5×5×64)	1152	∞	24	And，Xor，Rot，Not	112
	SHA3-256	256		1088				128
	SHA3-384	384		832				192
	SHA3-512	512		576				256
	SHAKE128	d（任意长度）		1344				min($d/2$, 128)
	SHAKE256			1088				min($d/2$, 256)
MD6	MD6-224	224	1024 (16×64)	4096	$2^{64}-1$	max(80,40 $+\lfloor d/4 \rfloor$)	Add，Xor，Rot，Shift	≤512
	MD6-256	256						
	MD6-384	384						
	MD6-512	512						

表 4.3 中：

(1) d 表示作消息摘要后的消息长度；

(2) "And"表示逐比特(位)逻辑"与",一般用符号"∧"表示;

(3) "Xor"表示逐比特(位)逻辑"异或",一般用符号"⊕"表示;

(4) "Rot"表示逐比特(位)循环移位,一般用符号"<<<"(左移)或">>>"(右移)表示;

(5) "Shift"表示逻辑移位,一般用符号"<<"(左移)或">>"(右移)表示;

(6) "Add(mod 2^{32})"表示"字"的模(mod 2^{32})加运算,一般用符号"+"表示;

(7) "Or"表示逐比特(位)逻辑"或";

(8) "Not"表示逐比特(位)逻辑"非",一般用等号"‾"(上横)表示。

习题

1. 弱抗碰撞与强抗碰撞的区别是什么?什么情况下弱抗碰撞函数是强抗碰撞的?

2. Hash 函数在密码学或信息安全上有哪些作用?

3. 在哪些密码算法中需要应用 Hash 函数?其作用是什么?

4. 若 $h:\{0,1\}^n \rightarrow \{0,1\}^n$ 是单向函数,证明函数 $g:\{0,1\}^n \rightarrow \{0,1\}^n,x \rightarrow h(x) \oplus x$ 也是单向的;若 h 是抗碰撞的,那么 g 是否也是抗碰撞的?为什么?

5. 两个 Hash 函数的复合函数定义如下,若 h_1 与 h_2 分别是 X_1 到 Y_1、X_2 到 Y_2 的两个 Hash 函数,定义:

$$h_3 : X_1 \rightarrow Y_2$$
$$x \mapsto h_2(h_1(x))$$

问 h_3 是否为 Hash 函数?若是,h_3 是否能保持 Hash 函数的单向性、抗碰撞性?

6. 两个 Hash 函数的乘积函数可定义如下,若 h_1 与 h_2 分别是 X 到 Y_1、X 到 Y_2 的两个 Hash 函数,定义

$$h_4 : X_1 \rightarrow (Y_1, Y_2)$$
$$x \mapsto (h_1(x), h_2(x))$$

问 h_4 是否为 Hash 函数?若是,h_4 是否能保持 Hash 函数的单向性、抗碰撞性?如果 $Y_1 = Y_2 = Y$,定义

$$h_5 : X_1 \rightarrow (Y_1, Y_2)$$
$$x \mapsto h_1(x) \oplus h_2(x)$$

问 h_5 是否为 Hash 函数?若是,h_5 是否能保持 Hash 函数的单向性、抗碰撞性?

7. 设 $n = 603241$ 是两个素数的乘积,$\alpha = 11$。定义函数 $h(x) = \alpha^x \bmod n, 1 \leqslant x \leqslant n^2$。已知 h 的三个碰撞消息 $h(1294755) = h(80115359) = h(52738737)$,试利用此条件分解整数 $n = 603241$。

8. 列举一下你现在所使用的哪些网络登录平台使用了 Hash 函数?并用 MD5 或 SHA-1 对你使用的密码(password)作消息摘要。

第5章

基本公钥密码体制

1976 年以前所有经典的密码系统都是对称密码体制。对称密码体制中通信双方共享一个秘密密钥,此密钥既能加密也能解密。因此,它需要在 Alice 和 Bob 传输密文之前通过安全方式交换密钥,比如说通过安全信道。实际上密钥共享十分困难,尤其是涉及互不相识的人之间的保密通信时更加困难,这使得对称密码体制的应用受到了很大限制。

Diffie 与 Hellman 于 1976 年引进了密码编码学的一种新方法,称为公钥密码。公钥密码的思想是找到一种密码体制,从加密函数 e_k 计算解密函数 d_k 在计算上是不可行的,这样 e_k 可以公布,使 Alice(或任何人)可用之于加密,而只有 Bob 一个人知道 d_k,并能用之于解密。这类似于 Alice 把一物放于金属盒,然后用 Bob 设下的暗码锁住,而 Bob 是唯一能打开这个盒子的人,因为只有他知道这个暗码。

麻省理工学院的 Rivest、Shamir 和 Adleman 于 1977 年设计出了第一个这样的公钥密码体制——RSA(Rivest-Shamir-Adleman)。从此,RSA 方案成为最为人们广泛接受的公钥密码。沿着这个思路,后来人们提出了若干公钥密码系统。

5.1 公钥密码体制基本概念

公钥密码的最大特点是采用两个相关密钥将加密和解密能力分开,其中一个密钥是公开的,称为公开密钥,简称公钥,用于加密;另一个密钥是为用户专用,因而是保密的,称为秘密密钥,简称私钥,用于解密。因此公钥密码体制也称为双钥密码体制。

公钥密码体制以前的整个密码学史中,所有的密码算法,包括手工计算的古典密码术、机械设备实现的密码机以及由计算机实现对称密码算法,都是基于代换和置换这两个基本工具。而公钥密码体制则为密码学的发展提供了新的理论和技术基础,一方面公钥密码算法的基本工具不再是代换和置换,而是数学函数;另一方面公钥密码算法是以非对称的形式使用两个密钥,两个密钥的使用对保密性、密钥分配、认证等都有着深刻的意义。可以说公钥密码体制的出现在密码学史上是一个最大的而且是唯一真正的革命。

公钥密码系统设计的关键是构造基于 NP 问题的单向陷门函数。单向性保证加密函数 e_k 易计算,NP 问题为攻击者设置了计算障碍,使敌手计算 d_k 不可行。陷门知识则能保证

Bob 有效地进行解密。尽管人们目前找到的"单向函数"无一有严格的数学证明,但实践中人们把这些函数的"单向性"当作公理接受。

5.1.1 公钥密码体制构造

公钥密码体制需满足以下要求:

(1) 产生一对密钥在计算上是可行的;

(2) 已知公钥和明文,产生密文在计算上是可行的;

(3) 接收方利用私钥来解密密文在计算上是可行的;

(4) 对于攻击者,利用公钥来推断私钥在计算上是不易的;

(5) 已知公钥和密文,恢复明文计算是不可行的;

(6) (可选)加密和解密的顺序可交换。

利用合适的陷门单向函数可构造满足上述要求的公钥密码方案。

定义 5.1 单向函数

函数 $f(x)$ 为单向函数,需满足对定义域内的每个值 x,由 x 计算是 $f(x)$ 容易的;但是对值域内的每个值 y,由 y 计算满足 $f(x)=y$ 的 x 是不可行的。

第 4 章讲到的 MD5 与 SHA-1 都是经典的单向函数。

定义 5.2 陷门单向函数

函数 $f(x)$ 为陷门单向函数,需同时满足下列两个条件:

(1) $f(x)$ 为单向函数;

(2) 拥有某些附加信息后,对值域内的每个值 y,由 y 计算满足 $f(x)=y$ 的 x 变为可行。

这里所说的易于计算是指函数值能在其输入长度的多项式时间内求出,即如果输入长度为 n bit,则求函数值的计算时间是 n^a 的某个倍数,其中 a 是一固定的常数。这时称求函数值的算法属于多项式类 P,否则就是不可行的。例如,函数的输入长度是 n bit,如果求函数值所用的时间是 2^n 的某个倍数,则认为求函数值不可行的。

易于计算和不可行两个概念与计算复杂性理论中复杂度的概念极为相似,然而又存在着本质的区别。在复杂性理论中,算法的复杂度是以算法在最坏情况或平均情况时的复杂度来度量的。而在此所说的两个概念是指算法在几乎所有情况下的情形。

公钥密码体制的设计比对称密码体制的设计具有更大的挑战性,因为公钥的公开为攻击算法提供了一定的信息。例如,要解密密文 y,攻击者 Oscar 可用加密规则对每一条可能的明文加密,将结果与 y 比对即可找出明文。因此,公钥密码体制无法提供无条件安全,所以本书仅研究公钥密码体制的计算安全性。

5.1.2 重要的公钥密码方案

自 1976 年 Diffie 和 Hellman 提出了公钥密码体制的思想以来,人们提出了大量公钥密码体制的实现方案,它们的安全性基础主要是数学中的难解问题(陷门单向函数)。正是公钥密码体制思想的提出,使数学逐渐在密码学中扮演重要角色(对称密码体制的基础学科主要是物理学和计算机科学)。将较具有影响力的公钥密码方案分类如下。

（1）基于大整数素因子分解问题的公钥密码体制：包括著名的 RSA 体制和 Rabin 体制。

（2）基于有限域上离散对数问题的公钥密码体制：主要包括 ElGamal 类公钥加密方案和数字签名方案、Diffie-Hellman 密钥交换方案等。

（3）基于椭圆曲线离散对数问题的公钥密码体制：包括椭圆曲线型的 Diffie-Hellman 密钥交换方案、椭圆曲线型的 ECKEP 密钥交换方案、椭圆曲线型的数字签名算法等。

5.1.3 公钥密码体制的应用

图 5.1 是公钥密码体制用于加密时的框架图，包含以下几个步骤：

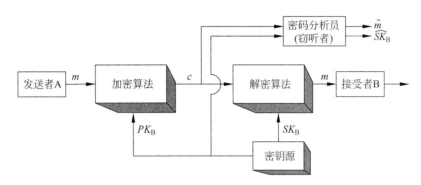

图 5.1　公钥密码体制用于加密

（1）要求接收方 Bob（图中用 B 表示）生成一对密钥 (PK_B, SK_B)，其中 PK_B 是公钥，SK_B 是私钥。

（2）Bob 公开加密密钥 PK_B，秘密保存私钥 SK_B。

（3）发送方 Alice（图中用 A 表示）要想向 Bob 发送消息 m，则使用 Bob 的公钥加密 m，表示为 $c = E(PK_B, m)$，其中 c 是密文，E 是加密算法。

（4）Bob 收到密文 c 后，用自己的私钥 SK_B 解密，表示为 $m = D(SK_B, c)$，其中 D 是解密算法。

一方面，Bob 知道私钥 SK_B，所以他能够解密获得消息 m；另一方面，其他人不知道 SK_B，从而无法获得消息 m。

公钥密码体制既能用于加密，又能提供认证，如图 5.2 所示。发送方 Alice 用自己的私钥 SK_A 加密消息 m，将密文 c（数字签名）发送给 Bob。Bob 用 Alice 的公钥 PK_A 对 c 解密。同样，因为只有 Alice 知道 SK_A，所以她能够对 m 签名。以上过程就实现了对消息来源和完整性的认证。

在上述认证过程中，由于消息是由用户自己的私钥加密的，所以消息不能被他人篡改，但能被他人窃听。这是因为任何人都能用用户的公钥对消息解密。为了同时提供认证功能和保密性，可使用双重加、解密，如图 5.3 所示。发送方首先用自己的秘密钥 SK_A 对消息 m 签名得到 z，再用接收方的公钥 PK_B 对 z 加密得到 c。接收方先用自己的私钥 SK_B 解密 c 得到 z，再用发送方的公钥计算 m。

和对称密码体制一样，如果密钥太短，公钥密码体制也易受到穷搜索攻击。因此密钥必

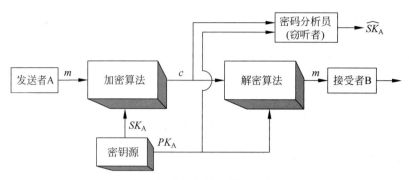

图 5.2　公钥密码体制用于认证

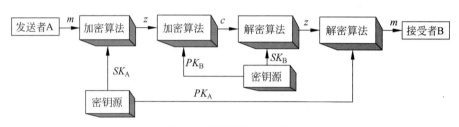

图 5.3　公钥密码体制同时用于保密和认证

须足够长才能抗击穷搜索攻击。然而又由于公钥密码体制所使用的可逆函数的计算复杂性与密钥长度往往不是呈线性关系,而是增大得更快,所以密钥长度太大又会使得加解密运算太慢而不实用。因此,公钥密码体制目前主要用于密钥管理和数字签字。

公钥密码技术的主要价值在于可以解决下列几个方面的问题:

(1) 密钥分发;

(2) 大范围应用中,数据的保密性(secrecy)和完整性(integrity);

(3) 实体鉴别(authentication);

(4) 不可抵赖性(non-repudiation)。

本章其余节将较详细地介绍 RSA、ElGamal、ECC 以及 Diffie-Hellman 等公钥密码算法。

5.2　公钥加密

5.2.1　RSA 公钥密码体制

RSA 是公钥密码体制,它是由 Rivest、Shamir 及 Adleman 在 1977 年共同发明的。它的安全性是基于数论和计算复杂性理论中的下述论断:求两个大素数的乘积是计算上容易的,但要分解两个大素数的积求出它的素因子在计算上困难的。大整数素因子分解问题是数学上的著名计算困难性问题,至今没有有效的算法予以解决,因此可以确保 RSA 算法的安全性。RSA 是迄今为止理论上最为成熟完善的公钥密码体制,该体制已得到广泛的应用。

1. 算法描述

1）密钥的产生

（1）取两个大素数 p 和 q。

（2）计算 $n = pq$，$\varphi(n) = (p-1)(q-1)$，其中 $\varphi(n)$ 是 n 的欧拉函数值。

（3）选一整数 e，$1 < e < \varphi(n)$ 且满足 $\gcd(e, \varphi(n)) = 1$。

（4）计算 d，$de \equiv 1 (\bmod \varphi(n))$，即 d 是 e 在模 $\varphi(n)$ 下的乘法逆元。

（5）以 $\{e, n\}$ 为公钥，$\{d, p, q\}$ 为私钥。

2）加密

（1）分组：加密时，首先将明文比特串分组，使得每个分组对应的十进制数小于 n，即分组长度小于或等于 $\log_2 n$。

（2）加密：对每个分组 M 进行加密运算，$C = M^e (\bmod n)$。

3）解密

对每个密文分组进行解密运算：$M = C^d (\bmod n)$。

假设 Alice 公布了她的 RSA 公钥 (e, n)，Bob 希望发送消息 $M(0 < M < n)$ 给 Alice。那么 Bob 计算 $C = M^e (\bmod n)$ 发送给 Alice。收到密文 C 之后，Alice 可以用其私钥 d，计算 $M = C^d (\bmod n)$ 进行解密。

下面证明方案的正确性（合理性），即按照方案规定执行，接收者能够解出明文。

证明：因为 $ed = 1 \bmod \varphi(n)$。所以可设 $ed = k\varphi(n) + 1$。

（1）当 $\gcd(M, n) = 1$ 时，由 Euler 定理可得

$$C^d = (M^e)^d \bmod n \equiv M^{ed} \bmod n = M \bmod n$$

（2）当 $\gcd(M, n) \neq 1$，由 $\gcd(M, n) | n$ 知 $\gcd(M, n) = p$ 或 q。不妨设 $\gcd(M, n) = p$，则 $p | M$，令 $M = sp$，$1 \leq s < q$。

因 $\gcd(M, q) = 1$，由 Fermat 定理可得

$$M^{q-1} \equiv 1 \bmod q$$

于是

$$(M^{q-1})^{k(p-1)} \equiv 1 \bmod q$$

即

$$M^{k\varphi(n)} \equiv 1 \bmod q$$

由此得

$$M^{k\varphi(n)+1} \equiv M \bmod q，亦即 M^{ed} \equiv M \bmod q$$

另一方面，由 $p | M$ 可得

$$M^{ed} \equiv 0 \equiv M \bmod p，即有 M^{ed} \equiv M \bmod p$$

因为 $\gcd(p, q) = 1$，由初等数论知识可得

$$M^{ed} \equiv M \bmod pq$$

即

$$C^d = M^{ed} \equiv M \bmod n$$

图 5.4 总结归纳了 RSA 算法的实现过程。

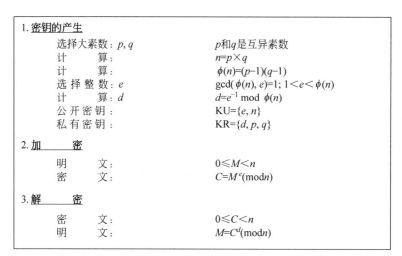

图 5.4　RSA 算法

例 5.1（RSA 公钥加密）　密钥的生成过程如下。

（1）选择两个大素数 $p=17419$ 以及 $q=17443$。

（2）计算 $n=pq=17419\times17443=303839617$，$\varphi(n)=(p-1)(q-1)=303804756$。

（3）取 $e=7$，它小于 $\varphi(n)$ 且与 $\varphi(n)=303804756$ 互素。

（4）$d=86801359$，因为 $7\times86801359=607609513=2\times303804756+1$。所以，公钥 $PK=\{7,303839617\}$ 和私钥 $SK=\{86801359,17419,17443\}$。

图 5.5 显示了这些密钥对明文输入 $M=197$ 的应用。在加密时，取 197 的 7 次方得 11514990476898413，除以 303839617 后计算得到的余数为 104248929，即

$$197^7=104248929 \bmod 303839617$$

所以密文为 104248929。在脱密时，明文由 $104248929^{86801359}=197 \bmod 303839617$ 确定。

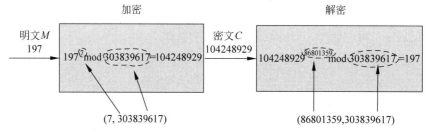

图 5.5　RSA 算法举例

2. 计算方面

现在转而讨论使用 RSA 时需要的计算复杂性问题。实际上有两个要考虑的问题：密钥产生和加密/解密。先看加密和解密过程，然后再回到密钥产生的问题。

1）加密和解密

在 RSA 中，加密和解密都涉及计算一个整数的幂，然后模 n，即大数模幂运算。如果先对整数进行指数运算，然后再进行模 n 运算，那么中间结果非常大，有可能超出计算机所允许的整数取值范围。幸运的是，可以利用取模运算的一个特性：

$$[(a \bmod n) \times (b \bmod n)] \bmod n = (a \times b) \bmod n$$

因而,可以对中间结果进行模 n 运算,这就可以减小中间结果。

另外一个考虑是指数运算的效率,因为在 RSA 中可能碰到非常大的指数。为了了解如何才能提高效率,考虑计算 x^{16},直接的方法需要 15 次乘法:

$$x^{16} = x \times x \times x \times x \times x \times x \times x \times x \times x \times x \times x \times x \times x \times x \times x \times x$$

如果重复对每次的部分结果取平方,依次得到 x^2、x^4、x^8、x^{16},则可以只用 4 次乘法得到同样的最后结果。

一般地,假定我们希望算出 a^m 的值,其中 a 和 m 是整数。如果将 m 表示为一个二进制数 $b_k b_{k-1} \cdots b_0$,那么有

$$m = \sum_{b_i \neq 0} 2^i$$

因而

$$a^m = a^{\sum\limits_{b_i \neq 0} 2^i} = \prod_{b_i \neq 0} a^{2^i}$$

$$a^m \bmod n = \left(\prod_{b_i \neq 0} a^{2^i}\right) \bmod n = \prod_{b_i \neq 0} \left(a^{2^i} \bmod n\right)$$

由此可见,利用该方法(称为平方乘模算法),对 a^m 的计算共需 $l+1$ 次平方运算和 $\omega(m)-1$ 次乘法运算。这里 $\omega(m)$ 表示 m 用二进制表示时的 Hamming 重量,l 为 m 二进制表示中的比特位数。因此,大数模幂的运算次数介于 $l+1$ 和 $2l$ 之间。

2) 密钥的生成

在应用 RSA 密码体制之前,必须先产生密钥,即必须先选择两个大素数 p 与 q,然后选取相对较小的正整数 e,并计算出 d。

由于 p 与 q 的积 $pq = n$ 是公开的,所以为了防止攻击者用穷搜索法获得 p 与 q,p 与 q 必须是足够大的素数。因而,有效地获取大素数是实现 RSA 密码体制需要解决的一个关键问题。然而,遗憾的是,目前还没有特别有效的方法可以产生任意大的素数。现在通常的办法是随机选取一个适当大的奇数,然后检验它是否为素数(素性检测),若非素数,则随机选取另一个奇数来进行检测,如此继续,直到找到一个大素数为止。

目前素性检测的方法基本是概率性的,即这些检测方法只能确定一个给定整数可能是素数。但有些检测方法可使检测一个整数使素数的概率接近 1.0,比如非常有效且被广泛采用的 Miller-Rabin 算法。2002 年印度理工大学的三位学者提出一种(多项式时间)快速算法,可以证明一个整数是素数,但效率不如概率算法高。

确定了足够大的素数 p、q 后,就可借助扩展的 Euclidean 算法来求得满足条件 $1 < e < \varphi(n)$ 及与 $\varphi(n)$ 互素的 e,并求得 $d = e^{-1} \bmod \varphi(n)$。

3. 安全性方面

RSA 密码体制的安全性是基于大整数的素数分解的困难性。

目前虽然尚未在理论上严格证明大整数的素数分解是难解的,即证明大整数的素数分解问题是 NP 问题,但经过长期的实践研究,还没有发现一个有效的分解大整数的算法,这

一事实正是建立 RSA 公钥密码体制的基础。

对于一个公钥密码系统的攻击,主要就是利用公钥信息来获取私钥信息。对 RSA 的攻击一般有三种方式:①分解模数 n;②确定欧拉 totient 函数 $\varphi(n)$;③直接获得私钥 d。可以证明用第②种与第③种方式攻击 RSA 均等价于用第①种方式攻击 RSA,即等价于大整数素数分解的困难性。

若攻击者能分解模数 n 为两个素因子之积 $n=pq$,则他可很容易地计算出 $\varphi(n)=(p-1)(q-1)$,并通过模方程 $ex=1 \bmod \varphi(n)$ 求出 e 的逆 $d=e^{-1} \bmod \varphi(n)$。

若攻击者已知 $\varphi(n)$,那么他可通过解二次方程 $x^2-(n-\varphi(n)+1)x+n=0$ 将 n 分解成该方程的两个根的乘积,即他可成功分解模数 n。

若攻击者已知 d,那么他可计算 $ed-1$,且 $ed-1$ 是 $\varphi(n)$ 的一个倍数。又设 $ed-1=2^t r$,r 为奇数。对随机选择的一个大于 1 且小于 n 的数 a,分两种情况讨论。若 a 与 n 不互素,则就得到 n 的一个非平凡因子 (a,n);若 a 与 n 互素,依据 Euler 定理有,$a^{2^t r}=a^{ed-1}=1 \bmod n$。这时在模 n 下计算的序列为 a^r,a^{2r},$a^{2^2 r}$,$\cdots$,$a^{2^{t-2} r}$,$a^{2^{t-1} r}$,$a^{2^t r}$。当该序列的项不全为 1,且从后往前数第一个不为 1 的项 b 满足 $b\neq-1$。这时 $b^2\equiv1 \bmod n$,从而 $(b+1)(b-1)\equiv0 \bmod n$,即可得到 n 的一个非平凡因子 $(b-1,n)$。当该序列的项全为 1,或序列的某项为 -1 时,计算失败。可以证明,对随机选择的 a,上述方法能分解 n 成功的概率至少为 $1/2$。通过选择多个 a,可以把成功概率增加到任意小于 1 的数。

尽管目前大整数的素数分解仍然是一个计算困难性问题,但由于现代计算机的计算能力的不断增强,以及大整数因子分解方法的不断提高与改进,以前被认为相对安全长度的密钥已在越来越短的时间内被破解。如 1994 年 4 月,采用二次筛法在网络上通过分布式计算用 8 个月时间破解了 RSA-129(即密钥长度为 129 位十进制,约 428bit 位)。1996 年 4 月,利用广义数域筛法破解了 RSA-130;1999 年 8 月,利用推广的数域筛法破解了 RSA-155(约 512bit 的密钥)。所以当前应用 RSA 密码体制一般建议采用 $1024\sim2048$bit 的密钥。

5.2.2　ElGamal 公钥密码体制

ElGamal 公钥密码体制是 1985 年 7 月由 ElGamal 发明的,它是建立在解有限乘法群上的离散对数问题的困难性基础之上的一种公钥密码体制。该密码体制至今仍被认为是一个安全性能较好的公钥密码体制,目前它被广泛应用于许多密码协议中。

1. 离散对数

G 为有限乘法群,对于一个 n 阶元素 $\alpha\in G$,定义 $\langle\alpha\rangle=\{\alpha^i:0\leqslant i\leqslant n-1\}$。显然,$\langle\alpha\rangle$ 是 G 的一个子群,且 $\langle\alpha\rangle$ 是一个 n 阶循环群。

密码学中经常使用的有限乘法群有两种情况。一是取 G 为有限域 Z_p(p 为素数)的乘法群 Z_p^*,α 为模 p 的本原元,这时 $n=|\langle\alpha\rangle|=p-1$;二是取 α 为 Z_p^* 的一个 q(q 为素数,且 $p-1=0 \pmod q$)阶的元素。在 Z_p^* 中,这种元素 α 可以由本原元的 $p-1/q$ 次幂得到。

有限乘法群 G 上的离散对数问题是指已知 G,一个 n 阶元素 $\alpha\in G$ 和 $\beta\in\langle\alpha\rangle$。求满足 $\alpha^a=\beta \bmod n$ 的唯一的整数 a,$0\leqslant a\leqslant n-1$,称 a 是以 α 为底的 β 的离散对数,记为 $\log_\alpha\beta$。

在密码学中应用的离散对数问题有如下性质：求解离散对数问题是困难的，而其逆运算即计算大数模幂的运算是可有效计算的。

ElGamal 密码体制是基于有限乘法群 Z_p^* 上的离散对数问题的。

2. ElGamal 密码体制

（1）公开参数：首先选取大素数 p，使得 $Z_p^* = \{1, \cdots, p-1\}$ 上的离散对数问题难解，设 α 是乘法群 Z_p^* 的一个生成元；

（2）密钥生成：随机选取整数 d：$0 < d < p-1$，并计算 $\beta = \alpha^d \bmod p$。这里 p 与 α 是公开参数，β 是公开公钥，d 是私钥；

（3）加密运算：对明文 $m \in Z_p^*$，随机选取整数 k：$0 < k < p-1$，计算

$$c_1 = \alpha^k \bmod p, \quad c_2 = m\beta^k \bmod p$$

得到密文 $c = (c_1, c_2)$。

（4）解密运算：对密文 $c = (c_1, c_2) \in \mathbb{Z}_p^* \times \mathbb{Z}_p^*$，用私钥 d 解密为

$$m' = c_2(c_1^d)^{-1} \bmod p$$

下面证明算法的合理性（正确性），即从解密运算中得到的 m' 确实是原来的明文。

证明：设 $m' = c_2(c_1^d)^{-1} \bmod p$，则

$$
\begin{aligned}
m' &= c_2(c_1^d)^{-1} \bmod p \\
&= m\beta^k((\alpha^k)^d)^{-1} \bmod p \\
&= m(\alpha^d)^k(\alpha^{-kd}) \bmod p \\
&= m(\alpha^{dk})(\alpha^{-kd}) \bmod p \\
&= m \bmod p
\end{aligned}
$$

即有 $m' = m$。

在 ElGamal 公钥密码体制中，加密运算是随机的，因为密文既依赖于明文 m，还依赖于加密者随机选择的整数 k。因此，对于同一则明文，会有 $p-1$ 个可能的密文。这大大提高了方案的安全性，但是代价是使数据扩展 1 倍（密文长度是明文长度的 2 倍）。此外，随机选择的整数 k 要保密，否则会影响安全性。

例 5.2（ElGamal 加密方案） 取素数 $p = 1299709$，$\alpha = 5$（α 是 $Z_{1299709}^*$ 的一个生成元），$d = 1079$。令 $\beta = 5^{1079} \bmod 1299709$，即 $\beta = 1208656$。

对于明文 $m = 1289608$，随机选取 $k = 35276$。计算

$$c_1 = 5^{35276} \bmod 1299709 = 723569$$

$$c_2 = 1289608 \times 1208656^{35276} \bmod 1299709 = 1193737$$

即 m 加密后的密文为 $c = (c_1, c_2) = (723569, 1193737)$。

从 $c = (723569, 1193737)$ 解密出明文 m 为

$$m = 1193737 \times (723569^{1079})^{-1} \bmod 1299709 = 1289608$$

3. ElGamal 密码体制的安全性

如果 $Z_p^* = \{1, \cdots, p-1\}$ 上的离散对数问题可解，那么就可破解 ElGamal 密码体制。显

然，可通过计算 $\alpha^1, \alpha^2, \alpha^3, \cdots$ 直到找到某个正整数 k 使 $\alpha^k = \beta \bmod p$ 为止。这是穷搜索法，需要的运行时间是 $O(p)$。运行时间指运行算法时需要的群运算次数。

目前，人们对于 Z_p^* 上的离散对数问题的研究取得了许多重要的研究成果，已设计出了各种计算离散对数的算法，主要的有关算法有 Shanks 算法、并行 Pollard-ρ 算法、小步大步（baby-step giant-step）算法、Pohlig-Hellman 算法以及指数演算法（index-calculus）。Shanks 算法及小步大步算法的运行时间均为 $O(\sqrt{p})$，Pohlig-Hellman 算法的运行时间均为 $O(\sqrt{p} + \ln p)$，并行 Pollard-ρ 算法的运行时间为 $O(\sqrt{\pi p}/(2t))$（这里 t 是并行处理器个数），指数演算法的运行时间为 $O(e^{(1/2+o(1))\sqrt{\ln p \ln \ln p}})$。可以看出，并行 Pollard-$\rho$ 算法及指数演算法是其中比较有效的算法，但它们都至少是 $\ln p$ 的亚指数时间算法，而非多项式时间算法。

5.2.3　椭圆曲线密码体制

椭圆曲线用于公钥密码学的思想是 1985 年由 Miller 及 Koblitz 共同提出的。其理论基础是定义在有限域上的某一椭圆曲线上的有理点可构成有限交换群。如果该群的阶包含一个较大的素因子，则其上的离散对数问题是计算上难解的数学问题。业已证明，除了某些特殊的椭圆曲线，目前已知的最好的攻击算法（Pollard-ρ 算法）也是完全指数级的。就安全强度而言，密钥长为 163bit 的椭圆曲线密码体制（elliptic curve cryptosystem，ECC）相当于 1024bit 的 RSA。即在相同安全强度下，ECC 使用的密钥比 RSA 要短约 84%。这使得 ECC 对存储空间、传输带宽以及处理器的速度要求较低。这一优势对于资源环境有限的移动用户终端具有极其重要的意义。ECC 目前在国内外已得到广泛应用，各种采用 ECC 的软硬件产品已相继出现。如 Certicom、Siemens、NTT、Motorola、Sony、Oracle、Cisco、Compaq、Matsushita 等公司已生产出若干基于 ECC 的密码工具，并且以软件或 IC 芯片的形式出现，比如 Certicom 公司的具有代表性的 ECC 硬件产品 Luna CA3-ECC 及 Luna 2-ECC，还有已颁布的有关 ECC 使用的标准有 IEEE P1363、NIST、ANSI X9.62、ANSI X9.63、ISO/IEC 14888D 等。为满足电子认证服务系统等应用需求，国家密码管理局在第 21 号公告中发布了 SM2 椭圆曲线公钥密码算法标准，并推荐了一条 256 位的随机椭圆曲线。目前，SM2 椭圆曲线公钥密码算法已经在国内智能密码钥匙和电子认证等多领域得到广泛应用。

1. 有限域上的椭圆曲线

设 q 是某个素数幂，$\mathbb{F}_q$ 是含 q 个元素的有限域，则限域 $\mathbb{F}_q$ 上的椭圆曲线 E 定义为由一个 y 轴方向上的无穷远点的特殊点 $\mathcal{O}$ 及 Weierstrass 方程（5.1）所有解 $(x,y) \in \overline{\mathbb{F}_q} \times \overline{\mathbb{F}_q}$ 组成的集合，这里 $\overline{\mathbb{F}_q}$ 表示有限域 $\mathbb{F}_q$ 的代数闭包。

$$y^2 + a_1 xy + a_3 y = x^3 + a_2 x^2 + a_4 x + a_6 \qquad (5.1)$$

这里 $a_1, a_2, a_3, a_4, a_6 \in \mathbb{F}_q$。

设 $E(\mathbb{F}_q)$ 表示 E 中两坐标均属于 $\mathbb{F}_q$ 的所有点（这种点称为 E 的有理点或 $\mathbb{F}_q$-有理点），加上无穷远点 $\mathcal{O}$ 组成的集合，则依据下面定义的加法运算规则，$E(\mathbb{F}_q)$ 构成一个有限 Abelian 群，并以 $\mathcal{O}$ 作为其零元。椭圆曲线的几何意义如图 5.6 所示。

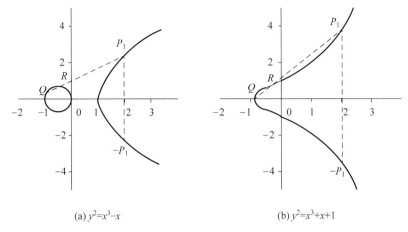

(a) $y^2 = x^3 - x$ (b) $y^2 = x^3 + x + 1$

图 5.6 椭圆曲线的几何意义

从图 5.6 可见,椭圆曲线关于 x 轴对称。

椭圆曲线上的加法运算定义如下:如果其上的 3 个点位于同一直线上,那么它们的和为 $\mathcal{O}$。进一步可如下定义椭圆曲线上的加法律(加法法则):

(1) $\mathcal{O}$ 为加法单位元,即对椭圆曲线上任一点 P,有 $P + \mathcal{O} = P$。

(2) 设 $P_1 = (x, y)$ 是椭圆曲线上的一点,它的加法逆元定义为

$$P_2 = -P_1 = (x, -y)$$

这是因为 P_1、P_2 的连线延长到无穷远时,得到椭圆曲线上的另一点 $\mathcal{O}$,即椭圆曲线上的 3 点 P_1、P_2、$\mathcal{O}$ 共线,所以 $P_1 + P_2 + \mathcal{O} = \mathcal{O}$,$P_1 + P_2 = \mathcal{O}$,即 $P_2 = -P_1$。

(3) 设 Q 和 R 是椭圆曲线上 x 坐标不同的两点,$Q + R$ 的定义如下:画一条通过 Q、R 的直线与椭圆曲线交于 P_1(这一交点是唯一的,除非所做的直线是 Q 点或 R 点的切线,此时分别取 $P_1 = Q$ 和 $P_1 = R$)。由 $Q + R + P_1 = \mathcal{O}$ 得 $Q + R = -P_1$。

(4) 点 Q 的倍数定义如下:在 Q 点做椭圆曲线的一条切线,设切线与椭圆曲线交于点 S,定义 $2Q = Q + Q = -S$。类似地可定义 $3Q = Q + Q + Q$,$\cdots$。

以上定义的加法具有加法运算的一般性质,如交换律、结合律等。

一般在实际密码应用中,有限域 $\mathbb{F}_p$(p 为大于 2^{160} 的素数)的椭圆曲线(5.2)及有限域 $\mathbb{F}_{2^m}$($m > 160$)上的椭圆曲线(5.3)尤其受到青睐。所以本书只对这两类椭圆曲线给出了加法运算规则。

2. 有限域 $\mathbb{F}_p$ 上 ECC 的加法运算规则

设 $p > 3$ 是一个素数,那么有限域 $\mathbb{F}_p$ 上的椭圆曲线 E 可表示成方程

$$y^2 = x^3 + ax + b \tag{5.2}$$

这里 $a, b \in \mathbb{F}_p$,$4a^3 + 27b^2 \neq 0 \bmod p$。

集合 $E(\mathbb{F}_p)$ 中的加法运算定义为

(1) 对任何 $P \in E(\mathbb{F}_p)$,$P + \mathcal{O} = \mathcal{O} + P = P$。

(2) 对任何 $P = (x_1, y_1) \in E(\mathbb{F}_p)$,$Q = (x_2, y_2) \in E(\mathbb{F}_p)$,

$$P + Q = \begin{cases} \mathcal{O}, & \text{如果 } x_1 = x_2, y_1 = -y_2 \\ (x_3, y_3), & \text{其他} \end{cases}$$

其中

$$\begin{cases} x_3 = \lambda^2 - x_1 - x_2 \\ y_3 = \lambda(x_1 - x_3) - y_1 \end{cases}, \quad \lambda = \begin{cases} \dfrac{y_2 - y_1}{x_2 - x_1}, & \text{如果 } P \neq Q \\[2mm] \dfrac{3x_1^2 + a}{2y_1}, & \text{如果 } P = Q \end{cases}$$

如果 $P + Q = \mathcal{O}$，则记 $Q = -P$，并称 $-P$ 为 P 的负元。

3. 有限域 $\mathbb{F}_{2^m}$ 上 ECC 的加法运算规则

设 m 是一个正整数，则 $\mathbb{F}_{2^m}$ 上的椭圆曲线 E 可表示成曲线方程

$$y^2 + xy = x^3 + ax^2 + b \tag{5.3}$$

这里 $a, b(\neq 0) \in \mathbb{F}_{2^m}$。

或曲线方程：

$$y^2 + cy = x^3 + ax + b \tag{5.4}$$

这里 $a, b, c(\neq 0) \in \mathbb{F}_{2^m}$。

椭圆曲线方程为式(5.3)的相应点集 $E(\mathbb{F}_{2^m})$ 的加法规则定义为

(1) 对任何 $P \in E(\mathbb{F}_{2^m})$，$P + \mathcal{O} = \mathcal{O} + P = P$。

(2) 对任何 $P = (x_1, y_1) \in E(\mathbb{F}_{2^m})$，$Q = (x_2, y_2) \in E(\mathbb{F}_{2^m})$，

$$P + Q = \begin{cases} \mathcal{O}, & \text{如果 } x_2 = x_1, y_2 = x_1 + y_1 \\ (x_3, y_3), & \text{其他} \end{cases}$$

其中

$$x_3 = \begin{cases} \left(\dfrac{y_1 + y_2}{x_1 + x_2}\right)^2 + \left(\dfrac{y_1 + y_2}{x_1 + x_2}\right) + x_1 + x_2, & \text{如果 } P \neq Q \\[3mm] x_1^2 + \dfrac{b}{x_1^2}, & \text{如果 } P = Q \end{cases}$$

$$y_3 = \begin{cases} \dfrac{y_1 + y_2}{x_1 + x_2}(x_1 + x_3) + y_1 + x_3, & \text{如果 } P \neq Q \\[3mm] x_1^2 + \left(x_1 + \dfrac{y_1}{x_1} + 1\right)x_3, & \text{如果 } P = Q \end{cases}$$

而相应于椭圆曲线方程为式(5.4)的点集 $E(\mathbb{F}_{2^m})$ 的加法规则定义为

(1) 对任何 $P \in E(\mathbb{F}_{2^m})$，$P + \mathcal{O} = \mathcal{O} + P = P$。

(2) 对任何 $P = (x_1, y_1) \in E(\mathbb{F}_{2^m})$，$Q = (x_2, y_2) \in E(\mathbb{F}_{2^m})$，

$$P + Q = \begin{cases} \mathcal{O}, & \text{如果 } x_2 = x_1, y_2 = x_1 + c \\ (x_3, y_3), & \text{其他} \end{cases}$$

其中

$$x_3 = \begin{cases} \left(\dfrac{y_1 + y_2}{x_1 + x_2}\right)^2 + x_1 + x_2, & \text{如果 } P \neq Q \\[3mm] \left(\dfrac{x_1^2 + a}{c}\right)^2, & \text{如果 } P = Q \end{cases}$$

$$y_3 = \begin{cases} \dfrac{y_1+y_2}{x_1+x_2}(x_1+x_3)+y_1+c, & \text{如果 } P \neq Q \\[3mm] \dfrac{x_1^2+a}{c}(x_1+x_3)+y_1+c, & \text{如果 } P = Q \end{cases}$$

如果 $P+Q=\mathcal{O}$，则记 $Q=-P$，并称 $-P$ 为 P 的负元。

例 5.3（椭圆曲线加法群）　$p=23, a=b=1, 4a^3+27b^2 \pmod{23} \equiv 8 \neq 0$，方程为 $y^2 \equiv x^3+x+1$。

$E_p(a,b)$ 表示如上方程所定义的椭圆曲线上的点集 $\{(x,y) \mid 0 \leqslant x < p, 0 \leqslant y < p, x, y \in \mathbb{F}_p\}$ 加上无穷远点。本例中 $E_{23}(1,1)$ 由表 5.1 给出，表中未给出 $\mathcal{O}$。

表 5.1　$E_{23}(1,1) \backslash \mathcal{O}$

(0, 1)	(0, 22)	(1, 7)	(1, 16)	(3, 10)	(3, 13)	(4, 0)	(5, 4)	(5, 19)
(6, 4)	(6, 19)	(7, 11)	(7, 12)	(9, 7)	(9, 16)	(11, 3)	(11, 20)	(12, 4)
(12, 19)	(13, 7)	(13, 16)	(17, 3)	(17, 20)	(18, 3)	(18, 20)	(19, 5)	(19, 18)

例 5.4（椭圆曲线加法运算）　仍以 $E_{23}(1,1)$ 为例，设 $P=(3,10), Q=(9,7)$，则

$$\lambda = \frac{7-10}{9-3} = \frac{-3}{6} = \frac{-1}{2} \equiv 11 \bmod 23$$
$$x_3 = 11^2 - 3 - 9 = 109 \equiv 17 \bmod 23$$
$$y_3 = 11(3-17) - 10 = -164 \equiv 20 \bmod 23$$

所以 $P+Q=(17,20)$，仍为 $E_{23}(1,1)$ 中的点。

若求 $2P$，则

$$\lambda = \frac{3 \cdot 3^2 + 1}{2 \times 10} = \frac{5}{20} = \frac{1}{4} \equiv 6 \bmod 23$$
$$x_3 = 6^2 - 3 - 3 = 30 \equiv 7 \bmod 23$$
$$y_3 = 6(3-7) - 10 = -34 \equiv 12 \bmod 23$$

所以 $2P=(7,12)$。

就密码应用而言，在群 $E(\mathbb{F}_q)$ 中，最重要的运算是标量乘，即对任意正整数 m 及 $E(\mathbb{F}_q)$ 中非零元 P，计算 mP。计算标量乘的方法有很多种，最常用的方法是二元法，即将乘子 m 表示成系数为 0 或 1 的 2 的多项式，然后反复进行倍加及不同点加的运算。

例 5.5（二元法）　以 $m=15$ 及椭圆曲线为 $y^2=x^3-x+5$ 上的有理点群 $E(\mathbb{F}_{17})$ 中点 $P=(7,1)$ 为例来计算 mP：

$$\begin{aligned} mP = 15(7,1) &= 2(2(2(7,1)+(7,1))+(7,1))+(7,1) \\ &= 2(2((11,13)+(7,1))+(7,1))+(7,1) \\ &= 2(2(8,13)+(7,1))+(7,1) \\ &= 2((14,7)+(7,1))+(7,1) \\ &= 2(12,2)+(7,1) \\ &= (8,4)+(7,1) \\ &= (11,4) \end{aligned}$$

这样计算 $15(7,1)$ 需要进行 3 次倍加与 3 次加运算。如果采用符号二元法(符号二元法是指将乘子表示成系数为 0,1 或 -1 的 2 的多项式,然后再反复进行"倍加"及不同点加的一种标量乘方法),则只需 4 次倍加与 1 次加,即

$$15(7,1) = (2^4 - 1)(7,1)$$
$$= 2(2(2(2(7,1)))) - (7,1)$$
$$= 2(2(2(11,13))) - (7,1)$$
$$= 2(2(10,14)) - (7,1)$$
$$= 2(13,8) - (7,1)$$
$$= (7,16) - (7,1)$$
$$= (7,16) + (7,16)$$
$$= (11,4)$$

5.2.4　Menezes-Vanstone 椭圆曲线密码体制

Menezes-Vanstone 椭圆曲线密码体制是 ElGamal 密码体制在椭圆曲线上的模拟,它是由 Menezes 与 Vanstone 在 1993 年 12 月提出的。

1. Menezes-Vanstone 椭圆曲线密码体制的描述

公开参数:设 $p>3$ 是一个素数,E 是有限域 $\mathbb{F}_p$ 上的由方程(5.3)椭圆曲线,$E(\mathbb{F}_p)$ 是相应的 Abelian 群。G 是 $E(\mathbb{F}_p)$ 中具有较大素数阶 n 的一个点。

密钥生成:随机选取整数 d: $2 \leqslant d \leqslant n-1$,计算 $P = dG$。d 是保密的密钥,P 是公开钥。

加密运算:对任意明文 $m = (m_1, m_2) \in \mathbb{F}_p^* \times \mathbb{F}_p^*$,随机选取一个秘密整数 k: $1 \leqslant k \leqslant n-1$,使得 $(x,y) = kP$,满足 x 与 y 均为非零元素。并计算

$$C_0 = kG$$
$$c_1 = m_1 x \bmod p$$
$$c_2 = m_2 y \bmod p$$

明文 $m = (m_1, m_2)$ 经加密后的密文为 (C_o, c_1, c_2)。密文空间为 $E(\mathbb{F}_p) \times \mathbb{F}_p^* \times \mathbb{F}_p^*$。

解密运算:对任意密文 $c = (C_o, c_1, c_2) \in E(\mathbb{F}_p) \times \mathbb{F}_p^* \times \mathbb{F}_p^*$,计算标量乘

$$dC_0 = (x,y)$$

计算

$$m_1 = c_1 x^{-1} \bmod p$$
$$m_2 = c_2 y^{-1} \bmod p$$

即得 $c = (C_o, c_1, c_2)$ 脱密后的明文为 (m_1, m_2)。

2. Menezes-Vanstone 椭圆曲线密码体制举例

例 5.6(Menezes-Vanstone 椭圆曲线密码体制)　设 E 是 $\mathbb{F}_{17}$ 上的椭圆曲线 $y^2 = x^3 - x + 5$,$E(\mathbb{F}_{17})$ 是相应的 Abelian 群,取 $G = (8,4) \in E(\mathbb{F}_{17})$,并取 $d = 7$ 为加密的密钥。计算

$$dG = 7(8,4)$$
$$= 2(2(2(8,4))) - (8,4)$$
$$= (10,3)$$

得公开钥为 $P = (10,3)$。

设有明文 $m = (m_1, m_2) = (5,12)$。随机选取整数 $k = 6$，计算 $kG = 6(8,4)$，得 $C_0 = kG = (7,16)$。计算 $kP = 6(10,3)$，得 $(x_1, x_2) = kP = (12,15)$。计算

$$c_1 = m_1 x_1 = 5 \times 12 = 60 = 9 \bmod 17$$
$$c_2 = m_2 x_2 = 12 \times 15 = 180 = 10 \bmod 17$$

于是得 $m = (5,12)$ 加密后的密文为 $(C_o, c_1, c_2) = ((7,16), 9, 10)$。

对密文 $(C_o, c_1, c_2) = ((7,16), 9, 10)$ 的解密过程如下：
计算

$$(y_1, y_2) = dC_0 = 7(7,16) = (12,15)$$
$$m_1 = c_1 y_1^{-1} = 9 \times 12^{-1} = 5 \bmod 17$$
$$m_2 = c_2 y_2^{-1} = 10 \times 15^{-1} = 12 \bmod 17$$

即由密文 $(C_o, c_1, c_2) = ((7,16), 9, 10)$ 可准确地恢复出明文 $m = (m_1, m_2) = (5,12)$。

3. 椭圆曲线离散对数问题与安全性

1）椭圆曲线离散对数问题（ECDLP）

设 $q > 3$ 是某个素数幂，E 是 $\mathbb{F}_q$ 上的椭圆曲线，$E(\mathbb{F}_q)$ 是相应的 Abelian 群。令 $<G>$ 是由 $E(\mathbb{F}_q)$ 中点 G 生成的循环群。对任 $Q \in <G>$，求满足方程

$$xG = Q$$

的解 x，称为解椭圆曲线 E 上的离散对数问题。离散对数问题难解是指由 x 和 G 易求 Q，但由 G 和 Q 求 x 则是困难的。

2）椭圆曲线密码体制的安全性问题

椭圆曲线密码体制的安全性是基于椭圆曲线离散对数问题的。如果 $E(\mathbb{F}_q)$ 中的点 G 的阶是一个较大的素数，那么用穷搜索法来解离散对数问题是不可行的。

关于群 $E(\mathbb{F}_q)$ 的阶，Hasse 定理给出了一个上下界。

Hasse 定理：设 $q > 3$ 是某个素数幂，E 是 $\mathbb{F}_q$ 上的椭圆曲线，$E(\mathbb{F}_q)$ 是相应的 Abelian 群，则

$$\sharp E(\mathbb{F}_q) = q + 1 - t$$

其中，$|t| \leqslant 2\sqrt{q}$。

显然，为了防止穷搜索法攻击，q 应是一个较大的素数幂。

解有限群离散对数问题的通用方法均可用来解椭圆曲线上 Abelian（点）群上的离散对数问题。但是关于解有限域乘法群上的指数演算法则对 ECDLP 不适用，即目前还没有找到对 ECDLP 的类似算法。已知的对 ECDLP 最好的算法是（并行）Pollard-ρ 算法，该算法的运行时间为 $O(\sqrt{\pi p}/(2t))$（这里 t 是并行处理器数）。作为 p 的函数，$\sqrt{\pi p}/(2t)$ 比指数演算法的运行时间为 $O(e^{(1/2+o(1))\sqrt{\ln p \ln \ln p}})$ 的增长要快得多，这就意味着解 ECDLP 比解有限域上的离散对数问题 FFDLP 要困难得多，因而椭圆曲线密码体制比同等规模的 $\mathbb{Z}_p^*$ 上的

ElGamal 公钥密码体制安全性要强得多。

4. 椭圆曲线密码体制的应用

除了上述安全性,与基于有限域上离散对数问题的公钥体制(如 ElGamal 密码体制)相比,椭圆曲线密码体制还有如下优点。

密钥量小:由攻击者的算法复杂度可知,在实现相同的安全性能条件下,椭圆曲线密码体制所需的密钥量远比基于有限域上的离散对数问题的公钥体制的密钥量小。

灵活性好:有限域 $GF(q)$ 一定的情况下,其上的循环群(即 $GF(q)-\{0\}$)就定了。而 $GF(q)$ 上的椭圆曲线可以通过改变曲线参数,得到不同的曲线,形成不同的循环群。因此,椭圆曲线具有丰富的群结构和多选择性。

正是由于椭圆曲线具有丰富的群结构和多选择性,并可在保持和 RSA/DSA 体制同样安全性能的前提下大大缩短密钥长度(目前 160bit 足以保证安全性),因而在密码领域有着广阔的应用前景。

许多智能卡、USB Key 芯片厂商都在产品上实现了支持 ECC 的公钥密码硬件协处理器:如 NXP 的智能卡芯片可以在 40ms 内实现 192 位的 ECC 数字签名操作;意法半导体有限公司(ST)的一些产品通过协处理器和快速乘法与累加指令为实现 RSA 和 ECC 算法提供了方便;Infineon 的 SLE66CxxP 通过一个硬件模数运算单元,可以加速 RSA 和 ECC 等公钥密码算法的处理;Atmel 公司的一些产品也实现了针对公钥密码算法的硬件协处理器。

在高性能的认证和加密芯片方面:Siemens 的 PLUTO-IC 是一种基于 $GF(p)$ 域曲线 ECC 算法的高性能加密芯片,ECC 的模长达到 320 位;ELCRODAT-6-2 是一种用于 ISDN 通信网的加密芯片,它也基于 $GF(p)$ 域曲线的 ECC 算法,ECC 的模长达到 256 位。

伴随着我国社会信息化进程而不断增强的信息安全需求,以及网络信息发展而不断扩展的网上业务的保密和认证需求,ECC 在我国具有巨大的潜在市场。如我国正在建设的 PKI 系统及其上的各种应用系统,将是 ECC 技术广泛应用的天地,必将成为 ECC 产品市场迅速成长主要牵引力。在国家主管部门的组织下,基于 ECC 的电子政务、可信计算、数字电视 CA 等密码应用系统已经或正在建设,揭开了 ECC 在我国大规模产业化应用的大幕。2003 年 5 月 12 日中国颁布的无线局域网国家标准 GB 15629.11 中也采用了 ECC 算法。ECC 技术已经用于我国第二代居民身份证系统,第二代身份证中存储的个人信息是经过 ECC 签名的。

5.3　数字签名

手写签名应用在社会生活的各个领域中。手写签名表现的是一种由某个人产生的独特的文字形式。其主要目的是为了表明签名者对某文字内容的认可,并产生某种承诺或法律上的效应,同时体现出签名者的身份。手写签名也可在一定程度上防止他人对所签内容的伪造。

手写签名的基本特点如下:

(1) 能与被签的文件在物理上不可分割;

（2）签名者不能否认自己的签名；

（3）签名不能被伪造；

（4）容易被验证。

数字签名（digital signature）是手写签名的数字化形式，与所签信息"绑定"在一起。具体地讲，数字签名就是一串二进制数。类似于手写签名，数字签名应具有下列基本特性。

（1）签名可信性：其他人可利用相关的公开消息验证签名的有效性；

（2）不可抵赖性：签名者事后不能否认自己的签名；

（3）不可复制性：即不可对某一数字内容或消息（message）的签名进行复制；

（4）不可伪造性：任何其他人不能伪造签名者的签名。或者说，任何其他人不能找到一个多项式时间的算法来产生签名者的签名；

（5）数据完整性：已签名的内容或消息是不可改变的（即不能被修改、删除等）。如果已签名的消息被改变，则他人可发现消息与签名之间的不一致性。

定义 5.3 一个签名方案是一个满足下列条件的五元组(P,A,K,S,V)：

（1）P 是由所有可能的消息组成的一个有限集合；

（2）A 是由所有可能的签名组成的一个有限集合；

（3）K 为密钥空间，它是由所有可能的密钥组成的一个有限集合；

（4）对每一个 $k\in K$，有一个签名算法 $\text{sig}_k\in S$ 和一个相应的验证算法 $\text{ver}_k\in V$。对每一个消息 $x\in P$ 和每一个签名 $y\in A$，每一个 $\text{sig}_k:P\rightarrow A$ 和 $\text{ver}_k:P\times A\rightarrow\{\text{true},\text{false}\}$ 都是满足下列条件的函数：

$$\text{ver}(x,y)=\begin{cases}\text{true}, & y=\text{sig}(x)\\ \text{false}, & y\neq\text{sig}(x)\end{cases}$$

由 $x\in P$ 和 $y\in A$ 组成的数据对(x,y)称为签名消息（y 是签名）。

给定一个消息 x，除了 Alice，任何人去计算使 $\text{ver}(x,y)=\text{true}$ 的数字签名 y 应该在计算上不可行（注意，对给定的 x，可能存在不止一个 y，这要看函数 ver_k 是如何定义的）。如果 Oscar 能够计算出使得 $\text{ver}(x,y)=\text{true}$ 成立的数据对(x,y)，而 x 没有事先被 Alice 签名，则签名 y 称为伪造签名。非正式地，一个伪造的签名是由 Alice 之外的其他人产生的一个有效数字签名。

数字签名方案的具体实现可分三步完成，即参数建立（parameter setup）、签名生成（signature generation）及签名验证（signature verification）。

可以把签名认为是一种证明签名者身份和所签署内容真实性的一段信息，它依赖于仅仅签名者知道的某个秘密，也依赖于被签名信息本身。数字签名的目的是提供一种手段，使得一个实体把他的身份与某个信息捆绑在一起。

数字签名是公钥密码学的重要贡献之一，数字签名能够提供认证服务和不可否认服务，对保证电子商务过程中的各种交易的安全可靠性具有重要意义。

在电子商务活动日益盛行的今天，数字签名的技术已受到人们的广泛关注与认可，其使用已越来越普遍。各国对数字签名（又可称为电子签名）的使用已颁布了相应的法案，如美国国会在 2000 年 6 月通过《电子签名全球与国内贸易法案》。按该项法案规定，电子签名将与普通合同签字在法庭上具有同等的法律效力。韩国早在 1999 年就颁布了《电子商务基本法》和一项使数字签名合法化的法案。2004 年 8 月，第十届全国人大常委会通过了我国《电子签名法》。这部法律规定,可靠的电子签名与手写签名或者盖章具有同等的法律效力。该法于 2005 年 4 月起施行,它对我国电子商务、电子政务的发展起到极其重要的促进作用。

下面将简单介绍 RSA、ElGamal、DSS、椭圆曲线数字签名(ECDSA)等几种常见的数字签名方案。

5.3.1 RSA 数字签名方案

5.2 节讲到的 RSA 公钥加密体制中,消息发送方用接收方的公钥对消息进行加密,接收方用其私钥对接收到的秘密消息进行解密。而在 RSA 数字签名方案中,签名方用自己的私钥对消息进行签名,验证方用签名方的公钥验证签名的真伪性。下面是 RSA 数字签名方案的具体描述。

1. 方案描述

1)参数建立

秘密选取两个大素数 p 与 q,计算 $n=pq$ 及 $\varphi(n)=(p-1)(q-1)$;

随机选取正整数 e:$1<e<\varphi(n)$ 使 $\gcd(e,\varphi(n))=1$;

解同余方程 $ex=1 \bmod \varphi(n)$ 求出一正整数 d;

将 (n,e) 作为公钥公开,(p,q,d) 或 $(n,\varphi(n),d)$ 作为私钥保密。

2)签名生成

对消息 $m \in \mathbb{Z}_n$,Alice 计算

$$s=m^d \bmod n$$

S 是 Alice 对消息的签名。将 s 发送给 Bob。

3)签名验证

Bob 收到 s 后,先从公开信道上获取 Alice 的公钥 (n,e),再验证

$$m=s^e \bmod n$$

是否成立。若成立,则接受 Alice 的签名 s,否则拒绝此签名。有

$$\mathrm{ver}_e(m,s)=\mathrm{true} \leftrightarrow m=s^e \bmod n$$

2. 合理性和安全性基础

签名者 Alice 使用私钥 d 对消息 m 签名,因为私钥是保密的,所以她是能够产生这一签名的唯一的人。验证签名时使用公钥 e,因此任何人可以验证签名。

同 RSA 公钥加密方案,RSA 数字签名方案的安全性基于大整数素因子分解。虽然至今无法证明 RSA 密码系统等价于 n 的素因子分解,但大家公认二者等价。

3. 安全性问题

问题 1:他人可利用签名者的公钥伪造出对某一消息的签名。其做法如下:如果 (n,e) 是签名者 Alice 的公钥,伪造者先选取 $s_1 \in \mathbb{Z}_n$,然后计算出 $m=s_1^e \bmod n$,则伪造者就得到对消息 m_1 的签名 s_1。当然,事后 Alice 可发现该签名是伪造的。因为消息 m_1 可能毫无意义,也不可能与 Alice 所签名过的消息相同(否则 s_1 就是 Alice 的真实签名)。因此这种伪

造的危害性不是很大。

问题 2：如果他人知道两条消息 m_1 与 m_2 的签名分别为 s_1 与 s_2，则他可伪造对消息 $m = m_1^l m_2^t \bmod n$ 的签名 $s = s_1^l s_2^t \bmod n$。因为 $s_1^l s_2^t = (m_1^l)^d (m_2^t)^d = (m_1^l m_2^t)^d \bmod n$。其中 l 与 t 是正整数。

问题 3：当需要签名的消息较大时，必须把消息分成若干长为 $\lfloor \log_2 n \rfloor$ 的消息块，然后对每个消息块进行签名。这就是说，对较大的消息，签名者要进行若干次签名。这样不仅计算量会很大，而且会造成存储空间增大。此外，这样也可能会受到某些攻击。

为克服上面三种缺陷，可先选择 Hash 函数对要签名的消息做 Hash 变换，然后对变换后的消息摘要进行签名。

虽然至今无法证明破解 RSA 密码系统等价于因子分解公钥参数 n，但大家一般公认如此。为使因子分解在计算上不可行，私钥参数 p 与 q 必须选取为相差较大的大素数。

如果 Alice 想要将她对消息 m 的签名保密发送给 Bob，那么先用她的私钥产生签名 $\mathrm{sig}(m, K_{R,A})$，再用 Bob 的公钥对签名进行加密 $E_B(\mathrm{sig}(m, K_{R,A}), K_{U,B})$ 后发送给 Bob。Bob 收到消息 $E_B(\mathrm{sig}(m, K_{R,A}))$ 后先用其私钥解密

$$D_B(E_B(\mathrm{sig}(m, K_{R,A}), K_{U,B}), K_{R,B}) = \mathrm{sig}(m, K_{R,A})$$

再用 Alice 的公钥验证

$$\mathrm{ver}(\mathrm{sig}(m, K_{R,A}), K_{U,A}) = m$$

是否成立。

5.3.2 ElGamal 数字签名方案

ElGamal 数字签名方案是 ElGamal 在 1985 年提出的公钥数字签名方案。其安全性是基于有限域乘法群上的离散对数问题的困难性。因为在生成数字签名的过程中要选取一个随机数，在消息、密钥相同的情况下，随机数选取不同，得到的签名也不同。所以 ElGamal 数字签名方案是一个非确定性的数字签名方案。

与 RSA 密码体制既可以用于公钥又可以用于签名方案不同，ElGamal 密码方案是为签名而专门设计的。

1. 方案描述

1) 参数建立

(1) 选取一个大素数 p，取 g 是模 p 的一个本原根；

(2) 选取正整数 a：$1 \leqslant a < p-1$，计算 $b = g^a \bmod p$；

(3) (p, g) 是公开参数，a 与 b 分别作为签名者的私钥与公钥。

2) 签名生成

对消息 $m \in \mathbb{Z}_n^*$，Alice 随机选取一个整数 k：$1 \leqslant k < p-1$，使得 $\gcd(k, p-1) = 1$，并计算

$$r = g^k \bmod p$$
$$s = (m - ar)k^{-1} \bmod (p-1)$$

(r, s) 是 Alice 对消息 m 的签名。将 (r, s) 连同消息 m 一起发送给 Bob。

3）签名验证

Bob 收到(r,s)和 m 后，先从公开信道上获取 Alice 的公钥(p,g,b)，再验证

$$b^r r^s = g^m \bmod p$$

是否成立。若成立，则接受(r,s)为 Alice 对 m 的有效签名，否则拒绝此签名。

例 5.7（Elgamal 签名）　假设选取 $p=467,g=2,a=127$，那么

$$b = g^a (\bmod p) = 2^{127} \bmod 467 = 132$$

若 Alice 要对消息 $m=100$ 签名，她随机选取 $k=213$（注意，$\gcd(213,466)=1$ 且 $213^{-1} \bmod 466 = 431$）。那么

$$r = g^k = 2^{213} \bmod 467 = 29$$

$$s = (100 - 127 \times 29)431 \bmod 466 = 51$$

任何人可以通过计算 $132^{29} 29^{51} = 189 (\bmod 467)$ 和 $2^{100} = 189 (\bmod 467)$ 验证签名。

2. 合理性和安全性基础

当验证 $b^r r^s = g^m \bmod p$ 成立时，那么(r,s)就是 Alice 对消息 m 的有效签名。这是因为

$$b^r r^s = (g^a)^r (g^k)^s = g^{ar+ks} = g^m \bmod p$$

如果采用 Hash 函数对消息 m 做消息摘要，则只要在算法中将消息 m 换成消息摘要 $h(m)$ 即可。

ElGamal 数字签名方案的安全性是基于离散对数问题困难性的，所以 p 必须是一个充分大的素数。否则利用穷搜索法可很容易地由已知(p,g,b)从同余方程 $b = g^a \bmod p$ 算出私钥 a。

3. 安全性考虑

（1）伪造者可任意选取两数 u,v：$1 \leqslant u,v < p-1$，$\gcd(v,p-1)=1$。计算

$$r = g^{-u} b^v \bmod p$$

$$s = -rv^{-1} \bmod (p-1)$$

$$m = -us \bmod (p-1)$$

则可验证 $b^r r^s = g^m \bmod p$ 成立，所以(r,s)是对消息 m 的有效签名。但由于这样的消息 m 不可事先确定，因此 m 可能毫无意义。所以这样的签名伪造不会构成威胁。

（2）随机数 k 要秘密选取，不可泄漏。否则可求得签名私钥：

$$a = r^{-1}(m - sk) \bmod (p-1)$$

（3）随机数 k 不要重复使用。如用 k 对消息 m_1 与 m_2 分别产生了两个签名(r,s_1)与(r,s_2)，则可通过解关于未知数 a 与 k 的同余方程组

$$m_1 = ra + s_1 k \bmod (p-1)$$

$$m_2 = ra + s_2 k \bmod (p-1)$$

求得签名私钥 a。

5.3.3　数字签名标准

数字签名标准（digital signature standard，DSS）是由美国国家标准与技术研究局于 1991

年 8 月公布的。该标准规定的数字签名算法是 DSA(digital signature algorithm)。DSA 可以说是 ElGamal 数字签名算法的变形。其安全性同样是基于有限域乘法群上的离散对数问题的困难性。DSA 算法经修改后于 1994 年 12 月被正式采用作为美国的数字签名标准 FIPS 186。

1. DSA 方案描述

1) 参数建立

(1) 选取一个素数 p：$2^{L-1}<p<2^L$，L 为 64 的倍数；

(2) 选取 $p-1$ 的一个素因子 q：$2^{159}<q<2^{160}$；

(3) 取 $g=\alpha^{(p-1)/q} \bmod p$，其中 α 是使 $1<\alpha<p-1$ 及 $\alpha^{(p-1)/q} \bmod p>1$ 成立的整数；

(4) 随机选取整数 a：$0<a<q$，计算 $b=g^a \bmod p$；

(5) 选取安全 Hash 函数 h：对消息 m，$h(m)$ 是 160bit 的消息摘要；

(p,q,g) 是公开参数，a 与 b 分别是签名者的私钥与公钥。

2) 签名生成

对消息 $m \in \mathbb{Z}_p^*$，Alice 随机选取一个整数 k：$1 \leqslant k<q$，并计算

$$r=(g^k \bmod p) \bmod q$$
$$s=k^{-1}(h(m)+ar) \bmod q$$

(r,s) 是 Alice 对消息 m 的签名。将 (r,s) 发送给 Bob。

如果 $r=0$ 或 $s=0$，则选取新的随机数 k，重新计算出 r 与 s。但一般来说，$r=0$ 或 $s=0$ 的情况出现的概率极小。

3) 签名验证

Bob 收到 (r,s) 后，先检验 $0<r<q$ 与 $0<s<q$ 是否成立。如果有一个不成立，则 (r,s) 不是 Alice 的签名；如果二者成立，则用 Alice 的公钥 b 及公开信息 (p,q,g) 计算：

$$w=s^{-1} \bmod q$$
$$u_1=h(m)w \bmod q$$
$$u_2=rw \bmod q$$
$$v=((g^{u_1}b^{u_2}) \bmod p) \bmod q$$

如果 $v=r$，则 Bob 接受 (r,s) 是 Alice 对消息 m 的有效签名；否则拒绝该签名。

下面证明如果 (r,s) 为消息 m 的有效签名，那么一定有 $v=r$。这是因为

$$
\begin{aligned}
((g^{u_1}b^{u_2}) \bmod p) \bmod q &= ((g^{u_1}(g^a)^{u_2}) \bmod p) \bmod q \\
&= (g^{u_1+au_2} \bmod p) \bmod q \\
&= (g^{h(m)w+arw} \bmod p) \bmod q \\
&= (g^{skw} \bmod p) \bmod q \\
&= (g^{sks^{-1}} \bmod p) \bmod q \\
&= (g^k \bmod p) \bmod q \\
&= r
\end{aligned}
$$

2. DSA 安全性考虑

（1）DSS 数字签名标准的安全性基于两个离散对数问题：一是基于乘法群 $\mathbf{Z}_p^*$ 上的离散对数问题，二是基于其 q 阶子群上的离散对数问题。见 3.3 节关于 ElGamal 密码体制的安全性的讨论，已知最好的攻击算法是亚指数算法。

（2）DSS 并未很明确地指明随机数 k 值的选取，其实只要一个 k 值泄露就足以危害到系统的安全。所以 k 值不能重复使用，必须为每一次签名产生一个 k 值。

（3）DSS 中使用的 Hash 函数一般采用安全 Hash 函数标准 FIPS PUB 180 中公布的 Hash 函数 SHA-1。

5.3.4　椭圆曲线数字签名算法

椭圆曲线数字签名算法（elliptic curve digital signature algorithm，ECDSA）是 DSA 数字签名算法在椭圆曲线上的模拟，其安全性是基于有限域上椭圆曲线有理点群上离散对数问题的困难性。ECDSA 已于 1999 年接受为 ANSI X9.62 标准，于 2000 年接受为 IEEE1363 及 FIPS 186-2 标准。本节介绍标准 ANSI X9.62 采用的 ECDSA。

1. 方案描述

1）参数建立

（1）设 $q(>2^{160})$ 是一个素数幂，E 是有限域 $\mathbf{F}_q$ 上的一条椭圆曲线（q 为素数或 2^m。当 q 为素数时，曲线 E 选为 $y^2=x^3+ax+b$；当 $q=2^m$ 时，曲线 E 选为 $y^2+xy=x^3+ax^2+b$）；

（2）设 G 是 E 上有理点群 $E(\mathbf{F}_q)$ 上的具有大素数阶 $n(>2^{160})$ 的元，称此元为基点（base point）；

（3）h 是单向 Hash 函数 h，可选择 SHA-1 或 SHA-256 等；

（4）随机选取整数 d：$1<d\leqslant n-1$，计算 $P=dG$；

（5）(q,E,G,h) 是公开参数，d 与 P 分别是签名者的私钥与公钥。

2）签名生成

（1）对消息 $m\in\mathbf{Z}_p^*$，Alice 随机选取一个整数 k：$1\leqslant k<n$；

（2）并在群 $E(\mathbf{F}_q)$ 上计算标量乘 $kG=(x_1,x_2)$，且认为 x_1 是整数（否则可将它转换成整数，在标准 ANSI X9.62 中规定了具体的方法）；

（3）记 $r=x_1\bmod n$。如果 $r=0$，则返回第（1）步；

（4）计算 $s=k^{-1}(h(m)+dr)\bmod n$。如果 $s=0$，则返回第（1）步；

（5）(r,s) 是 Alice 对消息 m 的签名。将 (r,s) 发送给 Bob。

3）签名验证

Bob 收到 (r,s) 后，执行：

（1）检验 r 与 s 是否满足：$1\leqslant r,s\leqslant n-1$，如不满足，则拒绝此签名；

（2）获取公开参数 (q,E,G,h) 及 Alice 的公钥 P；

（3）计算 $w=s^{-1}\bmod n$；

（4）计算 $u_1 = h(m)w \bmod n$ 及 $u_2 = rw \bmod n$；

（5）计算标量乘 $R = u_1 G + u_2 P$；

（6）如果 $R = \mathcal{O}$，则拒绝签名，否则，将 R 的 x 坐标转换成整数 $\bar{x}_1$，并计算 $v = \bar{x}_1 \bmod n$；

（7）检验 $v = r$ 是否成立？若成立，则 Bob 接受 (r, s) 是 Alice 对消息 m 的有效签名；否则拒绝该签名。

合理性：如果 (r, s) 为消息 m 的有效签名，那么一定有 $v = r$。这是因为，由 $s = k^{-1}(h(m) + dr) \bmod n$，得

$$
\begin{aligned}
k &= s^{-1}(h(m) + dr) \\
&= s^{-1}h(m) + s^{-1}dr \\
&= wh(m) + wrd \\
&= u_1 + u_2 d \bmod n
\end{aligned}
$$

于是有

$$
u_1 G + u_2 P = u_1 G + u_2 dG = (u_1 + u_2 d)G = kG
$$

所以有 $v = r$。

2. 椭圆曲线数字签名算法 ECDSA 安全性考虑

就目前来说，对 ECDSA 的安全性，主要需注意以下几种可能情况：

（1）离散对数问题攻击：即通过解离散对数问题获得签名者的私钥，从而伪造签名者的签名。解离散对数问题的算法有很多，但对非 Supersigular 椭圆曲线，已知最好的攻击算法是指数时间的。

（2）对签名算法中采用的 Hash 函数的攻击：已证明只要采用的 Hash 函数是单向强抗碰撞的，即是密码意义上安全的 Hash 函数就可抗击已知的攻击方法。

（3）对选取的随机数 k 的攻击：如果攻击者能获取某个签名 (r, s) 中的随机数 k，则攻击者就可获得签名者的私钥 $d = r^{-1}(ks - h(m)) \bmod n$。所以随机数 k 必须和私钥 d 一样安全保密。

（4）不可重复使用随机数 k：即不可用 k 对不同的消息进行签名。如用 k 对消息 m_1 与 m_2 的签名为 (r_1, s_1) 与 (r_2, s_2)，则攻击者可确定出

$$
k = (s_1 - s_2)^{-1}(h(m_1) - h(m_2)) \bmod n
$$

5.4 数字签名的安全需求

如对称加密体制一样，需要讨论数字签名方案的攻击模型、攻击者的目的以及安全模型。

1. 攻击模型

攻击模型定义了攻击者可获取的信息，数字签名经常考虑以下几种攻击模型。

（1）唯密钥攻击：Oscar 拥有 Alice 的公钥，即验证函数 ver_k。

（2）已知消息攻击（Known Message Attack）：攻击者拥有一系列 Alice 以前的签名消息 $(m_1,s_1),(m_2,s_2),\cdots$。即 Oscar 拥有一系列以前由 Alice 签名的消息，例如 (m_1,s_1)，$(m_2,s_2),\cdots$ 其中 m_i 是消息，而 s_i 是 Alice 对这些消息的签名。因此，$s_i=\mathrm{sig}_k(m_i)(i=1,2,\cdots)$。

（3）选择消息攻击（Chosen Message Attack）：攻击者请求 Alice 对一个消息列表（攻击者自己选取的列表 $m_1,m_2,\cdots$）签名，得到这些消息的签名 $s_i=\mathrm{sig}_k(m_i)(i=1,2,\cdots)$。

2. 攻击目的

攻击者可能有以下几种目的。

（1）完全破译（total break）：获得 Alice 的私钥，从而能对任何消息伪造消息 Alice 的签名。

（2）选择伪造（selective forgery）：以不可忽略的概率对个人选择的消息产生一个有效的签名。即对于给定的一则消息 m，他能以某种概率决定该消息的签名 s，使得 $\mathrm{ver}_k(m,s)=$ true。而 Alice 以前未对该消息 m 签过名。

（3）存在伪造（existential forgery）：至少能为一则消息产生有效签名。即攻击者能创建 (m,s) 满足 $\mathrm{ver}_k(m,s)=$ true，其中，m 是有意义的消息，且 Alice 以前未对该消息签过名。

例 5.8（数字签名的安全性）　RSA 数字签名方案安全性"问题 1"是唯密钥攻击的存在性伪造；"问题 2"是唯已知消息攻击的存在性伪造。

若上述攻击目的无法达成，就说方案是不可伪造的，如选择性不可伪造、存在性不可伪造。

3. 安全模型

安全模型是指在特定的攻击模型下方案所能满足的安全类型，例如"已知消息攻击的存在性不可伪造"是指方案在已知消息攻击性模型下能抵抗存在性伪造，意思是说攻击者虽然拥有一系列 Alice 以前的签名消息 $(m_i,s_i)(i=1,2,\cdots)$，在多项式时间内没有能力构建 (m,s) 满足 $\mathrm{ver}_k(m,s)=$ true 且 $m\neq m_i$。

签名方案不可能是无条件安全的，原因是公钥为攻击者提供一定的信息。我们的目的是设计计算上或可证明安全的签名方案。

习题

1. 请简述对称密码算法与公钥密码算法的区别。

2. 设攻击者 J 截获用户 A 利用 RSA 算法加密的一条密文信息为 $c=2654$，并获知公钥信息 $(e,n)=(7,221)$。问攻击者 J 破解出的明文信息 m 是多少？

3. 在 RSA 算法中，若已知某用户的公钥信息为 $(e,n)=(7,331633)$，请问该用户的私钥是多少？

4. 在 RSA 算法中，若用户 Alice 的私钥已泄露，决定更换新的私钥。如果 Alice 在产生新的密钥时并不更换模数，请问这样产生的密钥安全吗？为什么？

5. 在 ElGamal 算法中，取素数 $p = 224737$，$\alpha = 5$ 是 $\mathbf{Z}_{224737}^*$ 的一个生成元，明文 $m = 165923$。

（1）若公钥 $\beta = 60196$，随机选取 $k = 35276$，问明文 m 加密后的密文是多少？

（2）若已知明文 m 加密后的密文是 $(c_1, 37121)$，那么 c_1 是多少？（β 如上）

6. 设有限域 $\mathbf{F}_{23}$ 上的椭圆曲线 E 为 $y^2 = x^3 + 2x + 7$。

（1）给出 E 上的有理点群 $E(\mathbf{F}_{23})$，并说明此群的结构。

（2）令 $P = (5, 2)$，则 P 是 E 上的点。计算标量乘 $6P$、$11P$、$15P$。

（3）令 $Q = (21, 8)$，则 Q 也是 E 上的点。解下列离散对数问题：
$$xP = Q$$

（4）在 Menezes-Vanstone 椭圆曲线密码加密算法中，Alice 取 $G = (8, 11)$ 为基点，取 $d_A = 5$ 为私钥，计算 Alice 的公钥 P_A。

7. 如果 p 与 q 是满足条件 $p \equiv q \equiv 3 \bmod 4$ 且 $p \neq q$ 的素数，则 $n = pq$ 称为 Blum 数。在 Rabin 公钥密码体制中，取 Blum 数 $n = 419 \times 431 = 180589$。

（1）设有明文信息 $m = 20052005$，计算其相应的密文；

（2）如果密文信息为 $c = 123456$，则可能的明文信息是什么？

（3）一般来说，在 Rabin 公钥密码体制下，对一条确定的密文信息，有四条可能的明文信息。请问有何方法来确定唯一的明文？

8. 试编程（语言不限）实现一个公钥密码体制，如 RSA、ElGamal、Rabin 等。

9. 在 ElGamal 数字签名方案中，素数 $p = 4871$，$g = 11$ 是模 p 的本原根。Alice 取 $a = 113$ 为其私钥，求 Alice 的公钥。如果 Bob 有消息 $m = 3576$，问 Alice 对 m 的签名是什么？

10. 假设在 ElGamal 数字签名方案中，$p = 31847$，$g = 5$ 是模 p 的本原根，$b = 25703$ 是 Alice 的公钥。

（1）已知 $(23972, 31396)$ 与 $(23972, 20481)$ 分别是同一随机数 k 对消息 $m_1 = 8990$ 与消息 $m_2 = 31415$ 的签名，问随机数 k 及 Alice 的私钥 a 的值。

（2）如果 Alice 的私钥 $k = 379$，而 $(13202, 12552)$ 与 $(15828, 16741)$ 分别是用不同随机数 k_1 与 k_2 对消息 $m_1 = 8990$ 与消息 $m_2 = 31415$ 的签名，问能否确定出 k_1 与 k_2？若能确定，给出它们的值。

11. 在 DSA 数字签名方案中，素数 $p = 1474261$，$q = 24571$ 是 $p - 1$ 的素因子。

（1）取 $g = 423^{(p-1)/q} \bmod p = 606653$。请给出你的私钥与公钥。

（2）选择一个随机数 k 对消息 $m = 753289$ 进行签名，并验证你的签名。

12. 在 ElGamal 及 DSA 数字签名方案中，如果选取的 g 非模 p 本原根，那么对相应签名会产生什么影响？

13. 取 $p = 23$，$\mathbf{F}_{23}$ 上椭圆曲线 E 为 $y^2 = x^3 + x + 4$。

（1）有理点群 $E(\mathbf{F}_{23})$ 共含有 29 个点，你能否给出这 29 个点？

（2）点 $G = (0, 2)$ 是 $E(\mathbf{F}_{23})$ 的一个生成元。如果取 $d = 5$ 是椭圆曲线数字签名算法中的私钥，那么公钥是什么？

（3）对消息 $m = 19$，计算出你的签名，并验证你的签名。

第6章

密钥管理

密码系统中各实体之间通过共享一些公用数据来实现密码技术,这些数据可能包括公开的或保密的密钥、初始化数据及一些附加的非秘密参数。系统用户首选要进行初始化工作。

密钥是密码算法中的可变部分。对于采用密码技术的现代信息系统,其安全性取决于对密钥的保密,而不是对算法或硬件本身的保护。密码算法可以公开,密码设备可能丢失,同一型号的密码机仍可以继续使用。然而,一旦密钥丢失,不仅合法用户不能提取信息,而且有可能使非法用户窃取信息。因此,对密钥的保护至少要达到与数据本身保护同样的安全级别,才能使密钥不成为密码系统的薄弱环节。所以密钥的安全管理是保证密码系统安全性的关键因素。密钥管理是处理密钥从产生到最终销毁的整个过程的有关问题。密钥管理分为保密密钥(对称密钥)管理与公开密钥管理两大类。

类似于信息系统的安全性,密钥管理也有物理上、人事上、规程上和技术上的内容。本章主要从技术上讨论密钥管理的有关问题。

6.1 概述

一般来说,密钥管理包括系统初始化及密钥的产生、存储、备份/恢复、装入、分配、保护、更新、控制、丢失、撤销和销毁等内容。

密钥是整个密码系统中最薄弱的环节,其中密钥分配和储存最棘手。历史表明,从密钥管理的途径窃取秘密要比单纯从破解密码算法窃取秘密所花费的代价小得多。在过去,都是通过手工作业来处理点到点通信中的问题的。随着通信技术的发展和多用户保密通信网的出现,在一个具有众多交换节点和服务器,工作站及大量用户的大型网络中,密钥管理工作极其复杂,这就要求密钥管理系统逐步实现自动化。密钥管理不仅影响系统的安全性,而且涉及系统的可靠性、有效性和经济性。

密钥管理的目的是维持系统中各实体之间的密钥关系,以抗击各种可能的威胁:

(1)密钥的泄露。

(2)秘密密钥或公开密钥的确证性丧失。确证性包括共享或关于一个密钥的实体身份的知识或可证实性。

(3) 未经授权使用。

密钥管理要借助加密、认证、签名、协议、公证等技术。密钥管理中常依赖可信第三方参与。可信第三方是通信网络中实施安全保密的一个重要工具。它不仅可以协助密钥协商，而且可以作为证书机构、时戳代理、密钥托管等。在发生纠纷时可以进行仲裁，还可以采用设计追踪技术，对密钥的注册、证书的制作、密钥更新、撤销进行记录审计等。

密钥的种类多而繁杂，但在一般的通信网中应用中有主密钥、会话密钥、密钥加密密钥、主机主密钥及对称密码体制中的公钥和私钥。

主密钥：也称为初始密钥。它是由用户选定或由系统分配，在较长一段时间（相对于会话密钥）内由一对用户专用的密钥，故又称为用户密钥。主密钥既要安全，又要便于更换，能与会话密钥一起去启动和控制某种算法所构造的密钥生成器，产生用于加密数据的密钥流。

会话密钥：指两个通信终端用户一次通话或交换数据时使用的密钥。会话密钥若用来对传输的数据进行保护则称为数据加密密钥，若用作保护文件则称为文件密钥。这类密钥可以由用户双方预先选定，也可以由系统通过密钥建立协议动态地产生并赋予通信双方，它为通信双方专用，故又称为专用密钥。会话密钥使我们不必频繁地更换基本密钥，有利于密钥的安全和管理。由于会话密钥使用的时间短暂且有利于安全，它限制了密码分析者攻击时所能取得的统一密钥加密的密文量；在密钥不慎丢失时，所泄露的数据量有限；会话密钥只在需要时产生，从而降低了分配密钥的存储量。

密钥加密密钥：用于对传送的会话或文件密钥进行加密时采用的密钥，也称为次主密钥。通信网中每个节点都有一个这类密钥。为了安全，各节点的密钥加密密钥应互不相同。每台主机都必须存储有关其他各主机和本机范围内各终端所用的密钥加密密钥。

主机主密钥：它是对密钥加密密钥进行加密的密钥，存于主机处理器中。

非对称密码体制中，有公钥和私钥之分。

1. 密钥生成

在现代数据系统中采用密码技术需要大量密钥，以分配给各个主机、节点、用户。如何产生好的密钥至关重要。密钥可以以手工方式产生，也可以用自动生成器产生。所产生的密钥须经过质量检验，如伪随机特性的统计检验。用自动生成器产生密钥不仅可以减少人的烦琐劳动，还可以消除人为差错和有意泄露。但是自动生成器产生密钥的算法强度非常关键。如果采用的是弱的密钥产生方法，那么攻击者就可很容易破译系统的密钥产生算法。如果密钥的选择有一定的约束条件，那么就会缩小密钥空间，这样密钥就难以抵抗穷搜索法的攻击。所以密钥的产生过程必须要有较好的随机性。

1) 好的密钥

(1) 真正随机、等概率，如掷骰子、掷硬币等；

(2) 避免使用特定算法的弱密钥；

(3) 非对称密码体制的密钥更难生成，因为公钥和私钥必须满足一定的数学关系；

(4) 为了便于记忆，密钥不宜过长，而且不可能完全随机，要选用容易记忆且难被猜中的密钥。

2）基本原则

（1）增加密钥空间，针对穷举搜索攻击。通常在密码算法选定之后，尽可能不要对密钥的产生增加其他限制，使用算法允许的最大密钥空间。

（2）避免选取具有明显特征的密钥。聪明的穷举搜索攻击并不是按照数字顺序逐一去试探所有可能的密钥，而是首先尝试那些最大可能的密钥，这就是所谓的字典攻击。

（3）随机选择密钥。一个好的密钥是指那些由自动处理设备产生的随机串。这些密钥要么从可靠的随机源中产生，要么从安全的伪随机发生器中产生。

（4）变换密钥。利用一个完整的短语代替一个单词，然后将该短语转换成密钥。例如，使用哈希函数可以将任意长度的文字串转换成一个伪随机串。

3）不同密钥的产生方式

对称密码体制中的密钥通常要求是随机数，而且都比较短（一般是 8～32 字节）。其生成分为人工方式和自动方式。人工输入方式一般不可靠，因为人为选择密钥很难做到随机性，但是可用掷币的方法产生，这样可达到随机特性；自动方式一般是指对白噪声发生器进行数据采样得到随机数，或对击键时间间隔采样得到具有一定置信度的随机数等。不管怎样，目标都是为了得到"独立等概"的 0、1 序列。

主密钥安全性至关重要，故要保证其完全随机性、不可重复性和不可预测性。可用投硬币、掷骰子、用噪声发生器等方法产生。密钥数量大可由机器自动产生，或采用安全算法、伪随机数发生器等方式；会话密钥可利用密钥加密密钥及某种算法（加密算法，单向函数等）产生。

对于公钥密码体制，安全密钥的产生则较困难些，因为密钥必须满足某些数学性质，如与某个整数互素等。用物理噪声源或伪随机软件来产生密钥时，须注意密钥的初始种子也必须是随机的。

2. 密钥分配

密钥分配（或密钥分发）既是密钥管理的核心问题，也是密码体制中非常困难的一个问题。如果密钥分配得不好，就无法很好地解决密码体制的安全问题。密钥分发要解决的问题就是如何将密钥安全地分配给保密通信的各方。从分配手段来说，密钥分发可分为人工分发与密钥交换协议动态分发两种。人工分发也即物理分发。当需要进行保密通信的人数为 n，他们之间的任何一对要利用一共享密钥，那么需要密钥数为 $n(n-1)/2$。当人数较少时，采用人工秘密发送共享密钥是可行的。但如果 n 很大时，那么人工发送密钥是不切实际的。

从密钥的属性来说，又分为秘密密钥分发（分配）与公开密钥（公钥）分发两种。目前有关秘密密钥分发的方案多种多样，Kerberos 协议与 Diffie-Hellman 密钥交换协议是目前使用较多的秘密密钥的分发协议。而公钥的分发相对比较容易解决，公钥一般采用数字证书的形式进行分发。

从密钥分发技术来说，有基于对称密码体制的密钥分发与基于公钥密码体制的密钥分发，还有基于量子力学线性叠加原理和不可克隆原理的密钥分发技术。

3. 密钥存储

存储密钥最易受到攻击。密钥存储时必须保证密钥的机密性（公钥除外）、可用性和完整性。首先明存密钥不能和密文放到一起。明存密钥由人记忆下来很难,故一般采用输入更多的比特,再采用分组加密压缩(如用 CBC)产生密钥,称为"密钥碾压"。明存密钥的另一种方法是记录于一个合适的载体上,如只读存储器、磁卡、磁盘、存储 IC 卡、智能 IC 卡、U盘等上面。用到时通过专用读取器输入终端设备。加密存储的密钥可以存入数据库或文件中,这里最主要是对其完整性和可用性要有足够的保证。

4. 密钥备份

密钥备份非常必要,可以采用秘密共享协议实现密钥的备份。秘密共享只是把密钥分成若干部分,分别存储,只有收集到足够多的部分才能恢复出密钥。

5. 密钥撤销

如果密钥丢失,或因其他原因怀疑密钥已受到攻击的威胁或密钥的使用目的已经改变,在密钥未过期之前,需要将它从正常运行使用的集合中除去,称为密钥撤销。采用证书的公钥可通过吊销公钥证书实现对公钥的吊销。

6. 密钥有效期

密钥的有效期指密钥使用的生命期。对任何一个密码应用系统,必须有一个策略能够检验密钥的有效期。不同性质的密钥应根据其不同的使用目的有不同的有效期。保密电话中的密钥的有效期就可以以通话时间为期限,再次通话时就启用新的密钥。加密密钥的有效期可根据要加密的数据的价值、要加密的数据的有效期、采用的密码算法强度及给定时间里要加密数据的量来确定。在某些应用中,加密密钥可能仅一月或一年更换一次。而用作数字签名或身份识别的私钥可能两年,也可能持续数年都有效。

7. 密钥销毁

不用的旧密钥必须销毁,否则可能造成损坏,别人可用它来读原来曾用它加密的文件,且旧密钥有利于分析密码体制。要安全地销毁密钥,如采用高质量碎纸机处理记录密钥的纸张,使攻击者不可能通过收集旧纸片来寻求有关秘密信息。

潜在的问题是,存于计算机中的密钥,很容易被多次复制并存于计算机硬盘中的不同位置。采用防窜改器件能自动销毁存储在其中的密钥。

6.2 对称密码体制的密钥分发

两个用户(主机、进程、应用程序)在用单钥密码体制进行保密通信时,首先必须有一个共享的秘密密钥,而且为防止攻击者得到密钥,还必须时常更新密钥。因此,密码系统的强度也依赖于密钥分配技术。

设有 n 个网络用户,每对用户之间需要进行秘密通信,那么每对用户必须交换密钥,n 个用户总的密钥交换次数为 $n(n-1)/2$。当 n 较小时,这样的人工密钥分发是安全实用的。但如果 n 很大时,这种物理分发密钥的方式是非常不切实际的。在这种情况下,一般需要有一个密钥分发中心来负责密钥的分发与管理。

6.2.1 手工分发

手工分发主要有两种方式：一是密钥由 Alice 选取，并通过物理手段发送给 Bob；二是密钥由第三方选取，并通过物理手段发送给 Alice 和 Bob。

在通信网中，若只有个别用户想进行保密通信，密钥的人工发送还是可行的。然而每对用户之间需要进行秘密通信，则任意一对希望通信的用户都必须有一共享密钥。如果有 n 个用户，则密钥数目为 $n(n-1)/2$。因此当 n 很大时，这种物理分发密钥的方式是非常不切实际的。

6.2.2 基于对称密码技术的密钥分发

基于对称密码技术的密钥分发有两种情况：一是无中心的第三方参与的（无可信）；二是有中心的第三方参与的（可信）。无中心的工作原理是通信双方事先已有一个共享密钥，没有涉及任何第三者，通信的任何一方产生一个密钥，然后用共享密钥加密后再发送给通信的另一方。有中心的是指每个通信方和中心都有一个共享密钥，而通信方之间无共享密钥，通过中心的协助，任何两个通信方可收到共享密钥。

1. 无中心的密钥分发

对于无中心的密钥分发技术，攻击者一旦获得一个密钥，就可获取以后所有的密钥；而且用这种方法对所有用户分配初始密钥时，代价仍然很大。因此，对有 n（n 很大）个用户的网络来说这种方案无实用价值，但在整个网络的局部范围非常有用。

用户 Alice 和 Bob 建立会话密钥需经过以下三步，如图 6.1 所示：

（1）Alice 向 Bob 发出建立会话密钥的请求和一个一次性随机数 N_1。

（2）Bob 用与 Alice 的共享密钥 MK_m 对应答的消息加密，并发送给 Alice。应答的消息中有 Bob 选取的会话密钥、Bob 的身份、$f(N_1)$ 和另一个一次性随机数 N_2。

（3）Alice 使用新建立的会话密钥 K_S 对 $f(N_2)$ 加密后返回给 Bob。

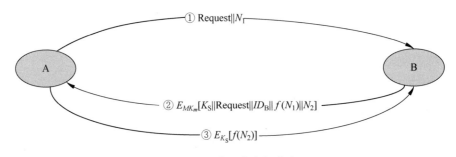

图 6.1 无中心的密钥分发

2. 有中心的密钥分发技术

根据中心的功能，中心可有两种形式，密钥分发中心（KDC）和密钥传输中心（KTC）。密钥分发中心的主要功能就是为通信的一方产生一个密钥；当用户 Alice 要与 Bob 建立一个共享密钥时，Alice 向中心提出申请；中心先产生一个密钥 K_{AB}，然后用与 Alice 共享的密钥加密 K_{AB} 发送给 Alice；再用与 Bob 共享的密钥加密 K_{AB}，加密后的结果被发送到 Bob 处。

密钥传输中心的功能与密钥分发中心的功能类似，但有一点不同：它不为通信方产生密钥。当用户 Alice 希望与 Bob 建立一个共享密钥时，Alice 产生一个密钥 K_{AB}，并用与中心共享的密钥将 K_{AB} 加密后发送给中心；中心解密出 K_{AB}，然后用与 Bob 共享的密钥将 K_{AB} 加密；加密后的结果被发送到 Bob 处。

下面以 Kerberos 协议为例进行说明。

Kerberos 协议是在 1987 年美国麻省理工学院为研究计划"Athena"而发展出的认证服务系统。Kerberos 协议有多种版本，第 5 版是最新版。第 4 版是基于 DES 对称密码体制的，而第 5 版则可使用对称密码加密系统，也可使用公钥密码加密系统。

基本的 Kerberos 第 5 版协议可以说是一个密钥交换协议。Kerberos 协议在认证通信双方的同时，也为通信双方建立了共享的会话密钥，以达到秘密通信的目的。

Kerberos 系统建立了一个安全可信的密钥分发中心 KDC，KDC 中有一个数据库用来保存所有用户的秘密密钥（即用户与 KDC 的共享密钥）。当用户 Alice 要与用户 Bob 进行秘密通信时，KDC、Alice 及 Bob 执行下列操作：

（1）Alice 将 Bob 与他的身份信息 ID_B 与 ID_A 发送给 KDC；

（2）KDC 产生一个随机会话密钥 K_S，相应的时间戳 T 以及生存期 L。然后 KDC 从秘密密钥库中分别找出他与 Alice 和 Bob 共享密钥 $K_{KDC\text{-}A}$ 和 $K_{KDC\text{-}B}$，计算 $K_{KDC\text{-}A}(K_S, T, L, ID_B)$ 和 $K_{KDC\text{-}B}(K_S, T, L, ID_A)$，并将结果发送给 Alice；

（3）Alice 用她与 KDC 的共享密钥 $K_{KDC\text{-}A}$ 解密 $K_{KDC\text{-}A}(K_S, T, L, ID_B)$ 得到会话密钥 K_S，时间戳 T，生存期 L 及 Bob 的身份 ID_B；

（4）Alice 用 K_S 加密她的 ID_A 及时间戳 T 得 $E_{K_S}(T, ID_A)$，并将其值与 $K_{KDC\text{-}B}(K_S, T, L, ID_A)$ 一起发送给 Bob；

（5）Bob 用他和 KDC 的共享密钥 $K_{KDC\text{-}B}$ 解密 $K_{KDC\text{-}B}(K_S, T, L, ID_A)$ 得到会话密钥 K_S，时间戳 T、生存期 L 及 Alice 的身份信息 ID_A；

（6）Bob 用在上一步得到的会话密钥 K_S 解密 $E_{K_S}(T, ID_A)$ 得 (T, ID_A)，检验此 (T, ID_A) 与上一步得到的 (T, ID_A) 是否相同。若相同，则 Bob 验证了 Alice 的身份，并与她共享会话密钥 K_S；

（7）Bob 为了让 Alice 证实他的身份，同时告知 Alice 他已获得会话密钥 K_S，Bob 计算 $e = E_{K_S}(T+1)$ 并发送给 Alice；

（8）Alice 验证 $D_{K_S}(e)$ 是否等于 $T+1$? 若成立，则 Alice 就认证了 Bob 的身份并与她共享会话密钥 K_S。

这样，Alice 与 Bob 就可用他们共享的会话密钥 K_S 进行秘密通信了。在 Kerberos 协议中，为了保证安全性，这个会话密钥是一次性的。

由于 Kerberos 协议中的 KDC 要保存与所有用户共享的密钥，所以当用户数非常大时，就会给密钥的管理与更新造成很大的困难。这是基于对称密码体制的安全认证体系固有的一个局限性。

6.2.3 基于非对称密码技术的密钥分发

1976 年 Diffie 与 Hellman 提出公钥密码学的初衷就是为了解决对称密码体制中的密钥分发问题,Diffie-Hellman 密钥交换协议就是他们当时提出的第一个公钥密码体制。基于公钥密码体制的密钥分发可分为三种类型:简单型的秘密密钥分发、具有身份鉴别能力型的秘密密钥分发以及混合型的秘密密钥分发。

1. 简单型的秘密密钥分发

设 Alice 与 Bob 希望建立一个共享的会话密钥进行秘密通信,则他们可执行以下操作:

(1) Alice 与 Bob 分别产生他们的公、私钥对(KU_A, KR_A)与(KU_B, KR_B);

(2) Alice 随机产生一个会话密钥K_S,用 Bob 的公钥KU_B加密$E_{KU_B}(K_S)$后发送给 Bob;

(3) Bob 用他的私钥KR_B解密$E_{KU_B}(K_S)$即可得会话密钥K_S。

简单式的秘密密钥分发的优点是通信前与通信中均不需要保存密钥,缺点是 Bob 无法识别发送方的身份,不能抵御中间人攻击。

2. 具有身份鉴别能力型的秘密密钥分发

设 Alice 与 Bob 希望产生一个共享的会话密钥进行秘密通信,同时要确保对方的身份,则他们可执行以下操作:

(1) Alice 与 Bob 分别产生他们的公、私钥对(KU_A, KR_A)与(KU_B, KR_B);

(2) Alice 产生她的身份信息ID_A及一个标签T_A(可包含时间戳等信息),用 Bob 的公钥计算对ID_A及T_A加密的密文$E_{KU_B}(ID_A \parallel T_A)$,将加密结果发送给 Bob;

(3) Bob 产生一个标签T_B,计算加密$E_{KU_A}(T_A \parallel T_B)$并发送给 Alice;

(4) Alice 计算加密$E_{KU_B}(T_B)$并发送给 Bob;

(5) Alice 随机产生一个会话密钥K_S,并计算$Y = E_{KU_B}(E_{KR_A}(K_S))$;

(6) Bob 解密Y,即得会话密钥:$K_S = E_{KU_A}(E_{KR_B}(Y))$。

上面操作的第(2)~(4)步是对双方身份的验证过程。

3. 混合型的秘密密钥分发

混合型的秘密密钥分发需要一个密钥分配中心 KDC。KDC 及每个用户均拥有一个公、私钥对,KDC 与每个用户共享一个主密钥(秘密密钥)。会话密钥的分发由主密钥加解密完成,主密钥的更新由公钥完成。简单来说,可由下列几个步骤完成。

(1) KDC 先产生一个随机会话密钥K_S。然后 KDC 从秘密密钥库中分别找出他与 Alice 的共享密钥$K_{KDC\text{-}A}$,计算$Y_1 = E_{K_{KDC\text{-}A}}(K_S, ID_B)$,将结果发送给 Alice;

(2) 设(KU_A, KR_A)与(KU_B, KR_B)分别是 Alice 与 Bob 的公、私钥对;

(3) Alice 解密Y_1后,产生一个标签T_A并用 Bob 的公钥KU_B计算加密$Y_2 = E_{KU_B}(ID_A \parallel T_A)$,将结果发送给 Bob;

(4) Bob 解密Y_2后,产生一个标签T_B,并用 Alice 的公钥KU_A计算$E_{KU_A}(T_A \parallel T_B)$,

将结果发送给 Alice；

（5）Alice 计算加密 $E_{KU_B}(T_B)$ 并发送给 Bob；

（6）Alice 计算 $Y=E_{KU_B}(E_{KR_A}(K_S))$ 并发送给 Bob；

（7）Bob 解密 Y，即得会话密钥 $K_S=E_{KU_A}(E_{KR_B}(Y))$。

当 KDC 需要更换与 Alice 共享的主密钥时，则 KDC 产生一个新的主密钥，并用 Alice 的公钥加密后发送给 Alice。当 Alice 提出要更换主密钥时，可产生一个主密钥后用 KDC 的公钥发送给 KDC。

上面介绍的混合型秘密密钥分发方案是具有身份鉴别能力型的秘密密钥分发方案的简单变形。人们现已设计出多种混合型的秘密密钥分发方案。

人们利用公钥密码体设计了许多密钥分发协议，Diffie-Hellman 是最早也是最常用的一种基于公钥密码体制的密钥交换协议。

4. Diffie-Hellman 密钥交换协议

Diffie-Hellman 密钥交换算法的安全性是基于有限域上离散对数问题的困难性。公钥密码体制中使用最广泛的有限域为素域 $\mathbb{F}_p$。

1）Diffie-Hellman 算法描述

（1）假设 Alice 与 Bob 要在他们之间建立一个共享的密钥。Alice 与 Bob 首先选定一个大素数 p，并选取 g 为乘群 $\mathbb{F}_p^*$ 中一个生成元；

（2）Alice 秘密选定一个整数 a：$1 \leqslant a \leqslant p-2$，并计算 $A=g^a \bmod p$。发送 A 给 Bob；

（3）Bob 秘密选定一个整数 b：$1 \leqslant b \leqslant p-2$，并计算 $B=g^b \bmod p$。发送 B 给 Alice；

（4）Alice 计算 $k=B^a \bmod p$；

（5）Bob 计算 $k=A^b \bmod p$。

因为 $B^a=(g^b)^a=g^{ab}=(g^a)^b=A^b \bmod p$，Alice 与 Bob 计算得到的 k 是相同的。k 可以作为他们以后通信的共享会话密钥。

由于 a 与 b 是保密的，所以即使攻击者知道了 p,g,A,B，他也很难获得 Alice 与 Bob 的共享密钥 k。因为攻击者要想获得 k，他需要面临解离散对数问题 $A=g^x \bmod p$ 或 $B=g^x \bmod p$ 的困难性。

2）Diffie-Hellman 算法举例

例1 取素数 $p=719$，则 $g=11$ 模 719 的一个本原根，即是乘群 $\mathbb{F}_{719}^*$ 中的一个生成元。$(719,11)$ 是 Alice 与 Bob 的共享参数。

Alice 秘密选定 $a=18$，并计算 $g_a=11^{18}=433 \bmod 719$。发送 $g_a=433$ 给 Bob；Bob 秘密选定 $b=47$，并计算 $g_b=11^{47}=704 \bmod 719$。发送 $g_b=704$ 给 Alice。Alice 计算 $k=704^{18} \bmod 719$ 得 $k=391$；Bob 计算 $k=g_a^b=433^{47} \bmod 719$ 得 $k=391$。即 Alice 与 Bob 的共享密钥为 391。

3）Diffie-Hellman 算法的椭圆曲线模拟

（1）假设 Alice 与 Bob 要在他们之间建立一个共享的密钥。Alice 与 Bob 首先选定公共参数：取 $q>3$ 是某个素数幂，E 是 $\mathbb{F}_q$ 上的椭圆曲线，$E(\mathbb{F}_q)$ 是相应的 Abelian 群，G 是 $E(\mathbb{F}_q)$ 中的一个具有较大素数阶 n 的点。

（2）Alice 秘密选定一个整数 a：$1 \leqslant a \leqslant n-1$，并计算 $A = aG$。发送 A 给 Bob。

（3）Bob 秘密选定一个整数 b：$1 \leqslant b \leqslant n-1$，并计算 $B = bG$。发送 B 给 Alice。

（4）Alice 计算 $K = aB$。

（5）Bob 计算 $K = bA$。

显然 Alice 与 Bob 计算得到的 K 是相同的

$$aB = a(bG) = (ab)G = b(aG) = bA$$

Alice 与 Bob 可得到相同的共享密钥。

自然，椭圆曲线上的 Diffie-Hellman 密钥交换算法的安全性基于椭圆曲线上的离散对数问题的难解性。

4）Diffie-Hellman 算法的椭圆曲线模拟举例

选取有限域 $\mathbb{F}_{17}$ 上的椭圆曲线 $y^2 = x^3 + 2x + 2$。其有理点群 $E(\mathbb{F}_{17})$ 是一个 19 阶的循环群。取 $G = (-1, 4)$ 作为基点。

（1）Alice 秘密选择一个数 $a = 3 \in \{1, \cdots, 18\}$，计算 $A = aG = 3(-1, 4) = (5, 1)$ 并将结果发给 Bob；

（2）Bod 密选择一个数 $b = 5 \in \{1, \cdots, 18\}$，计算 $B = bG = 5(-1, 4) = (13, 7)$；

（3）Alice 计算 $K = aB = 3(13, 7) = (9, 16)$；

（4）Bob 计算 $K = bA = 5(5, 1) = 2(2(5, 1)) + (5, 1) = (3, 1) + (5, 1) = (9, -1) = (9, 16)$。

Alice 与 Bob 的共享密钥为 $(9, 16)$。

5. Blom 密钥交换协议

设在一个公开信道上有 $n(>2)$ 个用户，每对用户之间要建立一个可进行秘密通信的会话密钥。TA 是一个可信的第三方。则他们可执行下列步骤。

（1）公开参数选定：TA 选定一个大素数 $p(\geqslant n)$。每个用户 U 各自选定一个正整数 $r_U \in \mathbb{Z}_p^*$，它们各不相同，TA 公开这些 r_U；

（2）TA 随机选定三个 $a, b, c \in \mathbb{Z}_p^*$，并构造函数：

$$f(x, y) = (a + b(x + y) + cxy) \bmod p$$

（3）对每个用户 U，TA 计算多项式：

$$g_U(x) = f(x, r_U) \bmod p$$

并将 $g_U(x)$ 通过安全信道发送给 U。注意到可表示为

$$g_U(x) = a_U + b_U x$$

其中，$a_U = (a + br_U) \bmod p$，$b_U = (b + cr_U) \bmod p$。

（4）如果 U 要与 V 进行秘密通信，那么 U 与 V 分别计算：

$$K_{U,V} = g_U(r_V) \bmod p \text{ 与 } K_{V,U} = g_V(r_U) \bmod p$$

由于 $K_{U,V} = g_U(r_V) \bmod p = f(r_V, r_U) \bmod p = f(r_U, r_V) \bmod p = g_V(r_U) \bmod p = K_{V,U}$，所以 U 与 V 就得到一个共同的秘密数 $K_{U,V}(=K_{V,U})$，此数即可作为他们的共享密钥。

Blom 密钥交换协议对每个用户是无条件安全的，也就是说，任何一个非用户 U、V 的用户 W 要想知道他们的共享密钥 $K_{U,V}$，无异于利用穷搜索法在 $\mathbb{Z}_p$ 上找出用户 U 与 V 的共享密钥。但是任何两个非用户 U、V 的用户 W 与 X 合谋，则可求出 TA 的秘密参数 a, b，

c，从而可计算出用户 U 与 V 的共享密钥 $K_{U,V}$。

6.3 公钥密码体制的密钥管理

公钥密码体制的密钥管理主要是公钥的管理。虽然公钥不需要保密，但是必须保证其完整性和真实性。这是因为，一般的公钥密码学中(例如 RSA、Elgamal)，公钥是借助某个有效单向函数作用于私钥而产生的，这种公钥看起来有一定的随机性。也即是说从公钥本身，看不出该公钥与公钥所有者之间有任何的联系。当有一条机密信息要用某一公钥加密后发送给指定的接收者时，发送者必须确定这个看起来有点随机性的公钥是否的确属于指定的接收者。同样，在利用数字签名来确定信息的原始性时，签名验证者必须确信用来验证签名的公钥的确属于声明的签名者。因此，公钥密码体制要想真正发挥作用，必须让用户的公钥以一种可验证的和可信任的方式与用户的身份联系起来。利用数字签名技术可以实现这一要求。

用户的公钥与用户身份的绑定关系是可以通过数字证书获得的。数字证书是由可信的证书权威机构或认证机构(Certification Authority，CA)为用户建立的。其中的数据项包括该用户的公钥 PK 和身份 ID 以及一些辅助信息，如公钥的使用期限、公钥序列号或识别号、采用的公钥算法、使用者的住址或网址等。所有的数据经 CA 用自己的私钥签名后就形成证书。一旦 CA 为某用户颁发了公钥证书，通过证书的获得和验证，其他所有用户对 CA 及 CA 公钥真实性的信任就可以传递到对该用户公钥真实性的信任。也即通过验证 CA 的签名来验证用户公钥的真实性。

数字证书是一个可被其他用户接受、可被验证且具有某种唯一性的数字身份标识，是个人或单位等主体在网络上的数字身份证。

数字证书有多种类型，如 X.509 公钥证书、PGP(Pretty Good Privacy)证书等。X.509 公钥证书就是符合 X.509 证书标准的数字证书。

6.3.1 X.509 证书标准

公钥数字证书的格式遵循 X.509 标准。X.509 标准是由国际电信联盟(International Telecommunications Union，ITU)的电信标准部门(ITU-T)制定的数字证书标准。X.509 证书标准的初版是在 1988 年公布的，1993 年公布了第二版。1995 年公布了第三版 X.509v3，2000 年则推出了第四版 X.509v4。

目前，大多数常用的数字证书都基于 X.509v3 证书标准。所以下面主要介绍第三版的 X.509。X.509v3 定义的公钥证书协议比 X.509v2 证书协议增加了 14 项预留扩展域，如发证书者或证书用户的身份标识、密钥标识，用户或公钥属性、策略扩展等。证书包括公钥和有关证书授予的人员或实体的信息、有关证书的信息以及有关颁发证书的认证机构的可选信息。接收证书的实体是证书的主题。证书的颁发者和签名者是 CA。

图 6.2 是 X.509v3 证书的基本格式。

(1) 版本(v3)：表示证书的版本号，"v3"指版本号为第三版；

(2) 序列号：表示证书颁发者分配给本证书的序列号，是证书的唯一标识符；

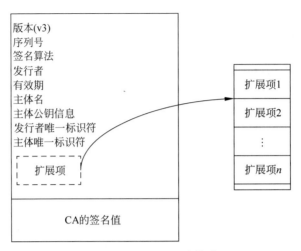

图 6.2　X.509v3 证书格式

（3）签名算法：表示本证书颁发者所用签名算法的标识符，如"DSA with SHA-1"表示颁发者所用的数字签名算法是 DSA，签名算法中使用的 Hash 函数为 SHA-1；

（4）发行者：表示本证书签发者的可识别名（distinguished name，DN）；

（5）有效期：表示本证书使用的有效时间段。由两个日期组成：一个日期是本证书开始生效的时间（notbefore），另一个为本证书有效期终止的时间（notafter）；

（6）主体名：表示本证书拥有者（主体）的可识别名（DN）；

（7）主体公钥信息：表示本证书拥有者的公钥信息及相应的公钥密码算法信息；

（8）发行者唯一标识符：表示本证书签发者的唯一标识符（此为可选项）；

（9）主体唯一标识符：表示本证书拥有者的唯一标识符（此为可选项）；

（10）扩展项：表示扩展。指可选的标准扩展（standard extension）及私有因特网扩展（private internet extension）等。

每个证书只在此证书指定的有效时间段发生作用。一旦超过证书的有效期，证书的主体或用户应当请求新的证书。如果有必要，颁发者可以吊销证书。每个颁发者（CA）维护一个证书吊销列表（certificate revocation list，CRL），此列表列出已吊销的证书。

证书的主要优点之一是对于必须进行身份验证作为访问必要条件的单独主体，主机只对证书颁发者建立信任，不再需要为它们维护保密信息集合。当主机（如安全的 Web 服务器）指定颁发者作为可信根颁发机构时，主机隐含地信任颁发者用来建立它所颁发的证书的绑定的策略。实际上，主机信任颁发者已经验证了证书主体的身份。通过将颁发者自己签名的证书放入主机计算机的可信根 CA 证书存储区中，主机将颁发者指定为可信根颁发机构。证书存储区、CRL 和证书信任列表是公钥基础设施（PKI）为用户开设的永久存储区。

在 X.509v3 证书中存在一些与策略有关的扩展。与策略有关的扩展是非常重要的，因为证书的策略可用来确定证书的一些使用性质。

X.509 标准已应用于 IP 安全（IPSec）、安全套接层（SSL）及安全电子交易（SET）等各种网络安全应用程序中。

6.3.2 认证机构及其信任链

公钥基础设施(Public Key Infrastructure,PKI)的概念是 20 世纪 80 年代由美国学者提出来的。PKI 是提供公钥加密和数字签名服务的系统或平台,目的是为了管理密钥和证书。PKI 中的证书权威机构或认证机构(CA),是专门提供网络身份认证服务、负责签发和管理数字证书,且具有权威性、公正性及可信性的第三方机构。它的作用类似于我们现实生活中颁发证件的机构,如身份证办理机构等。粗略地说,CA 的功能就是受理用户的证书申请,验证申请人的身份信息,然后使用它的私钥对绑定了包括申请人身份信息、申请人公钥的证书进行数字签名,最后将证书颁发给申请人,并对证书的更新、撤销等进行管理。

具体地说,CA 主要有以下功能。

(1) 受理并验证(最终)用户(或主体)的数字证书的申请;

(2) 向申请者颁发或拒绝颁发数字证书;

(3) 受理用户的数字证书的更新请求;

(4) 受理用户的数字证书的查询及撤销等请求;

(5) 产生和发布证书注销列表(CRL);

(6) 密钥备份与恢复;

(7) 各种数据存档。可包括有关密钥、数字证书等历史数据的保存。

1. 认证机构信任链

在 PKI 中,信任是最基本的要素。证书的用户(或主体)必须信任颁发证书的 CA。当 PKI 服务的用户群体很大时,单一的 CA 很难对大量的证书进行有效的管理,因此必须建立多层次的 CA 结构。各 CA 之间的认证关系组成一个树状结构:最顶层只有一个 CA,称为根 CA。根 CA 给低一级的各个 CA(称为二级 CA 或中间 CA)颁发证书,而各中间 CA 又向它们下一级的各 CA 颁发证书,等等。最底层的 CA(可称叶 CA)则直接向各终端用户颁发证书。这是一种分层分级的 CA 证书链结构。此外还有交叉分层证书链,以及分层但不分级的证书链。

1) 分层分级的 CA 证书链

图 6.3 是一个分层 PKI 中的 CA 树状认证结构,各 CA 间的认证关系都是单向的。从终端主体证书到根 CA 的路径中,各个 CA 逐级拥有更大的权限。图中,用户 A_1 与用户 C_1 的证书分别由中间 CA 不同的叶 CA_{11} 及 CA_{21} 颁发。如果他们为了在数字签名中建立信任关系,则用户 A_1 可验证用户 C_1 的证书链,即验证叶 CA_{21} 及中间 CA_2 颁发的证书,但不必验证根 CA 颁发的证书,因为此根 CA 也是用户 A_1 信任链上的根 CA。同样用户 C_1 验证用户 A_1 的信任链时,只要验证叶 CA_{11} 及中间 CA_1 颁发的证书即可。

这种分层 PKI 中的 CA 树状认证结构使用于自身就是层次结构的组织机构。如在一所大学里,整个大学的根 CA 对该大学的各学院的中间 CA 颁发(数字)证书,而各学院的 CA 则把证书颁发给该学院的各系的叶 CA,最后各系的叶 CA 向本系的教工及学生颁发证书。

2) 交叉认证信任链

设想一下,如果用户 Alice 与 Bob 分属不同的大学,那么 Alice 需要建立对 Bob 的数字

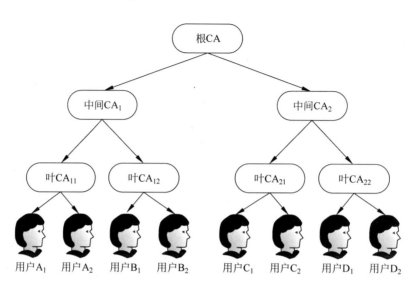

图 6.3　CA 分层树状结构

签名的信任时，Alice 可以将 Bob 的根 CA 的自签名证书的拷贝放入可信根 CA 的数据库中。如果她要与不同大学的许多学院的学生建立数字签名的信任关系，那么她的工作量将很大。如果在各大学根 CA 之间建立起信任链，那么 Alice 就不需要建立这样的可信根的数据库。

在各独立的 PKI 之间建立起信任链，也就是各独立 PKI 中的根 CA 彼此颁发证书，这种信任链模型称为交叉认证模型，图 6.4 是一个具有两个根 CA 的交叉认证模型图。在此认证模型中，用户 A_1 若要建立对用户 B_1 的数字签名的信任，即用户 A_1 要验证用户 B_1 的公钥证书，那么 A_1 可通过验证他所在 PKI 系统中的根 CA_1 颁发给 CA_2 的证书，再验证 CA_2 颁发的证书，直至验证叶 CA_{211} 颁发给 B_1 的公钥证书。同样，B_1 也可通过验证他所在 PKI 系统中的根 CA_2 颁发给 CA_1 的证书，再验证 CA_1 颁发的证书，直至验证叶 CA_{1121} 颁发给 A_1 的公钥证书。

3）分层不分级的证书链

图 6.5 是 X.509 标准中的 CA 分层证书链。其中 A、B 及 C 是终端用户，其上是各层 CA。在此证书链中，每个 CA 的认证关系都是双向的，即每个 CA 既向其他 CA（或用户）颁发证书，其他 CA 也向它颁发证书。

6.3.3　密钥与证书管理

在公钥密码体制中，公钥一般是以数字证书的形式分发给用户（或主体）的，公钥是公开的。私钥是与公钥同时产生、与公钥一一对应、由用户秘密保存的数据结构，在传输、储存及使用中均可免遭未授权泄露。私钥与公钥同时生成，也同时失效。密钥与证书（生命期）管理表示的是公私钥对以及相关证书的生成、颁发、归档和撤销等操作上的处理。密钥与证书管理可分为三个阶段：初始阶段、颁发阶段及取消阶段。初始阶段包括用户（即终端主体）注册、密钥对产生、证书生成及密钥备份。颁发阶段包括证书的分发、证书检索、证书验证、密钥恢复以及密钥更新。取消阶段包括证书过期、证书撤销、密钥历史及密钥存档。

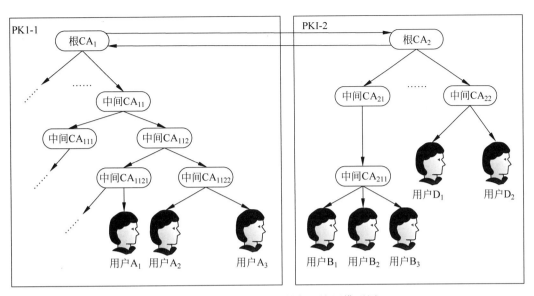

图 6.4　具有两个根 CA 的交叉认证模型图

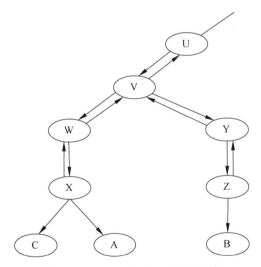

图 6.5　X.509 CA 分层不分级证书

　　(1) 用户注册：用户为了获得自己的公钥证书,必须先向某 CA 或某专门的注册机构 (Registration Authority,RA) 提出自己的申请,填写证书申请表。用户注册即是 CA 或 RA 对证书申请者(用户)的信用度、申请证书的目的、身份的真实可靠性等信息进行审查并建档的过程。

　　(2) 密钥对产生：密钥对可由用户自己生成,然后将公钥以安全的方式发送给 CA。密钥对也可由 CA 产生,再将私钥以安全的方式发送给用户,其后 CA 须销毁用户的私钥或将私钥安全备份。

　　(3) 证书生成：证书的生成是由 CA 来完成。如果公钥是用户产生的,则公钥必须安全地传送给 CA 以便将其嵌入证书中。已授权的 CA 将按照 X.509 标准生成相应用户的证书。证书生成后将存放在证书库以供公众查询。

　　(4) 证书分发：证书生成后 CA 可根据不同的认证操作规范的要求采用不同的方式将

证书传送给用户。证书可离线或在线发送。离线发送即面对面发送,也就是将证书打印放在保密信封中或通过安全电子邮件,如采用安全电子邮件协议(The Secure Multipurpose Internet Mail Extension,S/MIME)发给用户。企业高级证书一般采用此方式。在线发送就是用户根据 CA 提供的证书的参考号(Ref. number)或用户自己的身份信息以及认证码或口令从 CA 的证书库中下载自己的证书。

证书分发中非常关键的一点是获取证书必须是方便且容易的。

(5) 密钥备份:用户丢失或损坏了自己的私钥后,将无法读取用相应公钥加密的数据,所以,要求 CA 提供密钥的备份与恢复功能。电子商务活动要求双密钥机制,一对密钥用于对数据进行加解密,称为加密密钥对;另一对密钥用于数字签名与验证,称为签名密钥对。需要 CA 备份的只是加密密钥对中的解密密钥,用于数字签名的私钥不能由 CA 备份,而且要在用户的绝对控制之下。否则,将破坏电子商务安全最基本的防抵赖需求。

(6) 证书检索:用户在验证发送方数据时,需要查验发送方的公钥证书。这就需要检索 CA 的证书库。另一方面,证书可能在其有效期限内被认证机构撤销,所以,用户也需要检索是否已撤销证书库,即 CRL。

(7) 证书验证:就是确定某个证书的有效性。可包括检查颁发者的公钥是否可用来验证证书上的数字签名,证书是否在有效期内,证书是否已被撤销。

(8) 密钥恢复:当用户因为某种原因丢失或损坏了自己的私钥(即解密密钥)后,CA 可将作了备份的用户的私钥恢复,并安全地发送给用户。

(9) 密钥更新:一个证书的有效期是有限的,这种规定在理论上是基于当前非对称算法和密钥长度的可破译性分析;在实际应用中,由于长期使用同一个密钥有被破译的危险,因此,为了保证安全,证书和密钥必须有一定的更换频度。为此,PKI 对已发的证书必须有一定的更换措施,这个过程称为"密钥更新或证书更新"。

(10) 证书过期:指证书自然失效,即证书在证书上标定的有效期范围外就自然失效了。

(11) 证书撤销:在证书的有效期未到,但用户的身份变化、用户的密钥遭到破坏或被非法使用等情况下,CA 就要对原有的证书作出撤销处理,并将此证书的序列号列入 CRL 中。

(12) 密钥历史档案:经过一段时间后,每一个用户都会形成多个旧证书。这一系列旧证书和相应的私钥就组成了用户密钥和证书的历史档案。记录整个密钥历史是非常重要的。例如,某用户几年前用自己的公钥加密的数据,或者其他人用自己的公钥加密的数据无法用现在的私钥解密,那么该用户就必须从他的密钥历史档案中查找到几年前的私钥来解密数据。密钥的历史档案也便于今后的审计与争议的裁决。

2. 黑名单 CRL

证书黑名单又称证书撤销列表(certificate revocation list,CRL)。证书撤销列表的功能是记录尚未过期但已声明作废的用户(公钥)证书的序列号,以便用户在认证对方证书时作查询使用,主要是指验证数字签名时查询签名者公钥证书的有效性。

证书用来绑定主体身份信息及其公钥。在一般情况下,此绑定在证书的整个生命期都是有效的。当主体的身份信息发生改变或怀疑密钥泄露等情况时,认证机构就有必要对相关证书进行撤销处理。也就是说,证书撤销是在证书自然过期之前由于证书所有者的身份信息或密钥可能泄露等各种原因导致认证机构使证书作废。因此,在 PKI 系统中,必须建立一种能提供允许用户检查证书的撤销状态的动态机制。

在 X.509 标准中,证书的撤销机制使用了证书撤销列表(CRL)。基于 X.509 标准的 CRL 有两种版本,图 6.6 是版本 2 的 CRL 的数据结构。

版本号
签名算法
颁发者名称
本次更新
下次更新(可选项)
撤销证书列表(序列号、撤销日期、CRL 记录扩展)
扩展
签名

图 6.6 CRLv2 的数据结构

各字段的定义如下。

(1) 版本号:指 CRL 的版本号,为 v2。本字段的默认值为 v1。

(2) 签名算法:指本 CRL 的版发者的数字签名所用的算法的标识符,如"DSA with MD5"表示颁发者所用的数字签名算法是 DSA,签名算法中使用的 Hash 函数为 MD5。

(3) 颁发者名称:指本 CRL 的版发者的唯一可识别名(DN)。

(4) 当前更新:指本 CRL 的发布时间。

(5) 下次更新:指下次发布更新的时间,属可选项,在 CRLv1 中不存在此项。

(6) 撤销证书列表:指已撤销的所有证书的清单,不仅仅是本次撤销的证书。每个被撤销的证书在 CRL 上都有记录。该项包含下列子项。

序列号:已被撤销的证书的序列号。每个证书都对应一个唯一的序列号。

撤销日期:撤销证书的日期或证书不再有效的时间。此项为可选项。

CRL 记录扩展:该字段对应一些 CRL 的发行日期,但不是当前 CRL 的发行日期。

(7) 扩展:是可选项。此项可包含有关证书撤销的一些策略或说明,帮助使用和管理 CRL。扩展可被标记为"critical"或"non-critical"。标记为"critical"的扩展必须要被用户理解并进行相应处理,而标记为"non-critical"的扩展则可被忽略。

(8) 签名:指本次 CRL 颁发者的数字签名。签名所使用的算法必须是签名算法字段所标明的算法。

在一般情况下,CA 会定期发布 CRL,通常是每小时或每天发布一次。

习题

1. 密钥管理体系包括哪些要素?

2. CA 的功能是什么?

3. 如何对数字证书认证中心 CA 进行系统设计?

4. 如何对密钥进行管理?

5. PKI 数字证书包括哪些服务?

6. 说明为什么常使用对称密钥加密数据,而使用非对称密钥分发秘密密钥或会话密钥?

7. 试建立一个至少具有三个用户的四层 CA 证书结构,且三个用户分属不同证书链分支。给出三个用户之间的证书信任链。

8. 取素数 $p=383$,则 $g=5$ 模 383 的一个本原根,即是乘群 $\mathbf{F}^*_{383}$ 中的一个生成元。假设 Alice 与 Bob 分别选取 $a=357$ 及 $b=246$ 作为他们的秘密参数,请计算他们的共享密钥。

9. 描述基于椭圆曲线离散对数问题的 Diffie-Hellman 密钥交换协议。

10. 选取有限域 $\mathbf{F}_{23}$ 上的椭圆曲线 $y^2=x^3+x+4$,则其有理点群 $E(\mathbf{F}_{23})$ 是一个 29 阶的循环群。取 $G=(0,2)$ 作为基点。Alice 与 Bob 分别选取 $a=5$ 及 $b=7$ 作为他们的秘密参数,请计算他们的共享密钥。

深入篇

第7章

私钥密码算法(续)(简介)

7.1 Blowfish 算法

Blowfish 是由密码学家 Bruce Schneier 在 1993 年提出的。该算法的主要参数是密钥长度为从 32bit 到 448bit 可选,分组长度为 64bit。

算法的主要特点是加密运算由 16 圈迭代组成及一个输出变换。算法结构简单,易于实现。由于密钥长度可变,使用用户可在安全强度与速度之间作出符合实际应用情况的选择。Blowfish 算法由数据加密和密钥扩展两个模块组成。

Blowfish 的数据加密模块中,使用 18 个子密钥 $P_1, P_2, \cdots, P_{18}$ 及 4 个 S-盒。其中,每个子密钥 P_i 为 32bit 的数,每个 S-盒由 256 个 32bit 的数 $S_{i,0}, S_{i,1}, \cdots, S_{i,256}$ ($i=1, 2, 3, 4$)组成。图 7.1 是 Blowfish 的数据加密流程图。它使用两种基本运算进行加密:模 2^{32} 加,记为 $\boxplus$;逐比特异或,记为 $\oplus$。F 是一个含模 2^{32} 加及逐比特异或的函数,定义为先将 32bit 的输入 x 分成 4 个 8bit 元 a, b, c, d,

$$F(x) = ((S_{1,a} \boxplus S_{2,b}) \oplus S_{3,c}) \boxplus S_{4,d}$$

Blowfish 的密钥扩展又分为填充和刷新两个过程。

填充过程是用 π 的十六进制表示填充子密钥 $P_1, P_2, \cdots, P_{18}$ 及 4 个 S-盒,再用密钥的第一个 32bit 与 P_1 异或,用密钥的第二个 32bit 与 P_2 异或,以此类推。周期性地循环使用密钥,直至整个子密钥组 $P_1, P_2, \cdots, P_{18}$ 与密钥异或完为止。

刷新过程需要循环执行数据加密模块 521 次。第一次加密全零串,其输出取代 P_1,P_2,第二次加密上一次的输出,其输出取代 P_3,P_4,以此类推。取代完 P 组后,取代 4 个 S-盒。这样可保证数据加密过程中使用的子密钥和 S-盒都是与密钥相关的。

关于 Blowfish 算法更加详细的描述可参阅 William Stallings 的著作。

Blowfish 算法可抵抗使用差分密码分析攻击。且由于使用的密钥长度可达 448bit,子密钥生成的构成也非常耗时,Blowfish 算法对穷搜索攻击几乎是完全免疫的。

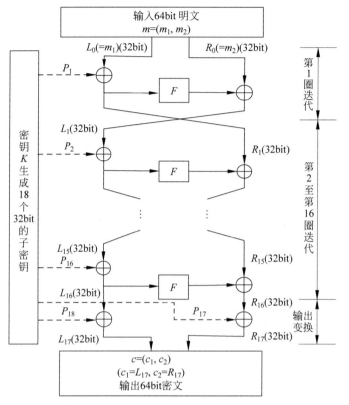

图 7.1　Blowfish 加密流程图

7.2　RC5 算法

RC5(Rivest Cipher 5)是美国 RSA 实验室的 Ronald Rivest 在 1994 年提出的。该算法的主要参数特征是加密圈数为 0~255 之间的任何数；分组长度为 $2w$，$w=32$bit、64bit 或 128bit；密钥长度为 0~255bit 之间的任何数。

RC5 使用三种基本运算进行加解密：模 2^w 加、逐比特异或、循环左移位。

其主要特点是主要参数可变，每次循环移位的次数是非线性的，随输入的数据及密钥而变化。循环移位是 RC5 的核心运算。此外是存储要求低。这些特性使用户可方便地在算法高安全性、高速度和低内存等方面作出符合实际应用情况的选择。

RC5 已经用于 RSA 数据安全公司的 BSAFE、JSAFE、S/MAIL 等安全产品中。

7.3　CAST-128 算法

CAST-128 是由 Carlisle Adams 和 Stafford Tavares 于 1997 年提出的。该算法的主要参数是密钥长度，从 40bit 开始，按照 8bit 递增到 128bit，分组长度为 64bit。该算法已经被 PGP 电子邮件安全协议采用，并且作为标准 RFC2144 颁布。

该算法已得到密码学家广泛的认可,安全性较好。此外,还有一些很好的密码算法,如 MARS、Serpent、Twofish、RC6 都进入美国 NIST 征集的高级加密标准 AES 的评选决赛。这里不再赘述。

7.4 首届全国密码算法竞赛分组密码算法简介

为繁荣我国的密码理论和应用研究,推动密码算法设计的发展,实现技术进步,促进密码人才成长,2018 年 6 月中国密码学会举办了首届全国密码算法设计竞赛。截至 2019 年 2 月,共有 60 个密码算法(22 个分组算法,38 个公钥算法)通过形式审查进入第一轮竞赛。2019 年 9 月 27 日,中国密码学会公布了进入第二轮评估的 10 个分组密码算法,分别为 uBlock、Ballet、FESH、TANGRAM、ANT、NBC、FBC、SMBA、Raindrop 和 SPRING。

这 10 个分组密码算法的详细介绍可参考书后文献[8]。这里只简单介绍获得本届密码算法设计竞赛前五名的分组密码算法。

1. uBlock

uBlock 是一族分组密码算法,依据分组长度/密钥长度可以分别记为 uBlock-128/128、uBlock-128/256 和 uBlock-256/256。它们的迭代轮数分别为 16、24 和 24。uBlock 算法采用了 S-盒、扩散矩阵、密钥扩展等设计。uBlock 算法对差分分析、线性分析、积分分析、不可能差分分析、中间相遇攻击等分组密码分析方法具有足够的安全冗余。uBlock 算法可适应各种软硬件平台。

uBlock 的整体结构称为 PX 结构,如图 7.2 所示。PX 结构是 SP 结构的一种细化结构,PX 是 Pshufb-Xor 的缩写,Pshufb 和 Xor 分别是向量置换和异或运算指令。

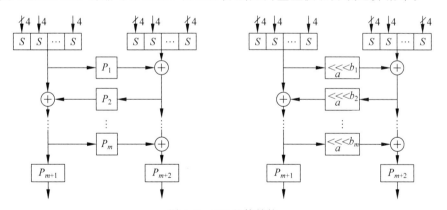

图 7.2 PX 整体结构

2. Ballet

Ballet 算法共有三个版本,依据分组长度/密钥长度/轮数可以分别记为 Ballet-128/128/46、Ballet-128/256/48 和 Ballet-256/256/74,所有版本采用相同的轮函数结构。其轮函数如图 7.3 所示。本算法无 S-盒和复杂线性层,仅由模加、异或和循环移位操作组成,即

ARX 结构算法。为了加解密的相似性,最后一个轮函数运算时省略最后一个线性置换操作。本算法灵活性和延展性强,并能够轻量化实现。除此之外,Ballet 算法是在 Lai-Massey 结构的基础上简化设计而成,并采用 4 分支的近似对称 ARX 结构,利于软件实现。其在 32 位和 64 位平台环境下均有很好的表现,即使在采用单路实现方式下依然具有很大的优势。在安全性方面,Ballet 算法能够抵抗现有的差分分析和线性分析等已知攻击方法,且因采用 ARX 结构,无 S-盒的使用,防护侧信道攻击的代价小。

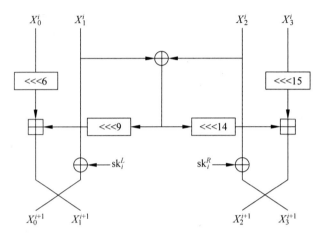

图 7.3　　Ballet 算法的轮函数

3. FESH

FESH 算法共有六个版本,依据分组长度/密钥长度可以分别记为 FESH-128-128、FESH-128-192、FESH-128-256、FESH-256-256、FESH-256-384、FESH-256-512。它们的迭代轮数分别为 16、20、20、24、28、28。

FESH 算法采用替换-置换网络(SPN)结构作为算法整体结构,轮函数设计简洁。类似于 NIST 征集的高级加密标准 AES 中的 Serpent 算法,FESH 采用比特切片方式,但采用了更安全高效的 4 位 S-盒以及基于 4 分支 Feistel 结构的扩散层。FESH 算法可以抵抗差分分析、线性分析等现有的分析,并具有足够的安全冗余。FESH 算法灵活性强,在软件处理平台和硬件平台上都具有较好的性能。图 7.4 是 FESH 算法的轮函数流程图。

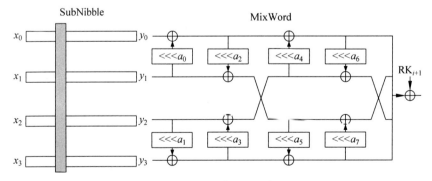

图 7.4　FESH 算法轮函数图

4. TANGRAM

TANGRAM 包含三个版本,依据分组长度/密钥长度可以分别记为 TANGRAM 128/128、TANGRAM 128/256 与 TANGRAM 256/256。它们的迭代轮数分别为 44、52 和 82。每一轮变换包含三个步骤:轮子密钥加 AddRoundKey(ARK)、列替换 SubColumn(SC)及行移位 ShiftRow(SR)。TANGRAM 分组密码采用 SP 网络。TANGRAM 对差分、线性、不可能差分、积分、相关密钥等重要密码分析方法有足够的安全冗余。由于采用了比特切片方法,TANGRAM 适用于多种软件和硬件平台。图 7.5 是算法 TANGRAM 128/128 的加密流程图。

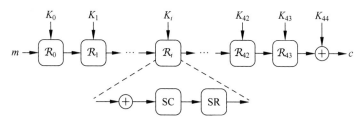

图 7.5　TANGRAM 128/128 加密流程图

5. ANT

ANT 包含三个版本,依据分组长度/密钥长度可以分别记为 ANT-128/128、ANT-128/256 和 ANT-256/256。它们的迭代轮数分别为 46、48 和 74。ANT 算法采用了经典的 Feistel 结构,轮函数采用比特级的设计,包含了与操作,循环移位操作和异或操作(AND-Rotation-XOR)。算法具有良好的硬件性能,适合轻量级实现。在硬件实现环境(HJTC 110 nm 标准元件库)下,ANT-128/128 加解密基于轮实现的硬件面积仅为 3220 GE。轮函数无 S-盒操作,仅采用与操作作为非线性操作,相比传统的采用 S-盒的分组算法,ANT 算法在侧信道防护实现上更具优势。ANT 算法的轮函数如图 7.6 所示。

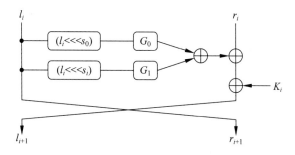

图 7.6　ANT 算法轮函数流程图

第8章

公钥密码算法(续)

8.1 MH 背包公钥密码系统

MH 背包公钥密码系统,即 Merkle-Hellman knapsack public-key cryptosystem,是 Ralph Merkle 与 Martin Hellman 在 1978 年提出的。该密码系统的安全性基于背包问题 (又称子集和问题)的难解性。

8.1.1 背包(Knapsack)问题

给定一个正整数集 $A = \{a_1, a_2, \cdots, a_n\}$,已知 S 是 A 的某子集中元素的和。问题是要找出和为 S 的这个子集。换句说法,是要找到一个 n 元的 0-1 向量 $X = \{x_1, x_2, \cdots, x_n\}$,使得

$$\sum_{i=1}^{n} x_i a_i = S$$

一般的背包问题是一个 NP-完全问题,目前还没有找到它的多项式时间解法。但对某些较"容易"的背包问题,已经有很有效的解决方法。MH 背包公钥密码系统是利用一类超递增序列的背包问题来实现的。

一个正整数序列 $(a_1, a_2, \cdots, a_n)$ 为超递增序列,当且仅当对任意 $j > 1$,有

$$a_j > \sum_{i=1}^{j-1} a_i$$

超递增序列的背包问题可用穷搜索法在时间 $O(n)$ 内解决。具体算法可描述如下。

超递增序列的背包问题求解算法:

输入:超递增序列 $(a_1, a_2, \cdots, u_n)$ 及一个正整数 S;

输出:一个 n 元的 0-1 向量 $X = \{x_1, x_2, \cdots, x_n\}$,或"无解"。

(1) for $i = n$ down to 1

    if $S \geqslant a_i$ then $\{x_i = 1; S = S - a_i\}$;

        else $x_i = 0$;

$$(2)\ \text{if}\ \sum_{i=1}^{n}x_i a_i = S\text{，then}\ X = \{x_1, x_2, \cdots, x_n\}\text{；}$$

$$\text{else return“无解”。}$$

8.1.2 MH 背包公钥密码系统描述

1. 参数选定

（1）Alice 秘密选定一个超递增序列 $A = (a_1, a_2, \cdots, a_n)$，并选整数 M 与 W，满足

$$M > \sum_{i=1}^{n}a_i\ \text{及}\ \gcd(W, M) = 1\text{；}$$

（2）选择 $\{1, 2, \cdots, n\}$ 上的一个置换 π，并计算

$$b_i = W a_{\pi(i)} \bmod M\text{；}$$

（3）$B = (b_1, b_2, \cdots, b_n)$ 是 Alice 的公开钥，而 (A, π, W, M) 是她的私钥。

2. 加密运算

设 Bob 要把信息明文 $m = m_1 m_2 \cdots m_n$（m 的二进制表示）秘密发送给 Alice。Bob 利用公钥 B 计算出密文 c 发送给 Alice：

$$c = b_1 m_1 + b_2 m_2 + \cdots + b_n m_n$$

3. 解密运算

Alice 收到密文 c 后计算

$$S = c W^{-1} \bmod M$$

对超递增序列 $A = (a_1, a_2, \cdots, a_n)$ 及整数 S，利用超递增序列背包问题求解算法，求得 $r_1, r_2, \cdots, r_n$。对 $i = 1, 2, \cdots, n$，令 $m_i = r_{\pi(i)}$，则恢复出明文 $m = m_1 m_2 \cdots m_n$。

4. 验算

$$cW^{-1} \bmod M = (b_1 m_1 + b_2 m_2 + \cdots + b_n m_n)W^{-1} \bmod M$$
$$= ((b_1 W^{-1})m_1 + (b_2 W^{-1})m_2 + \cdots + (b_n W^{-1})m_n) \bmod M$$
$$= (a_{\pi(1)} m_1 + a_{\pi(2)} m_2 + \cdots + a_{\pi(n)} m_n) \bmod M$$

这说明解密运算中求得的 $r_{\pi(1)}, r_{\pi(2)}, \cdots, r_{\pi(n)}$ 确为 $m_1, m_2, \cdots, m_n$，即准确地恢复出明文

$$r_{\pi(1)} r_{\pi(2)} \cdots r_{\pi(n)} = m_1 m_2 \cdots m_n = m$$

在实际运用 MH 背包公钥密码系统时，为节约运行时间，可选 M 为素数，置换 π 为恒等置换。

关于 MH 背包公钥密码系统的安全性问题，1983 年 A. Shamir 利用所谓的"陷门对"及公钥成功地破解了密钥。此外，还存在一个称为"格基约化"（Lattice Base Reduction）的破解算法。所以，MH 背包公钥密码系统已被破解。

8.2 Rabin 公钥密码体制

Rabin 公钥密码体制是 1979 年由麻省理工学院计算机科学实验室的 M. O. Rabin 在其论文 *Digitalized Signatures and Public-Key Functions as Intractable as Factorization* 中提出的一种公钥密码体制。Rabin 公钥密码体制可以说是 RSA 公钥密码体制的一种变形，其安全性是基于解二次剩余问题的困难性。

8.2.1 Rabin 公钥密码体制描述

1. 密钥产生

随机选定大素数 p 与 q 满足 $p, q = 3 \bmod 4$。计算 $n = pq$ 作为公开密钥，而 p 与 q 作为私钥。

2. 加密运算

设 m 是明文，加密后的密文 c 为

$$c = m^2 \bmod n$$

3. 解密运算

解密运算就是解二次同余方程：

$$x^2 = c \bmod n \tag{8.1}$$

该方程的解等价于同余方程组

$$\begin{cases} x^2 = c \bmod p \\ x^2 = c \bmod q \end{cases} \tag{8.2}$$

的解（中国剩余定理）。

由初等数论知识可知，式(8.2)的每个方程均有两个解，每一对解唯一确定式(8.1)的 1 个解，因此式(8.1)共有 4 个解。这样对每一个明文，通过解密运算得到的明文均有 4 个，所以要确定出有效的明文，必须在要加密的明文中加入一些额外的信息，如发送者的 ID、时间等信息，用以解密时在四者中选一。

当 $p, q = 3 \bmod 4$ 时，式(8.2)的两个方程可以很容易地求解：因已知 c 是模 p 的平方剩余，设 $a^2 = c \bmod p$，则 $c^{(p-1)/2} = a^{p-1} = 1 \bmod p$。于是由 $(p+1)/4$ 是整数，可计算出

$$(c^{(p+1)/4})^2 = c^{(p+1)/2} = c^{(p-1)/2} \cdot c = c \bmod p$$

从而 $c^{(p+1)/4}$ 及 $p - c^{(p+1)/4}$ 是

$$x^2 = c \bmod p$$

的两个解。同理可证 $c^{(q+1)/4}$ 及 $q - c^{(q+1)/4}$ 是

$$x^2 = c \bmod q$$

的两个解。

8.2.2　Rabin 公钥密码体制的安全性

Rabin 公钥密码体制是第一个可证明安全的公钥密码体制的例子。也就是说,破解该体制的困难性已被证明等价于大整数的素因数分解。而破解 RSA 公钥密码体制的难度则不超过大整数的素因数分解,至今未被证明是与大整数的素因数分解是否等价的。所以,从理论上说,Rabin 公钥密码体制比 RSA 公钥密码体制具有更好的安全性。Rabin 公钥密码体制的一个缺点是接收者面临着需要从四个可能的明文中选择出正确的明文的问题。在实际应用中解决此问题的一条途径是加密前在明文中添加一些标识冗余码。

8.3　Goldwasser-Micali 概率公钥密码体制

1984 年 S. Goldwasser 与 S. Micali 首次提出了概率公钥加密体制(Probabilistic Public-Key Encryption Scheme)。该加密体制对同一明文进行两次加密时得到的密文有可能不同。每次加密是针对每个明文比特选取一个随机比特而计算出相应的密文比特。因而,人们称该密码体制是概率公钥密码体制。类似的概率公钥密码体制还有 Harn-Kiesler 密码体制。

Goldwasser-Micali 概率公钥密码体制的缺点是信息加密后信息扩展了 $\log_2 n$ 倍,因此应用该密码体制加密时有运算量大、速度慢的问题。

8.3.1　Goldwasser-Micali 概率公钥密码体制描述

1. 密钥产生

随机选定大素数 p 与 q,计算 $n = pq$。随机选定一个正整数 t 满足

$$\left(\frac{t}{p}\right) = \left(\frac{t}{q}\right) = -1$$

即 t 是模 p 及 q 平方非剩余。(n, t) 是公钥;p 与 q 是私钥。这里 $\left(\frac{t}{p}\right)$ 与 $\left(\frac{t}{q}\right)$ 均表示 Legendre 符号(后同)。

2. 加密运算

设有待加密的二进制表示的明文:$m = m_1 m_2 \cdots m_s$。对每个明文比特 m_i,在 $[1, n-1]$ 中随机选择与 n 互素的整数 x_i,计算

$$c_i = \begin{cases} t x_i^2 \bmod n, & m_i = 1 \\ x_i^2 \bmod n, & m_i = 0 \end{cases}$$

得密文 $c = (c_1, c_2, \cdots, c_s)$。

3. 解密运算

设要解密的密文为 $c = (c_1, c_2, \cdots, c_s)$。对每个密文元 c_i,先计算出

$$\left(\frac{c_i}{p}\right) \text{ 及 } \left(\frac{c_i}{q}\right)$$

的值,然后令

$$
m_i = \begin{cases} 0, & \left(\dfrac{c_i}{p}\right) = \left(\dfrac{c_i}{q}\right) = 1 \\ 1, & \left(\dfrac{c_i}{p}\right) = \left(\dfrac{c_i}{q}\right) = -1 \end{cases}
$$

则得到解密出的明文为 $m = m_1 m_2 \cdots m_s$。

8.3.2 Goldwasser-Micali 概率公钥密码体制的安全性

Goldwasser-Micali 概率公钥密码体制的安全性是基于平方剩余问题(也叫二次剩余问题)的难解性的假设。平方剩余问题(QR_n)是说,如果不知道 n 的素因数分解,那么确定模 n 的平方剩余是很困难的。QR_n 问题是数论中的一个公认的难解问题。

Goldwasser-Micali 概率公钥密码体制的安全性不仅由选择的密钥(随机选定的两个大素数)来保证,而且对每一个明文比特 m_i 的加密,都要随机选取整数 x_i 来对 m_i 进行加密,以得到相应的密文比特 c_i,当选取的整数 x_i 不同时,得到的密文比特 c_i 也不相同。也就是说,Goldwasser-Micali 概率公钥密码体制是逐比特加密的,对于相同的密钥与明文,进行两次加密得到的密文可能不同。

如果攻击者截获密文比特 c_i,则他可计算雅可比(Jacobi)符号 $\left(\dfrac{c_i}{n}\right)$。

但是,由于不论 $m_i = 1$ 或 $m_i = 0$,均有 $\left(\dfrac{c_i}{n}\right) = 1$,所以攻击者无法判断出明文比特 m_i 的值。

8.4 NTRU 公钥密码体制

NTRU 公钥密码体制是 1996 年由数学家 J. Hoffstein,J. Pipher 及 J. Silverman 设计,并在 1996 年的美洲密码年会上提出的一种基于多项式环上的公钥密码体制。NTRU 是一种相对较新的且比 RSA 与 ECC 更有效的公钥密码体制。对于一个长度为 n 的加解密信息,NTRU 需要的运算量是 $O(n^2)$,而 RSA 的运算量为 $O(n^3)$。NTRU 公钥密码算法的运行速度比 RSA、ECC 算法要快得多,且需要的存储空间更少,因而更适合在 IC 卡中应用 NTRU 公钥密码体制。NTRU 已被接受为 IEEE P1363 标准。

表 8.1 是 NTRU 与 RSA 及 ECC 运算次数的比较情况。

表 8.1 NTRU 与 RSA 及 ECC 运算次数

公钥体制	基本运算	需要的运算次数	
		加密	解密
NTRU	卷积	1	2
RSA	模乘法	17	~1000
ECC	椭圆曲线上有理点标量乘	~160	~160

注:NTRU 与 ECC 的基本运算耗时大致相同,而 RSA 的基本运算耗时则相对要少些。

8.4.1 NTRU 公钥密码体制描述

1. 参数选择

随机选择三个正整数 N, p, q：其中 N 是素数，$\gcd(p, q) = 1$，且 q 比 p 要大得多。令 R 为多项式环 $Z[x]/(x^N - 1)$。即 R 由零多项式及次数不超过 $N - 1$ 的多项式组成。用符号"$*$"表示 R 中乘法运算：

对任意 $f = \sum_{i=0}^{N-1} a_i x^i, g = \sum_{j=0}^{N-1} b_j x^j \in R$，有

$$f * g = \left(\sum_{i=0}^{N-1} a_i x^i\right) \left(\sum_{j=0}^{N-1} b_j x^j\right) \bmod(x^N - 1) = \sum_{i+j = k \bmod N} a_i b_j x^k$$

2. 密钥生成

(1) 随机选取两个多项式 $f, g \in R$；

(2) 对多项式 f，分别求出关于模 q 与 p 的逆多项式 f_q^{-1} 与 f_p^{-1}，即求出的 f_q^{-1} 与 f_p^{-1} 分别满足

$$f_q^{-1} * f = 1 \bmod q \quad 与 \quad f_p^{-1} * f = 1 \bmod p$$

如果 f 不可逆，则回到步骤(1)重新选取 f；

(3) 计算 $h = p f_q^{-1} * g \bmod q$；

(4) 将 (f, f_p^{-1}) 作为私钥，h 作为公钥。

3. 加密运算

设 $m \in R$ 是要加密的信息，其系数是模 p 既约的(即系数在区间 $(-q/2, q/2]$ 内)。随机选取模 p 既约的 $r \in R$，计算 $c = r * h + m \bmod q$。如果满足 $f * m + p g * r$ 是模 q 既约的，即系数在区间 $(-q/2, q/2]$ 内，则得到的多项式 c 作为信息 m 的密文；否则，重新选择 $r \in R$ 进行加密计算。

注：如果 $f * m + p g * r$ 不是模 q 既约的，则解密过程将失败。

但 NTRU 作者证明，这种情况出现的概率很小($N = 251$ 时，失败的概率小于 2^{-80}；当 N 变大时，还可以使得概率更小)。

4. 解密运算

设 $c \in R$ 是要解密的信息密文，其系数是模 q 既约的。

(1) 计算 $a = f * c \bmod q$；

(2) 计算 $m' = f_p^{-1} * a \bmod p$，则 m' 即为明文 m。

NTRU 的正确性验证如下：

$$
\begin{aligned}
m' &= f_p^{-1} * a \bmod p \\
&= f_p^{-1} * (f * c \bmod q) \bmod p \\
&= f_p^{-1} * ((f * (r * h + m)) \bmod q) \bmod p
\end{aligned}
$$

$$= f_p^{-1} * ((f * (r * (pf_q^{-1} * g) + m)) \bmod q) \bmod p$$

$$= f_p^{-1} * (((f * f_q^{-1}) * pr * g + f * m) \bmod q) \bmod p$$

$$= f_p^{-1} * ((pr * g + f * m) \bmod q) \bmod p$$

$$= f_p^{-1} * (pr * g + f * m) \bmod p$$

$$= f_p^{-1} * (pr * g) + f_p^{-1} * (f * m) \bmod p$$

$$= (f_p^{-1} * f) * m \bmod p$$

$$= m \bmod p$$

$$= m$$

8.4.2 NTRU 公钥密码体制的安全性

NTRU 公钥密码体制的安全性基于高维格中寻找最短向量问题的困难性(这里所指的格就是整数集上的一个基向量组的所有线性组合的集合),而目前对 NTRU 公钥密码体制的最强攻击就是所谓的格攻击。一个比较有效的格攻击算法就是 1982 年出现的 LLL(Lenstra-Lenstra-Lovasz)算法。1994 年 Schnorr 与 Euchner 提出了关于 LLL 算法的一个改进算法。但只要恰当地选择 NTRU 使用的参数,那么这些算法对 NTRU 基本上是无效的。

目前人们预测,只有当量子计算机出现时,NTRU 公钥密码体制才能真正被完全破解。表 8.2 显示了 NTRU 与 RSA 及 ECC 安全强度的比较,表中数据为密钥长。

表 8.2 NTRU、RSA 及 ECC 安全强度比较　　　　　　单位：bit

NTRU	RSA	ECC
167	512	113
251	1024	163
347	2048	224
503	4096	307

8.5 盲签名方案

盲签名(blind signature)的概念是 1982 年 D. Chaum 在美洲密码年会上首次提出的一种特殊的数字签名。盲签名也是公钥密码学中的一个重要的协议,可应用在电子货币中保护顾客的消费秘密及在电子选举中保密投票人的身份(即电子匿名选举)。

像一般数字签名方案一样,签名者利用公开参数及其私钥产生盲签名,验证者则可利用公开参数与签名者的公钥验证签名。但不同于一般签名方案的是,签名者既不知道他所签的消息,也不知道他对该消息的签名是什么;此外,签名者也不知道同一使用者的不同消息的签名之间的任何联系。也就是说,按照 Chaum 定义的盲签名协议,一个盲签名应该满足以下三个性质。

(1) 置盲性(blindness):签名者不知道他所签消息的内容;

(2) 不可追踪性(untraceability):在签名公开后,签名者无法将他所签的消息与签名使用者联系起来；

（3）无关性(unlinkability)：同一使用者的两条不同消息的签名不能建立起联系。

在盲签名方案中涉及的两个主体分别称为签名者与使用者。假设使用者有一条秘密消息需要签名者签名，但他又不想让签名者知道该消息的内容。那么他可这样来完成他的意愿：先随机选一个或多个整数作为置盲因子，将他的秘密消息 m 盲化成消息 m' 再发送给签名者；签名者用其私钥对消息 m' 进行签名。使用者脱盲从签名者收到的签名并对此签名用签名者的公钥进行验证。如验证正确，则使用者就得到对他的 m 的一个有效签名，如图 8.1 所示。

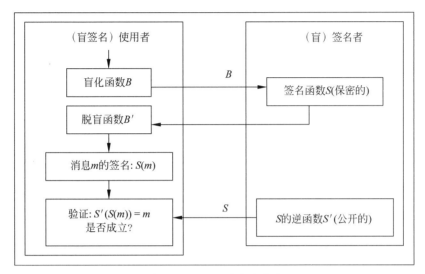

图 8.1 Chuam 盲签名方案

目前已出现了各种基于大整数因子分解或基于离散对数问题的盲数字签名方案，下面只介绍 D.Chuam 在 1985 年提出的基于大整数因子分解的盲签名方案。

Chuam 盲签名方案如下：设 Bob 有秘密消息 m 要 Alice 对它进行签名，但又不想让 Alice 知道该消息内容。

1. 参数建立

（1）秘密选取两个大素数 p 与 q，计算 $n=pq$ 及 $\varphi(n)=(p-1)(q-1)$；

（2）随机选取正整数 e：$1<e<\varphi(n)$ 使 $\gcd(e,\varphi(n))=1$；

（3）解同余方程 $ex=1 \bmod \varphi(n)$，求出一正整数 d；

（4）将 (n,e) 作为 Alice 的公钥公开，(p,q,d) 或 $(n,\varphi(n),d)$ 作为 Alice 的私钥保密。

2. 盲签名生成

（1）设 Bob 有消息 $m\in \mathbb{Z}_n$，Bob 随机选择 k：$1<k<n$ 及 $\gcd(k,n)=1$，置盲消息 m 满足

$$\bar{m}=mk^e \bmod n$$

将 m 发送给 Alice；

（2）Alice 对消息 $\bar{m}$ 进行签名：

$$\bar{s} = \bar{m}^d \bmod n$$

将 $\bar{s}$ 发送给 Bob；

（3）Bob 进行脱盲计算：

$$s = k^{-1}\bar{s} \bmod n$$

（4）Bob 得到 Alice 对消息 m 的签名 s。

3. 盲签名验证

Bob 验证：

$$m = s^e \bmod n$$

是否成立，若成立，则接受 Alice 的签名 s；否则拒绝此签名。

自 D. Chuam 提出该盲签名方案后，1988 年他又提出了若干结构较复杂的盲签名算法。其他密码学研究者也提出各种具有某些特性的盲签名算法，如公平盲签名算法、强盲签名算法等。

盲签名是一种特殊的数字签名，其他的特殊数字签名可能有数千种。代理签名、群签名、不可否认签名、失败－终止签名、门限签名及具有消息恢复功能的签名是其他几种较有代表性的特殊签名，有兴趣的读者可参看相关文献。

习题

1. 在 NTRU 公钥密码体制中，取 $(N,p,q)=(13,3,37)$。令

$$f(x) = x^{11} + 2x^9 - 7x^6 + x^4 + 5x^3 - 11x^2 - x + 1, \quad g(x) = x^6 - x^3 + x - 1.$$

（1）计算出相关的私钥与公钥；

（2）对明文 $m = x^{12} + x^7 + x^5 + 2x^3 + x + 1$ 加密；

（3）对密文 $c = x^{10} + 2x^8 + 4x^6 + 6x^4 + 7x^3 + 8x^2 + 9x + 10$ 解密。

2. 设 Alice 选定 MH 背包公钥密码系统的超递增序列为 $(2,3,7,15,29,62)$，并取 $m = 123, W = 20$，且取 $\{1,2,3,4,5,6\}$ 的置换为

$$\boldsymbol{\pi} = \begin{pmatrix} 1 & 2 & 3 & 4 & 5 & 6 \\ 3 & 1 & 4 & 6 & 2 & 5 \end{pmatrix}$$

（1）计算 Alice 的公钥 B；

（2）设 Bob 要将明文消息 $m = 2$ 发送给 Alice，计算 m 加密后的密文 c；

（3）若 Bob 要将明文消息 $m_1 = 2730$ 发送给 Alice，那么他应如何用 Alice 的公钥 B 来加密 m_1；若 Alice 收到的密文消息为 $c = 110011$，求对应的明文消息。

第9章

基于身份的公钥密码学

在通常意义下的公钥密码学中,公钥(public key)是借助某个有效单向函数作用于私钥(private key)而产生的。也就是说,对事先选定好的一个有效单向函数 F,有

$$\text{public-key} = F(\text{private-key}) \tag{9.1}$$

这种公钥看起来有一定的随机性。即从公钥本身,看不出该公钥与公钥所有者之间有任何联系。当有一条机密信息要用某一公钥加密后发送给指定的接收者时,发送者必须确定这个看起来有点随机性的公钥是否的确属于指定的接收者。同样,在利用数字签名系统来确定信息的原始性时,签名验证者必须确信用来验证签名的公钥的确属于声明的签名者。

一般来说,为了在现实世界中应用密码术,需要有一种机制能够随时验证某公钥与某主体身份之间的联系。有两种方法可实现此目的:一种称作公钥证书机制(public key certification infrastructure);另一种称作基于身份的公钥密码学(identity-based public key cryptography 或 ID-based cryptography)。

由于公钥证书机制是一种树状结构的公钥认证体系(如 X. 509),实际应用时较复杂。而采用基于身份的公钥体系,则有助于克服这些缺点。

举一个例子。如果 Alice 想给 Bob 发送一份秘密消息,那么她需要获取 Bob 的真实公钥。在一般公钥密码系统中,Alice 需要一个使 Bob 的身份同他的公开密钥的签名的(公钥)证书。而在基于身份的公钥密码系统中,Bob 的公钥就是他的身份,即 Bob 的公钥是基于其身份的。Alice 可以利用 Bob 的这个基于身份的公钥,将秘密消息加密后,在公共信道上发送给 Bob,而不用通过验证一个可信的第三方(认证中心,CA)对 Bob 证书的签名来获取 Bob 的真实公钥。Alice 只需像(电子)邮政系统一样,通过 Bob 的(电子)邮件地址,将秘密消息发送给 Bob。

一个基于身份的密码系统应满足下列基本条件:

用户之间既不用交换私钥,也不用交换公钥;

不需要公共的证书服务器;

只在系统建立阶段需要一个可信的机构为系统中每个用户生成密钥,且用户绝对无条件信任该可信机构。

本章主要介绍 Shamir 提出的基于身份(ID)的签名体制、利用超奇异椭圆曲线上 Weil 对产生的基于身份的公钥密码体制,并介绍 Boneh 与 Franklin 的基于身份的加密体制。

9.1 基于身份的签名

在 1984 年的美洲密码年会上，Shamir 提出了本质上类似于邮政系统的一种新颖的公钥密码系统。在他的公钥密码系统中，用户的公钥 public-key 可以是任何一个与主体身份有关的比特串，而他的私钥是通过一个可信的权威机构来生成的，即由下列步骤生成：

$$\text{private-key} = F(\text{master-key}, \text{public-key}) \tag{9.2}$$

其中，master-key（主密钥）是 TA 独有且事先由其秘密选好的秘密钥。TA 就用这个主密钥来生成系统中所有用户的私钥。

从式(9.1)与式(9.2)可看出，基于身份的公钥密码系统与一般公钥密码系统的公私密钥的生成过程刚好相反：在基于身份的公钥密码系统中，私钥是由公钥来生成的，公钥可以是输入的任何比特串；而一般公钥密码系统中，公钥是经由私钥来生成的，私钥是事先精心挑选好的。

在 Shamir 的基于身份的公钥密码系统中，TA 由式(9.2)生成用户私钥的计算一般不公开。在 TA 为用户生成私钥前，TA 需要彻底检验用户的身份信息，用户提供的身份信息必须能使 TA 确信它能唯一准确地识别出用户。这类似于在一般公钥密码系统中，CA 在签发公钥证书给用户之前，需要对用户作身份检验。

由于用户的私钥由 TA 生成，所以用户必须绝对无条件地信任 TA，也就是说，用户不用担心 TA 读取了用户之间所有的秘密通信，或伪造他们的签名。因此，基于身份的密码系统只适用在用户接受对 TA 无条件信任的环境。比如在雇主可完全知道他的所有雇员的来往信息的环境中，雇主就可担当 TA 的角色。

9.1.1 Shamir 的基于身份的数字签名体制的构成

Shamir 提出的基于身份(ID)的数字签名体制由下列四个步骤组成。

(1) 参数建立(setup)：TA 完成，产生整个系统的参数及主密钥(master-key)；

(2) 用户私钥生成(user-key-generate)：TA 完成，利用 master-key 及用户传输的任意比特串 id，产生相对于 id 的用户的私钥(private-key)；

(3) 签名(sign)：签名者完成，对输入的信息 m，用签名者的私钥对信息 m 进行签名 sig；

(4) 验证(verify)：用户完成，对输入的信息 m 及相应的签名 sig，利用 ID 验证签名的真伪性。

9.1.2 Shamir 的基于身份的数字签名体制的算法描述

1. 系统参数的建立

(1) 大整数 N：秘密选择两个大素数 p, q，计算其积 $N = pq$；

(2) 选取 e：选择正整数 e，满足 $\gcd(e, \varphi(N)) = 1$；

（3）计算 d：解同余方程 $ex=1(\bmod\ \varphi(N))$，求出正整数解 $x=d$；

（4）选取 Hash 函数 $h:\{0,1\}^* \mapsto \mathbb{Z}_{\varphi(N)}$；

TA 保存 d 作为系统的私钥，即主密钥，而公开系统参数 (N,e,h)。

2. 用户私钥生成

设 ID 表示用户 Alice 唯一可识别的身份。在对 Alice 完成了物体意义上的身份识别，确定了 ID 的唯一性后，TA 计算 $g=\mathrm{ID}^d(\bmod\ N)$，并将计算结果值作为 Alice 的私钥发给 Alice。

3. 签名生成

设 Alice 要对信息 $m\in\{0,1\}^*$ 进行签名。Alice 随机选择一个数 $r\in\mathbb{Z}_N^*$，并计算 $t=r^e(\bmod\ N)$，$s=g\cdot r^{h(t\parallel m)}(\bmod\ N)$，则数对 (s,t) 就认定为 Alice 对信息 m 生成的签名。

4. 签名验证

设有信息 m 及其签名 (s,t)。Bob 利用 Alice 的身份 ID 验证她的签名。如果 $s^e=\mathrm{ID}\cdot t^{h(t\parallel m)}(\bmod\ N)$，则 m 的签名 (s,t) 为真。

从 Shamir 的基于身份的签名算法中可看出，在 Bob 验证 Alice 的签名时，只需要她的经 TA 核实的 ID。而在一般的公钥签名算法中，Bob 在验证 Alice 的签名前，必须先获得她的公钥，并验证她的公钥证书。也就是说，Bob 首先必须确信已安全建立往来于 Alice 的密钥通道。而在 Shamir 的基于身份的签名算法中，Bob 验证 Alice 的签名为真时，就同时向 Bob 表明了两点：第一，Alice 的确是用她的基于 ID 的私钥产生了她的签名；第二，Alice 的 ID 是经过 TA 证实的，也正是由于她的 ID 经 TA 证实后，才使得 Alice 能产生她的签名。这一优点使得在基于身份的数字签名体制中，签名者不需要将公钥证书传输给验证者，这样可节省通信带宽。

9.1.3　Shamir 的基于身份的数字签名体制安全性分析

当 Bob 验证 Alice 的签名为真时，表明 Alice 拥有 $\mathrm{ID}\cdot t^{h(t\parallel m)}$ 及模 N 的唯一的 e 次根，也就是 s。这个唯一性是由 $\gcd(e,\varphi(N))=1$ 保证的。

任何人要构造 $\mathrm{ID}\cdot t^{h(t\parallel m)}$ 并不困难。例如，他可以选一个随机数 t，计算 $h(t\parallel m)$，再计算 $t^{h(t\parallel m)}(\bmod\ N)$，最后乘以 ID 即可。但是，他要求出模 N 的唯一的 e 次根是很困难的：首先已知 a 求同余方程 $x^e=a(\bmod\ N)$ 的解等价于大整数因子分解问题；其次，随意构造出的 $\mathrm{ID}\cdot t^{h(t\parallel m)}$ 是可识别的，也就是说，因为 h 是一个密码意义上的单向 Hash 函数，要碰巧找出两个不同的 t 与 t_1 使 $\mathrm{ID}\cdot t^{h(t\parallel m)}=\mathrm{ID}\cdot t^{h(t_1\parallel m)}$，或 $t^{h(t\parallel m)}=t^{h(t_1\parallel m)}$ 是很难的。

当然，这种说明并不是严格意义上的 Shamir 的基于身份的数字签名体制的安全性证明。这里也不打算给出其安全性的严格证明。

最后必须重申的是：TA 可以伪造任何一个用户的签名！因此，Shamir 的基于身份的数字签名体制不适合在一个公开的系统环境中应用。换句话说，该签名体制较适合在一个封闭的、TA 对整个系统中的信息具有法律上所有权的系统中使用。很不幸,这是一个非常苛刻的应用环境。

因此,如何设计一个可脱离这样苛刻应用环境的基于身份的数字签名体制,是一个很有挑战性且尚未解决的问题。当用户私钥的安全性受到威胁时,需要与 TA 进行交互式密钥撤销,这样就增加了系统的成本,降低了时效。而且把撤销信息公布的事情可能会严重地损失这种密码体制的优势。另外,设计出一种不需要进行交互式密钥撤销操作的基于身份的数字签名体制,更是一个尚未解决的问题。

9.2 利用椭圆曲线上 Weil 配对的基于身份的公钥密码体制

1984 年 Shamir 提出的基于身份的公钥密码体制是一种数字签名体制。此后,人们提出了若干新的基于身份的密码体制。2000 年 1 月,在日本召开的密码学与信息安全论坛上,R. Sakai、K. Ohgishi 与 M. Kasahara 提出基于椭圆曲线点群上的配对映射(pairing-mapping)的一种新颖的基于身份的密码体制。同年,A. Joux 独自提出利用同一技巧的一种基于身份的三方 Diffie-Hellman 协议,即三方密钥共享协议。他们开创性的工作不仅证实了存在 Shamir 曾猜想的基于身份的公钥加密体制,而且重新激起了人们研究基于身份的密码学的兴趣。

Sakai 等以及 Joux 提出的基于身份的公钥加密体制就是利用了这样一个特性:在超奇异椭圆曲线点群上的判定性 DDH 问题(Decisional Diffie-Hellman problem,Diffie-Hellman 问题)是容易的,而计算 CDH 问题(Computational Diffie-Hellman problem,Diffie-Hellman 问题)仍然是困难的。这主要是因为要有效地计算超奇异椭圆曲线点群上的一种配对映射。

本节我们首先介绍超奇异椭圆曲线及 Weil 配对(Weil-Pairing),然后是 DDH 问题与 CDH 问题,最后是 Sakai 等以及 Joux 提出的基于身份的公钥加密体制。

9.2.1 超奇异椭圆曲线与 Weil 配对

1983 年,Menezes、Okamoto 与 Vanstone 指出,对一类定义在有限域上的特殊椭圆曲线,将曲线上的任意两点映射到基域中的一个元素,存在一种有效的算法。这类特殊的椭圆曲线就是超奇异椭圆曲线。对这类曲线,第 5 章 Hasse 定理中的 t 可被基域的特征整除。

设 q 是一个素数幂,$E(\mathbf{F}_q)$ 是域 $\mathbf{F}_q$ 上的一条超奇异椭圆曲线,设 p 是 $\sharp E(\mathbf{F}_q)$ 的一个大素数因子(由 Hasse 定理易见 p 与 q 互素!),则由有限群和椭圆曲线知识可知,$E(\mathbf{F}_q)$ 含有阶为素数 p 的点,且存在正整数 L,整数 $\ell \geqslant L$ 时,$\mathbf{F}_q$ 的扩域 $\mathbf{F}_{q^\ell}$ 上的椭圆曲线点群 $E(\mathbf{F}_{q^\ell})$ 中的全体 p 阶点以及单位元 $\mathcal{O}$,构成一个 p^2 阶的初等交换 p-群(同构于 $\mathbf{Z}_p \oplus \mathbf{Z}_p$)。也就是说,群 $E(\mathbf{F}_{q^\ell})$ 中存在两个阶为 p 的点 P,Q,满足 $P \notin [Q]$ 及 $Q \notin [P]$。这也等价于对任意的整数 s,t,均有 $P \neq sQ$ 及 $Q \neq tP$。这样的两个点也称为线性独立的点。

对于上述素数 p,扩域 $\mathbf{F}_{q^\ell}$ 的所有非零元组成的乘群 $\mathbf{F}_{q^\ell}^*$ 含有一个唯一的阶为 p 的子群。由椭圆曲线的计算理论可知,存在一个保持运算的、并可有效计算的从 $E(\mathbf{F}_{q^\ell})$ 上的所有阶为 p 的点对到 $\mathbf{F}_{q^\ell}^*$ 的 p 阶子群的满射。Menezes、Okamoto 与 Vanstone 曾证明当 $E(\mathbf{F}_q)$ 是一条超奇异椭圆曲线时,可在小扩域($\mathcal{L} \leqslant 6$)的情形下构造出这样的满射。事实上,很容易

对 $\mathcal{L}=2$ 的情形构造出这样的映射。

Weil 配对(Pairing)的定义：设 p 是一个素数，$E(\mathbf{F}_q)$ 是域 $\mathbf{F}_q$ 上的一条超奇异椭圆曲线，$\mathcal{L}$ 是正整数。$E(\mathbf{F}_{q^{\mathcal{L}}})$ 上的 Weil 配对，记为 e_p，定义为 $E(\mathbf{F}_{q^{\mathcal{L}}})$ 上的所有阶为 p 的点对到 $\mathbf{F}_{q^{\mathcal{L}}}^*$ 的 p 阶子群的满射；即对 $E(\mathbf{F}_{q^{\mathcal{L}}})$ 中任意两个阶为 p 的点 P、Q，$e_p(P,Q)$ 是 $\mathbf{F}_{q^{\mathcal{L}}}^*$ 中阶为 p 的点。且满足下列性质。

（1）反对称性：对所有阶为 p 点 P，有
$$e_p(P,P)=1$$

（2）双线性性：对所有阶为 p 的点 P、Q、R，有
$$e_p(P+Q,R)=e_p(P,R)e_p(Q,R)$$
$$e_p(R,P+Q)=e_p(R,P)e_p(R,Q)$$

（3）非退化性：对任意两个线性独立的阶为 p 的点 P、Q（即属于不同的 p 阶子群），有
$$e_p(P,Q)\neq1,\quad e_p(Q,P)\neq1$$

（4）实效性：对所有阶为 p 的点 P、Q，可有效地计算出 $e_p(P,Q)$ 与 $e_p(Q,P)$。

显然，依据双线性性质，对任意阶为 p 的点 P、Q 及正整数 n，有
$$e_p(nP,Q)=e_p(P,Q)^n=e_p(P,nQ)$$

9.2.2　DDH 问题与 CDH 问题

DDH 问题：设 $(G,+)$ 是一个 Abelian 群（运算表为加法"$+$"），P 是 G 的一个生成元。对任意给定的三个元 aP、bP、$cP\in G$，确定 $c=ab(\mathrm{mod}\ \sharp G)$ 是否成立。

CDH 问题：设 $(G,+)$ 是一个 Abelian 群（运算表为加法"$+$"），P 是 G 的一个生成元。对任意给定的两个元 aP、$bP\in G$，计算 $(ab)P$。

显然，DDH 问题不比 CDH 问题更难。也就是说，如果存在一个 CDH 问题的求解机（有时也称为一个问答器或预言机），那么对给定的三个元 aP、bP、$cP\in G$（其中 P 是 G 的一个生成元），这个问答器一定能确定 $c=ab(\mathrm{mod}\ \sharp G)$ 是否成立。也就是说，这个问答器可解 DDH 问题。

然而，对这两个问题，目前仅知道这些关系，且对于一般的有限 Abelian 群，也没有一个有效的解 DDH 问题的解法。所以，解 DDH 问题的困难性已经被广泛接受为一个难以破解的标准性问题的假设，并成为许多密码系统的安全性基础。但是对于超奇异椭圆曲线，2001年 Joux 与 Nguyen 证明了 DDH 问题是容易解决的。

注意到 Weil 配对 e_p 的反对称性，对任意的阶为 p 的元 P 有 $e_p(P,P)=1$。于是当 P 与 Q 为线性相关的两点时，即存在整数 n 使 $Q=nP$，则
$$e_p(P,Q)=e_p(P,nP)=e_p(P,P)^n=1^n=1$$

E. R. Verheul 在 2001 年的欧洲密码年会上提出了曲线上点坐标的一种变形映射
$$\Phi:E(\mathbf{F}_{q^{\mathcal{L}}})\to E(\mathbf{F}_{q^{\mathcal{L}}})$$
$$P\mapsto\Phi(P)$$

对 $E(\mathbf{F}_{q^{\mathcal{L}}})$ 中任一点 P，$\Phi(P)$ 仍是 $E(\mathbf{F}_{q^{\mathcal{L}}})$ 中点。且当 P 的阶大于 3 时，$\Phi(P)$ 具有与 P 相同的阶。具体做法是当 $P\in E(\mathbf{F}_q)$ 时，$\Phi(P)$ 为将 P 的两坐标修改为 $\mathbf{F}_{q^{\mathcal{L}}}$ 中元后的

$E(\mathbf{F}_{q^{\mathcal{L}}})$ 中点；而当 $P \in E(\mathbf{F}_{q^{\mathcal{L}}}) \backslash E(\mathbf{F}_q)$ 时，则 $\Phi(P) = P$。这样对于 $P \in E(\mathbf{F}_q)$，P 与 $\Phi(P)$ 是线性独立的。

利用变形映射 Φ，将 Weil 配对映射修改为 e：

$$e : E(\mathbf{F}_{q^{\mathcal{L}}}) \times E(\mathbf{F}_{q^{\mathcal{L}}}) \to \mathbf{F}_{q^{\mathcal{L}}}^*$$

$$(P, Q) \mapsto e_p(P, \Phi(Q))$$

于是对任意 $P \in E(\mathbf{F}_q)$，由 P 与 $\Phi(P)$ 是线性独立可得知

$$e(P, P) = e_p(P, \Phi(P)) \neq 1$$

且当 P 与 Q 为同一个 p 阶群中的点时（对某整数 n，$Q = nP$），有

$$e(P, Q) = e_p(P, \Phi(nP)) = e_p(P, n\Phi(P)) = e_p(P, \Phi(P))^n = e(P, P)^n$$

$$e(Q, P) = e_p(nP, \Phi(P)) = e_p(P, \Phi(P))^n = e(P, P)^n$$

即有

$$e(P, Q) = e(Q, P)$$

这一特性称为 e 的对称性。

设 G_1 是 $E(\mathbf{F}_{q^{\mathcal{L}}})$ 的一个 p 阶子群。事实上，为简单化，一般可限制 $G_1 \subseteq E(\mathbf{F}_q)$。

现在来考虑 G_1 上的 DDH 问题。设 P 是 G_1 的一个生成元。对任意给定的三个元 $aP, bP, cP \in G_1$。计算 Weil 配对 $e(P, cP)$ 及 $e(aP, bP)$：

$$e(P, cP) = e(P, P)^c, \quad e(aP, bP) = e(P, P)^{ab}$$

由于 $e(P, P) \neq 1_{G_1}$，故 $e(P, P)^c = e(P, P)^{ab}$，当且仅当 $c = ab \pmod{\sharp G_1}$。即 $e(P, cP) = e(aP, bP)$，当且仅当 $c = ab \pmod{\sharp G_1}$。

由于 e，均可实际有效地计算出 $e(P, cP)$ 与 $e(aP, bP)$，因此可实际有效地确定 $c = ab \pmod{\sharp G_1}$ 是否成立。

Joux 与 Nguyen 的关于 Weil 配对的重要工作，引出超奇异椭圆曲线在密码学方面许多有趣的新应用，基于身份的密码学是其中显著的一例。这些新的应用都是基于下列事实及假定。

事实：DDH 问题是容易的。

利用 Weil 配对，超奇异椭圆曲线点群上的 DDH 问题可有效地解答。

假定：CDH 问题是困难的。

因为 Weil 配对映射把超奇异椭圆曲线点群上的 CDH 问题归结为有限域上的 CDH 问题，故对于超奇异椭圆曲线 $E(\mathbf{F}_q)$，求解 CDH 问题的困难度也为亚指数级 $\mathrm{sub\_exp}(q^{\mathcal{L}})$（具体为 $\exp((1.9229994\cdots + o(1))(\log q^{\mathcal{L}})^{\frac{1}{3}}(\log\log q^{\mathcal{L}})^{\frac{2}{3}})$，$\mathcal{L} \leqslant 6$）。

显然，当假定 CDH 问题是困难的，相应的离散对数问题 DLP 也是困难的。

9.2.3 利用 Weil 配对的基于身份密钥共享体制

2000 年 Sakai、Ohgishi 及 Kasahara 提出基于身份的密钥共享体制（简称为 SOK 密钥共享体制），像 Shamir 的基于身份的数字签名一样，也需要一个可信的权威机构（TA）来建立系统参数。

1. SOK 密钥共享体制描述

SOK 密钥共享体制由下列三部分组成。

系统参数建立：TA 完成，产生整个系统的参数及主密钥。

用户密钥生成：TA 完成，利用 master-key 及用户传输的任意比特串 ID，产生相对于 ID 的用户的私钥。

密钥共享体制：用户完成，这一步骤由两个终端用户以非交互式方式完成。对于每个终端用户，用他自己的私钥及预定的另一通信用户的公钥（ID），产生这两个终端用户的共享密钥。

下面具体描述这三个部分的实现步骤。

1）系统参数建立

（1）建立两个阶为 p 的群$(G_1,+)$与$(G_2,\cdot)$，以及改进的 Weil 配对：$e:G_1\times G_1\rightarrow G_2$。任选 G_1 的一个生成元 $P\in G_1$；

（2）随机选取 $s:1\leqslant s\leqslant p-1$，并置 $P_{pub}=sP$（s 为主密钥）；

（3）选择一个密码意义上的单向 Hash 函数 $h:\{0,1\}^*\rightarrow G_1$（该 Hash 函数用于将用户的 ID 映射成 G_1 中的元）；

TA 将系统参数(G_1,G_2,e,P,P_{pub},h)公开，而保持主密钥 s 为系统私钥。

2）密钥生成

设 ID_A 表示用户 Alice 唯一可识别的身份，且假定 ID_A 包含足够多的信息，使得本系统中任何其他用户均不可能也以 ID_A 作为其身份。

（1）计算 $P_{ID_A}=h(ID_A)$，P_{ID_A} 作为 Alice 的基于身份 ID_A 的公钥；

（2）计算 sP_{ID_A}，并置 Alice 的私钥为 $d_{ID_A}=sP_{ID_A}$。

3）共享密钥生成

对用户 Alice 与 Bob，ID_A 与 ID_B 分别表示他们的互相已知的身份信息。因而 P_{ID_A} 与 P_{ID_B} 分别表示他们互相已知的公钥。且假定 ID_A 包含足够多的信息使得本系统中任何其他用户均不可能也以 ID_A 作为其身份。

（1）Alice 通过计算 $K_{AB}=e(d_{ID_A},P_{ID_B})$得到一个共享密钥 $K_{AB}\in G_2$；

（2）Bob 通过计算 $K_{BA}=e(d_{ID_B},P_{ID_A})$得到一个共享密钥 $K_{BA}\in G_2$；

（3）K_{AB} 与 K_{BA} 是相等的，这是因为

$$K_{AB}=e(d_{ID_A},P_{ID_B})=e(sP_{ID_A},P_{ID_B})=e(P_{ID_A},P_{ID_B})^s$$

$$K_{BA}=e(d_{ID_B},P_{ID_A})=e(P_{ID_B},sP_{ID_A})=e(P_{ID_B},P_{ID_A})^s$$

由 e 的对称性可知 $K_{AB}=K_{BA}$。

从该体制可看出，Alice 与 Bob 没有进行交互通信就获得了一个共享密钥 K_{AB}。

2. SOK 密钥共享体制的安全性分析

系统主密钥 s 的安全性由求解群 G_1 上的离散对数问题的困难性保证。这是因为非 TA 者要想知道 s，就必须解下列群 G_1 上的离散对数问题，即已知 P 与 P_{pub}，求 s，使得 $P_{pub}=sP$。

Alice 的私钥 $d_{\mathrm{ID_A}}$ 的安全性由群 G_1 上的 CDH 问题的困难性假定保证。这是因为由 $P_{\mathrm{ID_A}} \in G_1$ 知，$P_{\mathrm{ID_A}}$ 可由 P 生成，于是存在正整数 $a\,(1 \leqslant a \leqslant p-1)$ 使 $P_{\mathrm{ID_A}} = aP$，从而 $d_{\mathrm{ID_A}} = sP_{\mathrm{ID_A}} = s(aP) = (sa)P$。

这表明已知 $sP\,(=P_{\mathrm{pub}})$ 及 $aP\,(=P_{\mathrm{ID_A}})$，要找 $d_{\mathrm{ID_A}}$，即计算 $(sa)P$。这显然是一个 CDH 问题。

如果除 Alice、Bob 及 TA 外的任何攻击者想要通过公开信息 $(P, P_{\mathrm{ID_A}}, P_{\mathrm{ID_B}}, P_{\mathrm{pub}})$ 获取 K_{AB}，则他必须解一个本质上为椭圆曲线上的 CDH 问题。

所以，SOK 密钥共享体制在 CDH 问题困难性的假定下的安全性是亚指数级的。

9.2.4　利用 Weil 配对的三方 Diffie-Hellman 密钥协议

2000 年 A.Joux 利用配对技术设计出了一种方式非常简单的三方密钥协议。A.Joux 称他的协议为"三方 Diffie-Hellman"协议。A.Joux 最初的协议是利用未经坐标变形映射 $\varPhi$ 修改的 Weil 配对 e_p，不利于实际应用（因为用户需要去构造线性独立的点）。2003 年 Wenbo Mao 在他的著作 *Modern Cryptography: Theory and Practice* 中利用经修改的 Weil 配对 e 简化了 Joux 的协议。人们称简化后的协议为"Joux-Mao 三方 Diffie-Hellman"协议。

Joux-Mao 三方 Diffie-Hellman 协议描述如下。设 Alice、Bob 及 Charlie 要建立他们之间的一个共享密钥。

1. 公开参数建立

某有限域 $\mathbb{F}_q$ 上的一条超奇异椭圆曲线 $E(\mathbb{F}_q)$；p 是一个素数，$p \mid \#E(\mathbb{F}_q)$；$\mathcal{L}$ 是正整数；e 是 $E(\mathbb{F}_{q^{\mathcal{L}}})$ 上的经变形映射修改的 Weil 配对；P 是 $E(\mathbb{F}_{q^{\mathcal{L}}})$ 中阶为 p 的点，G_1 是由 P 生成的 p 阶子群。

2. 各方密钥建立

Alice、Bob 及 Charlie 分别秘密选择大于 1 小于 p 的整数 a、b、c 作为他们的私钥，并各自计算他们的公钥 $P_{\mathrm{A}} = aP$，$P_{\mathrm{B}} = bP$ 及 $P_{\mathrm{C}} = cP$。然后三方互相交换他们的公钥，即在公共信道上公布他们各自的公钥。

3. 计算共享密钥

Alice、Bob 及 Charlie 各自计算 $e(P_{\mathrm{B}}, P_{\mathrm{C}})^a$，$e(P_{\mathrm{C}}, P_{\mathrm{A}})^b$ 及 $e(P_{\mathrm{A}}, P_{\mathrm{B}})^c$。因为

$$e(P_{\mathrm{B}}, P_{\mathrm{C}})^a = e(P_{\mathrm{C}}, P_{\mathrm{A}})^b = e(P_{\mathrm{A}}, P_{\mathrm{B}})^c = e(P, P)^{abc}$$

所以 Alice、Bob 及 Charlie 建立了他们的共享密钥 $e(P, P)^{abc}$。

由于该三方 Diffie-Hellman 协议与原两方 Diffie-Hellman 密钥交换协议一样，不具备身份认证的性质，所以易受到中间人的攻击。

那么，能否设计出一种利用 Weil 配对的基于身份的三方 Diffie-Hellman 协议，是一个值得我们今后考虑的问题。

9.3 Boneh 与 Franklin 的基于身份的公钥加密体制

2001 年,D. Boneh 与 M. Franklin 在美洲密码年会上利用 Weil 配对提出了第一个实用的基于身份的公钥加密体制(Identity-Based Encryption,IBE),从而肯定地回答了 Shamir 在 1984 年发表的存在基于身份的公钥加密算法的预言。

下面具体介绍 Boneh 与 Franklin 的基于身份的公钥加密体制。

9.3.1 Boneh 与 Franklin 的公钥加密体制的构成

Boneh 与 Franklin 的基于身份的公钥加密体制分为四个部分:系统参数建立部分(system parameters setup,简称 setup)、用户私钥生成部分(user key generate,简称 generate)、加密算法部分(encryption,简称 encrypt)以及解密算法部分(decryption,简称 decrypt)。

系统参数建立:TA 完成,产生整个系统的参数及主密钥;

用户私钥生成:TA 完成,利用主密钥及用户传输的任意比特串 ID,产生相对于 ID 的用户的私钥。

加密算法:消息传送者完成,对长度为 n 的明文消息 m,消息传送者用消息接收者的身份信息,即消息接收的 ID,加密消息 m。

解密算法:消息接收者完成,消息接收者对收到的消息密文 c,用他的私钥解密密文 c。

9.3.2 Boneh 与 Franklin 的公钥加密体制的算法描述

1. 系统参数建立

(1) 建立两个阶为 p 的群 $(G_1,+)$ 与 $(G_2,\cdot)$,以及改进的 Weil 配对 $e:G_1\times G_1\rightarrow G_2$。任选 G_1 的一个生成元 $P\in G_1$;

(2) 随机选取 $s:1\leqslant s\leqslant p-1$,并置 $P_{pub}=sP$(s 为主密钥);

(3) 选择一个密码意义上的单向 Hash 函数 $f:\{0,1\}^*\rightarrow G_1$(该 Hash 函数用于将用户的 ID 映射成 G_1 中的元);

(4) 选择另一个密码意义上的单向 Hash 函数 $h:G_2\rightarrow\{0,1\}^n$($n$ 为要加密的消息长度);

TA 将系统参数 $(G_1,G_2,e,n,P,P_{pub},f,h)$ 公开,而保持主密钥 s 为系统私钥。

2. 用户私钥生成

设 ID 表示用户 Alice 的唯一可识别的身份。在对 Alice 完成了离线身份识别,并确定了 ID 的唯一性后,TA 执行如下计算:

(1) 计算 $Q_{ID}=f(\text{ID})$(Q_{ID} 作为 Alice 的基于她的身份 ID 的公钥);

(2) 计算 $d_{ID}=sQ_{ID}$(d_{ID} 作为 Alice 的基于她的身份 ID 的私钥,并秘密发送给 Alice)。

3. 加密算法

设 Bob 要将信息 $m \in \{0,1\}^n$ 发送给 Alice。Bob 首先获得系统的公开参数(G_1，G_2，e，n，P，P_{pub}，f，h)。利用这些参数，Bob 执行如下计算：

(1) 计算 $Q_{ID} = f(ID)$；

(2) Bob 随机选取一个数 $r \in \mathbb{Z}_p^*$，计算(其中 $\oplus$ 表示逐比特异或运算)

$$g_{ID} = e(Q_{ID}, rP_{pub})$$
$$c = (rP, m \oplus h(g_{ID}))$$

c 就是信息 m 经加密后得到的密文。密文由 G_1 中的一个点及一个 n 比特串组成，即密文空间为 $G_1 \times \{0,1\}^n$。

4. 解密算法

设 $c = (u,v)$ 是利用 Alice 的身份 ID(也可称为 Alice 的公钥)加密后得到的密文。为了解密出明文，Alice 利用她的私钥 $d_{ID} \in G_1$ 计算 $v \oplus h(e(d_{ID}, u))$。

现在来证明上述算法的确是一个密码加密系统。因为

$$\begin{aligned}
e(d_{ID}, u) &= e(sQ_{ID}, rP) \\
&= e(Q_{ID}, (sr)P) \\
&= e(Q_{ID}, r(sP)) \\
&= e(Q_{ID}, rP_{pub}) \\
&= g_{ID}
\end{aligned}$$

所以

$$\begin{aligned}
v \oplus h(e(d_{ID}, u)) &= v \oplus h(g_{ID}) \\
&= (m \oplus h(g_{ID})) \oplus h(g_{ID}) \\
&= m \oplus (h(g_{ID}) \oplus h(g_{ID})) \\
&= m
\end{aligned}$$

这说明解密运算的确可以返回原信息。

Boneh 与 Franklin 的公钥加密体制的安全性是基于椭圆曲线点群上的 CDH 问题的困难性假定。在 CDH 问题困难性的假定下，Boneh 与 Franklin 给出他们的基于身份的公钥加密体制的安全性的一个正式的证明，即对抗适应性选择密文攻击(adaptive chosen-ciphertext attack)的安全性证明。他们的证明是基于所谓的"随机问答器模型"(random oracle model)。由于该证明较复杂，这里就不做介绍，有兴趣的读者可参考 Boneh 与 Franklin 的相关文献。

基于身份的加密体制的最初动机是为了帮助公钥基础设施的运作，但这种加密体制也还有其他一些应用，如应用在公钥的撤销上。下面对此作简单的介绍。

公钥证书都有预定的有效期。当 Alice 应用 IBE 体制来撤销并更新 Bob 的公钥时，Alice 给 Bob 发送一个利用 Bob 的公钥"bob@hotmail.com ‖ current-year"加密的 E-mail，这就使得 Bob 只可在当年利用他的私钥来阅读 Alice 发给他的电子邮件。Bob 需要每年一次从 TA 获取他的新私钥。也就是说，Bob 的私钥有效期为一年。Alice 不必像在一般的

PKI 中那样,每当 Bob 更新他的公钥时,就需要获取他的公钥证书。

当然,Alice 也可更频繁地迫使 Bob 更换他的私钥。当 Alice 用"bob@hotmail.com ‖ current-date"作为 Bob 的公钥加密一个 E-mail 发送给 Bob 时,这就迫使 Bob 需要每天获得新的密钥。这种情况可发生在一家具有法人地位的 PKI 机构(或提供 PKI 服务的公司)中,机构有自己的一个 TA。当职员 Bob 要离开本机构的时候,他的密钥就必须撤销。机构的 TA 就会为 Bob 的电邮地址停止发放私钥。

在这种现象中,有趣的特性就是 Alice 不必与任何第三方通信来获得 Bob 的公钥。它使 Alice 能够随时将加密电邮发给 Bob,而 Bob 只有在 Alice 指定的日期里解读该电邮。

必须注意到的是,在 Boneh 与 Franklin 的 IBE 体制中,TA 可解密每一个发送到系统中用户的密文信息。因此,Boneh 与 Franklin 的基本体制不适合应用在公开的系统环境中。但是可将它扩展到公开的系统环境中使用。下面对此进行介绍。

9.3.3 公开系统环境中的 Boneh 与 Franklin 的公钥加密体制

扩展的 Boneh 与 Franklin 的公钥加密体制的基本思路是使用多个 TA。本书只考虑有两个 TA 的情况,当然,这很容易扩展到更多个 TA 的环境。

1. 系统参数建立

设参数 $(G_1, G_2, e, n, P, f, h)$ 如 9.3.2 节所建立的参数。s_1 与 s_2 分别为 TA_1 与 TA_2 主密钥。计算 $P_{\text{pub-1}} = s_1 P$ 与 $P_{\text{pub-2}} = s_2 P$ 分别作为 TA_1 与 TA_2 的公开钥。那么 $(G_1, G_2, e, n, P, P_{\text{pub-1}}, P_{\text{pub-2}}, f, h)$ 就是本系统的公开参数。

2. 用户私钥生成

ID 表示用户 Alice 的唯一可识别的身份。在 Alice 完成了离线身份识别,并确定了 ID 的唯一性后,$TA_i (i=1,2)$ 执行

(1) 计算 $Q_{\text{ID}} = f(\text{ID})$($Q_{\text{ID}}$ 作为 Alice 的基于她的身份 ID 的公钥)。

(2) 计算 $d_{\text{ID}}^{(i)} = s_i Q_{\text{ID}}$,及 $d_{\text{ID}} = d_{\text{ID}}^{(1)} + d_{\text{ID}}^{(2)}$($d_{\text{ID}}^{(i)}$ 分别由 TA_i 计算出并秘密发送给 Alice 后,Alice 计算出 d_{ID} 作为她的基于她的身份 ID 的私钥)。

3. 加密算法

设 Bob 要将信息 $m \in \{0,1\}^n$ 发送给 Alice。Bob 首先应获得系统的公开参数。利用这些参数,Bob 执行如下计算:

(1) 计算 $Q_{\text{ID}} = f(\text{ID})$;

(2) Bob 随机选取一个数 $r \in \mathbb{Z}_p^*$,计算(其中 ⊕ 表示比特异或运算)

$$g_{\text{ID}} = e(Q_{\text{ID}}, r(P_{\text{pub-1}} + P_{\text{pub-2}}))$$

$$c = (rP, m \oplus h(g_{\text{ID}}))$$

c 就是信息 m 经加密后得到的密文。

4. 系解密算法

设 $c = (u, v)$ 是利用 Alice 的身份 ID(也可称为 Alice 的公钥)加密后得到的密文。为了

解密出明文,Alice 利用她的私钥 $d_{ID} \in G_1$ 计算 $v \oplus h(e(d_{ID},u))$。

现在来证明上述算法的确是一个密码加密系统。因为

$$
\begin{aligned}
e(d_{ID},u) &= e(s_1 Q_{ID} + s_2 Q_{ID}, rP) \\
&= e(s_1 Q_{ID}, rP) e(s_2 Q_{ID}, rP) \\
&= e(Q_{ID}, (rs_1)P) e(Q_{ID}, (rs_2)P) \\
&= e(Q_{ID}, rP_{pub\text{-}1}) e(Q_{ID}, rP_{pub\text{-}2}) \\
&= e(Q_{ID}, r(P_{pub\text{-}1} + P_{pub\text{-}2})) \\
&= g_{ID}
\end{aligned}
$$

所以

$$
\begin{aligned}
v \oplus h(e(d_{ID},u)) &= v \oplus h(g_{ID}) \\
&= (m \oplus h(g_{ID})) \oplus h(g_{ID}) \\
&= m \oplus (h(g_{ID}) \oplus h(g_{ID})) \\
&= m
\end{aligned}
$$

这说明解密运算的确返回原信息。

扩展的 Boneh 与 Franklin 的 IBE 体制有以下几点值得关注的特性:

(1) 与只有单一的 TA 的 IBE 相比,有两个 TA 的 IBE 的加解密的计算量增加了 1 倍,但用户 Alice 的 ID 的数量,以及密文的大小均没有增加。当 TA 的数量增加时,用户 Alice 的 ID 的数量以及密文的大小均保持不变,但加解密的计算量与 TA 的个数成线性比例增加。

(2) 当系统中的所有 TA 共谋时,也可破解密文,但其中任何一个 TA 则不能破解密文。

(3) 当使用多个 TA 时,破解一个终端用户的密文需要所有 TA 的完全合谋。如果我们能确信其中至少一个 TA 是诚实可信的,就可防止用户的密文被破解。所以,扩展的 Boneh 与 Franklin 的 IBE 体制可应用在公开的系统环境中。

9.4 SM9 标识密码算法

2016 年 3 月我国颁布了基于身份的公钥密码算法标准,即 SM9 标识密码算法。2018 年 11 月,SM2 与 SM9 数字签名算法纳入 ISO 标准。预计在 2021 年,包括 SM9 标识加密算法及密钥协商协议的 SM9 公钥密码算法体系将全面纳入国际 ISO/IEC 标准。

SM9 是一种利用双线性对的基于身份的公钥密码算法标准体系,它包括数字签名算法、密钥交换协议、密钥封装机制和公钥加密算法。SM9 利用用户的身份标识来生成用户的公、私密钥对,用于数字签名、数据加密、密钥交换以及身份认证等。SM9 密码算法的密钥长度为 256bit。在 SM9 公钥密码算法中,不需要第三方的证书机构来为用户生成公钥数字证书。

本节简要介绍 SM9 中的数字签名算法、密钥交换协议以及公钥加密算法。

9.4.1 SM9 主要参数定义

256 位的 BN 曲线(可参考文献[9]):

$$y^2 = x^3 + b$$

有关参数：

（1）基域 $\boldsymbol{F}_q$：q 为大素数。

（2）方程参数 b。

（3）$E(\boldsymbol{F}_q)$ 有限域 $\boldsymbol{F}_q$ 上椭圆曲线 E 的所有有理点（包括无穷远点 O）组成的集合，它是一个有限加法群。

（4）$E(\boldsymbol{F}_q)$ 的阶：$\sharp E(\boldsymbol{F}_q)$（一般要求为大素数）。

（5）嵌入次数：k。

（6）G_T：阶为素数 N 的乘法循环群。

（7）G_1，G_2：阶为素数 N 的加法循环群（为 $E(\boldsymbol{F}_q)$ 的子群）。

（8）P_1，P_2：分别为群 G_1 与 G_2 的生成元。

（9）$[u]P$：加法群 G_i（$i=1,2$）中元素 P 的 u 倍，即 $[u]P$ 表示 u 个 P 连加。

（10）e：从 $G_1 \times G_2$ 到 G_T 的双线性对。

（11）KGC：密钥生成中心（一个可信的第三方）。

（12）A，B：分别表示用户 A 与用户 B。

（13）ID_A，ID_B：分别表示用户 A 用户 B 的身份标识。

（14）Ks，ke：分别为 KGC 随机在 $[1,N-1]$ 中选取的签名主私钥与加密主私钥。

（15）$P_{\text{pub-}s}$，$P_{\text{pub-}e}$：分别为签名主公钥与加密主公钥（KGC 在 G_2 中计算 $P_{\text{pub-}s} = [ks]P_2$ 作为其签名主公钥。KGC 在 G_1 中计算 $P_{\text{pub-}e} = [ke]P_1$ 作为其加密主公钥）。

（16）hid：用一个字节表示的签名私钥生成函数识别符，由 KGC 选择并公开。

（17）$Hv(\ )$，$Hash(\ )$：密码杂凑函数。

（18）$H_1(\ )$，$H_2(\ )$：由密码杂凑函数派生的密码函数；对给定正整数 n 及比特串集合 Z，它们分别是 (Z,n) 到 $[1,n-1]$ 的映射。

（19）ds_A：由 KGC 针对用户 A 的身份标识 IDA 生成的表示用户 A 的私钥。

（其生成方法为：KGC 首先在有限域 $\boldsymbol{F}_N$ 上计算 $t_1 = H_1(\mathrm{ID}_A \parallel \text{hid}, N) + ks$，若 $t_1 = 0$，则需重新选取签名主私钥 ks，计算和公开签名主公钥，并更新已有用户的签名私钥；否则计算 $t_2 = ks \cdot t_1^{-1} \bmod N$，然后计算 $ds_A = [t_2]P_1$。）

（20）de_A，de_B：分别为用户 A 与用户 B 的加密私钥。

（21）MAC(\ )：消息认证码函数。

（22）KDF(\ )：密钥派生函数。

（23）Enc(\ )，Dec(\ )：分别为分组加密算法与解密算法。

（24）r_A，r_B：分别为密钥交换协议中用户 A 与 B 产生的临时密钥值。

9.4.2 SM9 数字签名算法

1. 数字签名生成算法

设需要签名的消息为比特串 M，为了获取消息 M 的数字签名 (h,S)，作为签名者的用户 A 应实现以下运算步骤：

（1）计算群 G_T 中的元素 $g = e(P_1, P_{\text{pub-}s})$；

（2）产生随机数 $r \in [1, N-1]$；

（3）计算群 G_T 中的元素 $w = g^r$，将 w 的数据类型转换为比特串；

（4）计算整数 $h = H_2(M \parallel w, N)$；

（5）计算整数 $l = (r-h) \bmod N$，若 $l = 0$ 则返回第（2）步；

（6）计算群 G_1 中的元素 $S = [l]ds_A$；

（7）消息 M 的数字签名为 (h, S)。

图 9.1 是数字签名生成算法流程。

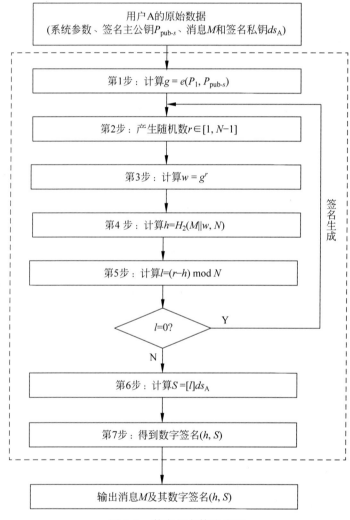

图 9.1 数字签名算法流程

2. 数字签名验证算法

为了检验收到的消息 M' 及其数字签名 (h', S')，作为验证者的用户 B 应实现以下运算步骤：

（1）检验 $h' \in [1, N-1]$ 是否成立，若不成立则验证不通过；

（2）将 S' 的数据类型转换为椭圆曲线上的点，检验 $S' \in G_1$ 是否成立，若不成立，则验证不通过；

（3）计算群 G_T 中的元素 $g = e(P_1, P_{pub-s})$；

（4）计算群 G_T 中的元素 $t = g^{h'}$；

（5）计算整数 $h_1 = H_1(\mathrm{ID}_A \parallel \mathrm{hid}, N)$；

（6）计算群 G_2 中的元素 $P = [h_1]P_2 + P_{pub-s}$；

（7）计算群 G_T 中的元素 $u = e(S', P)$；

（8）计算群 G_T 中的元素 $w' = u \cdot t$，将 w' 的数据类型转换为比特串；

（9）计算整数 $h_2 = H_2(M' \parallel w', N)$，检验 $h_2 = h'$ 是否成立，若成立则验证通过；否则验证不通过。

数字签名验证算法流程如图 9.2 所示。

9.4.3　SM9 公钥加密算法

1. 加密算法

设需要发送的消息为比特串 M，$mlen$ 为 M 的比特长度，K_1_len 为分组密码算法中密钥 K_1 的比特长度，K_2_len 为函数 $\mathrm{MAC}(K_2, Z)$ 中密钥 K_2 的比特长度。

为了加密明文 M 发送给用户 B，作为加密者的用户 A 应实现以下运算步骤：

（1）计算群 G_1 中的元素 $Q_B = [H_1(\mathrm{ID}_B \parallel \mathrm{hid}, N)]P_1 + P_{pub-e}$；

（2）产生随机数 $r \in [1, N-1]$；

（3）计算群 G_1 中的元素 $C_1 = [r]Q_B$，将 C_1 的数据类型转换为比特串；

（4）计算群 G_T 中的元素 $g = e(P_{pub-e}, P_2)$；

（5）计算群 G_T 中的元素 $w = g^r$，按将 w 的数据类型转换为比特串；

（6）按加密明文的方法分类进行计算时，需分以下几种情况。

① 如果加密明文的方法是基于密钥派生函数的序列密码算法，则先计算整数 $klen = mlen + K_2\_len$，然后计算 $K = \mathrm{KDF}(C_1 \parallel w \parallel \mathrm{ID}_B, klen)$。令 K_1 为 K 最左边的 $mlen$ 比特，K_2 为剩下的 K_2_len 比特。若 K_1 为全 0 比特串，则返回第（2）步；再计算 $C_2 = M \oplus K_1$。

② 如果加密明文的方法是结合密钥派生函数的分组密码算法，则先计算整数 $klen = K_1\_len + K_2\_len$，然后计算 $K = \mathrm{KDF}(C_1 \parallel w \parallel \mathrm{ID}_B, klen)$。令 K_1 为 K 最左边的 K_1_len 比特，K_2 为剩下的 K_2_len 比特，若 K_1 为全 0 比特串，则返回第（2）步；再计算 $C_2 = \mathrm{Enc}(K_1, M)$。

（7）计算 $C_3 = \mathrm{MAC}(K_2, C_2)$。

（8）输出密文 $C = C_1 \parallel C_3 \parallel C_2$。

加密算法流程如图 9.3 所示。

2. 解密算法

设 $mlen$ 为密文 $C = C_1 \parallel C_3 \parallel C_2$ 中 C_2 的比特长度，K_1_len 为分组密码算法中密钥

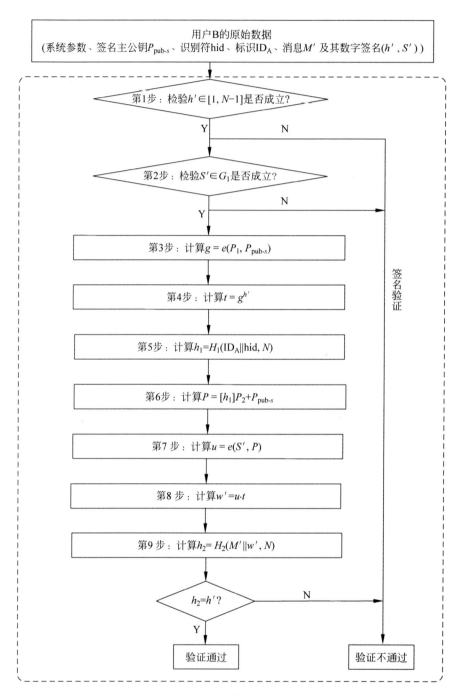

图 9.2　签名算法验证流程

K_1 的比特长度，K_2_len 为函数 $\mathrm{MAC}(K_2, Z)$ 中密钥 K_2 的比特长度。

为了对 C 进行解密，作为解密者的用户 B 应实现以下运算步骤。

（1）从 C 中取出比特串 C_1，将 C_1 的数据类型转换为椭圆曲线上的点，验证 $C_1 \in G_1$ 是否成立，若不成立，则报错，并退出；

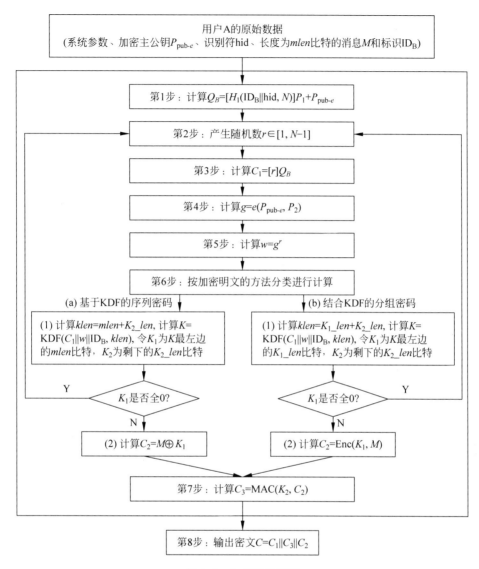

图 9.3 加密算法流程

（2）计算群 G_T 中的元素 $w'=e(C_1,de_B)$，将 w' 的数据类型转换为比特串；

（3）按加密明文的方法分类进行计算：

① 如果加密明文的方法是基于密钥派生函数的序列密码算法，则先计算整数 $klen=mlen+K_2\_len$，然后计算 $K'=\mathrm{KDF}(C_1\parallel w'\parallel \mathrm{ID_B},klen)$。令 K_1' 为 K' 最左边的 $mlen$ 比特，K_2' 为剩下的 K_2_len 比特，若 K_1' 为全 0 比特串，则报错并退出；再计算 $M'=C_2\oplus K_1'$。

② 如果加密明文的方法是结合密钥派生函数的分组密码算法，则先计算整数 $klen=K_1\_len+K_2\_len$，然后计算 $K'=\mathrm{KDF}(C_1\parallel w'\parallel \mathrm{ID_B},klen)$。令 K_1' 为 K' 最左边的 K_1_len 比特，K_2' 为剩下的 K_2_len 比特，若 K_1' 为全 0 比特串，则报错，并退出；再计算 $M'=\mathrm{Dec}(K_1',C_2)$。

（4）计算 $u = \mathrm{MAC}(K_2', C_2)$，从 C 中取出比特串 C_3，若 $u \neq C_3$，则报错，并退出；

（5）输出明文 M'。

解密算法流程如图 9.4 所示。

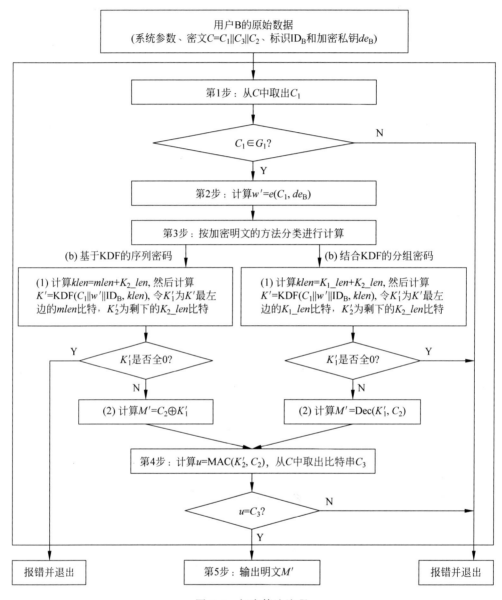

图 9.4　解密算法流程

9.4.4　SM9 密钥交换协议

设用户 A 和 B 协商获得密钥数据的长度为 $klen$ 比特，用户 A 为发起方，户 B 为响应方。用户 A 和 B 双方为了获得相同的密钥，应实现如下运算步骤。

1. 用户 A

A1：计算群 G_1 中的元素 $Q_B = [H_1(\text{ID}_B \parallel \text{hid}, N)]P_1 + P_{\text{pub-}e}$；

A2：产生随机数 $r_A \in [1, N-1]$；

A3：计算群 G_1 中的元素 $R_A = [r_A]Q_B$；

A4：将 R_A 发送给用户 B。

2. 用户 B

B1：计算群 G_1 中的元素 $Q_A = [H_1(\text{ID}_A \parallel \text{hid}, N)]P_1 + P_{\text{pub-}e}$；

B2：产生随机数 $r_B \in [1, N-1]$；

B3：计算群 G_1 中的元素 $R_B = [r_B]Q_A$；

B4：验证 $R_A \in G_1$ 是否成立，若不成立，则协商失败；否则计算群 G_T 中的元素 $g_1 = e(R_A, de_B)$，$g_2 = e(P_{\text{pub-}e}, P_2)^{r_B}$，$g_3 = g_1^{r_B}$。将 g_1, g_2, g_3 的数据类型转换为比特串；

B5：把 R_A 和 R_B 的数据类型转换为比特串，计算 $SK_B = \text{KDF}(\text{ID}_A \parallel \text{ID}_B \parallel R_A \parallel R_B \parallel g_1 \parallel g_2 \parallel g_3, klen)$；

B6：（选项）计算 $S_B = Hash(0\text{x}82 \parallel g_1 \parallel Hash(g_2 \parallel g_3 \parallel \text{ID}_A \parallel \text{ID}_B \parallel R_A \parallel R_B))$；

B7：将 R_B（选项 S_B）发送给用户 A。

3. 用户 A

A5：验证 $R_B \in G_1$ 是否成立，若不成立则协商失败；否则计算群 G_T 中的元素 $g_1' = e(P_{\text{pub-}e}, P_2)^{r_A}$，$g_2' = e(R_B, de_A)$，$g_3' = (g_2')^{r_A}$。将 g_1', g_2', g_3' 的数据类型转换为比特串；

A6：把 R_A 和 R_B 的数据类型转换为比特串。

（选项）计算 $S_1 = Hash(0\text{x}82 \parallel g_1' \parallel Hash(g_2' \parallel g_3' \parallel \text{ID}_A \parallel \text{ID}_B \parallel R_A \parallel R_B))$，并检验 $S_1 = S_B$ 是否成立，若等式不成立，则从 B 到 A 的密钥确认失败；

A7：计算 $SK_A = \text{KDF}(\text{ID}_A \parallel \text{ID}_B \parallel R_A \parallel R_B \parallel g_1' \parallel g_2' \parallel g_3', klen)$；

A8：（选项）计算 $S_A = Hash(0\text{x}83 \parallel g_1' \parallel Hash(g_2' \parallel g_3' \parallel \text{ID}_A \parallel \text{ID}_B \parallel R_A \parallel R_B))$，并将 S_A 发送给用户 B。

4. 用户 B

B8：（选项）计算 $S_2 = Hash(0\text{x}83 \parallel g_1 \parallel Hash(g_2 \parallel g_3 \parallel \text{ID}_A \parallel \text{ID}_B \parallel R_A \parallel R_B))$，并检验 $S_2 = S_A$ 是否成立，若等式不成立，则从 A 到 B 的密钥确认失败。

若上述所有协商及检验得到确认，则 $SK_A = SK_B$，即用户 A 与 B 的共享密钥为 SK_A 或 SK_B。

上述协议中检验 $S_1 = S_B$ 及 $S_2 = S_A$ 是否成立，可以分别看作用户 A 对 B 及用户 B 对 A 的身份的确认。

图 9.5 是密钥交换协议流程图。

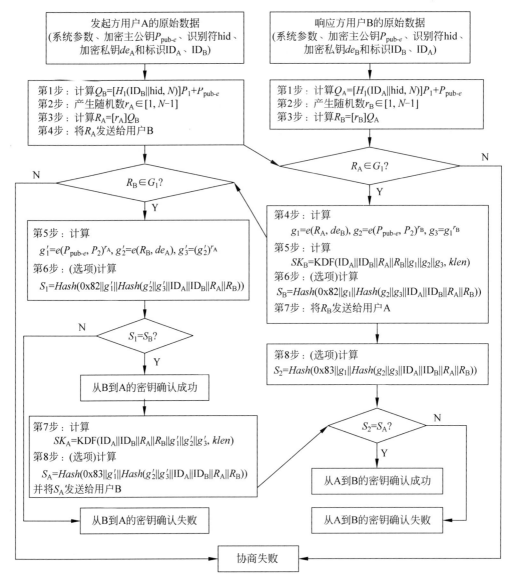

图 9.5 密钥交换协议流程

习题

1. 为什么在一般公钥密码系统中,需要认证由私钥产生的公钥?

2. 为什么在基于身份的公钥密码系统中,如果一个私钥从某公钥产生,而该公钥不需要进行认证?

3. 经坐标变形映射修改后的 Weil 配对是对称的。原 Weil 配对对两个线性相关的点是否对称?

(提示:对 $e_p(P+X, P+X)$ 应用双线性性及恒等性。)

4. 能否利用 Weil 配对设计出一种基于身份的三方 Diffie-Hellman 协议?

5. 分别对 SM9 标识密码算法的数字签名算法、公钥加密算法以及密钥交换协议进行仿真实验。

第10章

计算复杂性理论

　　就现在的计算技术(包括计算设备与计算方法)而言,如果两条信息中有一条仅仅"看起来是随机的",还不能很成功地把它们联系起来,尽管实际上这两条信息是完全相互依赖的,比如在许多密码体制中的明文信息与密文信息。因此,现代密码体制的安全性是基于所谓的"复杂性理论"模型建立起来的。应用密码体制的安全性都是有条件安全的,是基于某些问题的难解性的假设。"难解"问题就是用当前广泛使用的计算技术不能有效地解决的问题。计算复杂性就是用来刻画解决一个问题的难度。解一个问题的难度主要涉及解该问题所需的时间及所需的存储空间。

　　计算复杂性理论是密码系统安全性定义的理论基础,也是构造安全的现代密码系统的理论依据,因而它对现代密码学的理论研究及实际应用的发展起着非常重要的作用。研究问题的计算复杂性能够使人们弄清被求解问题的固有难度,评价所用算法的优劣,或者获取更有效的算法。

　　必须注意到,解一个问题的困难程度与当前所拥有的计算技术密切相关。如今,已经出现几种新型的、功能非常强大的计算模式:量子信息处理技术及 DNA 计算技术。在量子计算模式下,可通过操作特殊的量子态(量子叠加态与量子纠缠态),可并行处理指数级的运算量。在 DNA 计算模式下,可通过对 DNA 链进行一系列的生物操作来进行大规模的并行计算。其结果是,现代密码体制的安全性所基于的许多困难性问题都将在多项式时间内破解。也就是说,现代密码体制将完全崩溃。例如,利用量子计算机,分解一个大整数的时间大约与该整数的大小相同,从而可使著名的 RSA 密码体制完全退出历史的舞台。1995 年,普林斯顿大学的 Boneh 及 Lipton 等尝试用 DNA 计算机破解 DES。

　　但是,目前量子计算机与 DNA 计算机离实际应用还有较大的差距。所以本章是基于传统的计算模式假定下来介绍计算复杂性理论的,主要介绍现代密码学中所涉及的计算复杂性的基本概念和结论。

10.1　图灵机

　　为了研究计算复杂性,首先需要一个计算模型,用以描述某种有效过程或算法的确切性数学定义,从而精确地刻画可计算性、可判定性以及问题的复杂性等基本概念。1936 年英国数学家 A. M. Turing 提出的一种因其名而称为图灵机的理想的计算设备,可提供原始的非常一般化的计算模型。

由于图灵机在计算能力上等价于通用的数字计算机,故利用图灵机可以研究计算机的能力和局限性。作为有效过程或算法的计算模型,图灵机的每个动作过程都应该是有限可描述的。其次,每个过程应该由离散的步骤组成,每一步都能够机械地实现。图灵机有多种型态,如确定型、单带型、多带多头型等,它们在计算能力上是等价的,且都是图灵机基本模型的变种。另一类称为非确定型图灵机,具有更强的计算能力。

图灵机的基本模型由一个有限状态控制器,一条输入带和一个带头(读写头)组成。带子被分成无穷个单元。一般输入带有一个最左单元,向右则是无限的。有限状态控制器控制读写头向左或向右,从带上读取信息或向带写信息。图灵机通过读写头扫描由有限个符号组成的串来对某一问题进行求解。串中的符号依次放在相应带中的最左边单元中,每个符号占一个单元,带中靠右端的剩余无穷个单元放空格符(空格符是特殊带符号,不代表任何实际字符)。

图 10.1 是多带多头型的图灵机模型。

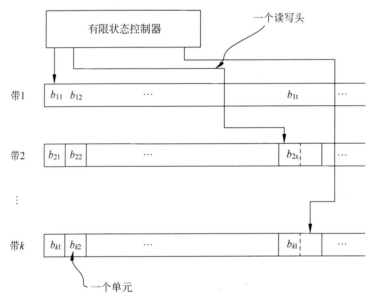

图 10.1　k-带图灵机示意图

在多带图灵机中,每次只有一个读写头(带头)访问其对应的带。读写头访问其对应的带一次称作一个逻辑运作。在一个逻辑运作中,图灵机根据读写头(带头)扫描的符号和有限控制器的状态,执行如下操作:①改变状态;②在被扫描的带单元上打印一个符号,以代替原有的符号;③将带头向左或向右移动一个单元。这三种操作依赖于图灵机的初始状态及读写头所扫描到的单元中的符号,此依赖关系由预先存储在图灵机带子中的某个过程或程序所决定,它可用一个函数来表示,该函数称为逻辑运作函数或转移函数(transition function)。一台图灵机称为确定型或非确定型,取决于它的转移函数是单值的还是多值的。这里用 DTM(Deterministic Turing Machine)表示确定型图灵机,用 NDTM(Non-

Deterministic Turing Machine) 表示非确定型图灵机,而当不区分确定型或非确定型时,用 M 表示图灵机。

一台单带图灵机 M 可用一个七要素元组来定义:

(1) 状态的有限集合 Q;

(2) 初始状态 $q_0 \in Q$;

(3) 接受状态集或称结束状态集 $F \subseteq Q$;

(4) 输入符号集 Σ;

(5) 带上可使用的符号的有限集合 $\Gamma \supseteq \Sigma$;

(6) 空格符号 $B \in \Gamma$;

(7) 逻辑运作函数 δ:$(Q-F) \times \Gamma$ 的某个子集到集合 $Q \times \Gamma \times \{r, l, 0\}$ 的映射。(这里 r 与 l 分别表示向右或向左移动一个单元,0 表示读写头不移动。如当有限状态控制器处于状态 q,读写头读到符号 a 且 $\delta(q, a) = (p, b, r)$ 时,图灵机将符号 a 用符号 b 代替,读写头向右移动一个单元,有限状态控制器进入状态 p。)

可记单带图灵机 $M = (Q, q_0, F, \Sigma, \Gamma, B, \delta)$。

在利用图灵机解一个问题的过程中,图灵机从初始状态开始,一次接一次地进行逻辑运作,完成对输入(一个符号串或若干个符号串)的扫描。第一种可能的情形是最终产生一个接受状态而终止运作;第二种可能的情形是图灵机在某个时刻不能识别输入的某符号串而死机。第三种情形是图灵机的逻辑运作无限制地继续下去。在图灵机最终产生一个接受状态时,称图灵机识别了输入(的所有字符串),这就意味着图灵机完成了计算,或者说获得了计算的结果。

10.2 语言、问题、算法及计算复杂度表示

设 Σ 是由有限个元组成的一个集。若 Σ 的每个元称为字符,则称 Σ 为一个字符集。字符的有限序列称为字。一个字 $x = b_1 b_2 \cdots b_t$ 中的字符数 t 称为字 x 的长,记作 $|x|$(也可称它为 x 的大小)。若干个字可以通过连接运算构成一个新字。如字 $x = b_1 b_2 \cdots b_t$ 和字 $x' = b_1' b_2' \cdots b_s'$ 可连接为 $xx' = b_1 b_2 \cdots b_t b_1' b_2' \cdots b_s'$,其长 $|xx'| = t + s$。约定一个空字符 λ 是长为 0 的字,且 $\lambda x = x \lambda = x$ 对任一字 x 成立。记 Σ^* 为由 Σ 中字符组成的所有字(包括空字)所构成的集。

语言及语言成员:Σ^* 的任一子集 L 称为一个 Σ-语言(或简称语言)。语言 L 中的字称为语言 L 的成员。

语言成员识别问题:设语言 $L \subset \Sigma^*$ 是一个给定的语言。语言 L 成员的识别问题可描述为任给 $x \in \Sigma^*$,问 x 是否是语言 L 的成员(是否 $x \in L$)?

判定问题(decision problem):一个答案存在"是"或"否"两种可能的问题称为判定问题。在实际中,几乎所有的问题都可直接或间接地转化为判定问题。所以,下面提到的一般问题均指判定问题。

算法:图灵机 M 在某一时刻的状态是指一个三元组 (s, t, i),它们分别表示该时刻读写

头所处状态,输入带号和读写头所扫描的小方格坐标。一个图灵机 M 的算法(或计算程序)是由一个有限或无限序列 $(s_0,t_0,i_0),(s_1,t_1,i_1),(s_2,t_2,i_2),\cdots$ 所组成的状态。其中 (s_0,t_0,i_0) 为图灵机在初始时刻的状态。可用 $\mathfrak{A}_M$ 或 $\mathfrak{A}$ 来表示该算法。

复杂度:当一台图灵机 M 在某时刻终止运作时,它在识别一个输入 $x\in L$ 所进行的逻辑运行的次数就称为图灵机 M 的对该输入的运行时间或时间复杂度,记为 $T_M(x)$。显然,$T_M(x)$ 是输入 x 的比特长 $|x|=n$ 的一个函数。

对正整数 n,称
$$T_M(n)=\max\{T_M(x)\mid \text{对所有长为 } n \text{ 的输入 } x\in\Sigma^*\}$$
为图灵机 M 的时间复杂度。

增量级表示:设 $f(n)$ 与 $g(n)$ 为两个正整数函数,若存在正整数 n_0 和正常数 c 使当 $n\geq n_0$ 时,有 $f(n)\leq cg(n)$,则记 $f(n)=O(g(n))$。

若存在正整数 n_0 和正常数 c_1、c_2 使当 $n\geq n_0$ 时,有 $c_1\leq\dfrac{f(n)}{g(n)}\leq c_2$,则记 $f(n)=\Theta(g(n))$。

$f(n)=O(g(n))$ 的含义是,当 n 充分大时,$f(n)$ 增长的量级小于或等于 $g(n)$ 增长的量级。$f(n)=\Theta(g(n))$ 的含义是,当 n 充分大时,$f(n)$ 和 $g(n)$ 增长的量级相同。

例如,当某一图灵机 M 对一个长度为 n 的输入 x 时进行了 $6n^3+5n^2+27$ 次运作后停机,则 M 关于 x 的时间复杂度为 $T_M(x)=6n^3+5n^2+27$。也可以说,相关算法对 x 的计算时间为 $6n^3+5n^2+27$。利用增长量级表示,$T_M(x)=\Theta(n^3)$。显然,$T_M(x)=O(n^k)(k\geq 3)$。

下面列出若干表示各种增量级函数,从小到大排列的次序是 1(常数),$\lfloor\log n\rfloor$(对数函数),n(线性函数),n^d($1\leq d<\infty$)(多项式函数),$2^{\sqrt{n\log n}}$(亚指数函数),2^n、10^{3n}、e^n 等(指数函数)。且有
$$O(1)<O(\log n)<O(n)<O(n\log n)<O(n^2)<O(n^3)<2^{\sqrt{n\log n}}<O(2^n)$$

利用符号 O 和 Θ 可以比较算法的有效性,并对算法的计算复杂性进行分类。设 $f_M(n)$ 和 $f_{M'}(n)$ 为图灵机 M 和 M' 的计算复杂性,若 $f_M(n)=O(f_{M'}(n))$,则称算法 $\mathfrak{A}_M$ 不比算法 $\mathfrak{A}_{M'}$ 更有效;若 $f_M(n)=\Theta(f_{M'}(n))$,则称算法 $\mathfrak{A}_M$ 和 $\mathfrak{A}_{M'}$ 是等效的;若存在正整数 d,使 $f_M(n)=O(n^d)$,则称 $\mathfrak{A}_M$ 为多项式时间算法。当然,如果 $f_M(n)=O(n\log n)$ 或 $f_M(n)=O(n\sqrt{n})$,则 $\mathfrak{A}_M$ 仍为多项式时间算法。若 $f_M(n)=\Theta(2^{\sqrt{n}})$ 或 $f_M(n)=\Theta(2^{\sqrt{n\log n}})$ 等,则称 $\mathfrak{A}_M$ 为亚指数时间算法;若 $f_M(n)=\Theta(2^n)$、$\Theta(n!)$、$\Theta(n^n)$、$\Theta(2^{n^2})$ 或 $\Theta(n^{n^n})$ 等,则称 $\mathfrak{A}_M$ 为指数时间算法。现在普遍接受的观点是认为多项式时间算法是"好的算法"、有效的算法,因为有多项式时间算法的问题是"易解的",而对于不存在多项式时间算法的问题,则称它为"难解的"。

表 10.1 给出了在一台每秒做 1 亿次运算的计算机上,几个多项式时间算法与指数时间算法解不同规模问题大约所需的运行时间。从表 10.1 中可以看出,随着问题规模(即输入问题的二进制表示的大小)n 的增大,指数时间算法所需的时间以异常惊人的速度增加。当 n 充分大时,现行的电子计算机根本无法完成运算。

表 10.1 多项式时间算法与指数时间算法的运行时间对比

运行时间 复杂度 \ 规模 n t/s	10	20	30	40	50	60
n	$10^{-7}t$	$2\times10^{-7}t$	$3\times10^{-7}t$	$4\times10^{-7}t$	$5\times10^{-7}t$	$6\times10^{-7}t$
n^2	$10^{-6}t$	$4\times10^{-6}t$	$9\times10^{-6}t$	$1.6\times10^{-5}t$	$2.5\times10^{-5}t$	$3.6\times10^{-5}t$
n^3	$10^{-5}t$	$8\times10^{-5}t$	$2.7\times10^{-4}t$	$6.4\times10^{-4}t$	$1.25\times10^{3}t$	$2.16\times10^{-3}t$
n^5	$0.001t$	$0.032t$	$0.243t$	$1.02t$	$3.12t$	$7.80t$
2^n	$10^{-5}t$	$0.001t$	$10.74t$	3.05 小时	130.3 天	366 年
3^n	$5.9\times10^{-4}t$	$34.8t$	23.7d	3855 年	2×10^6 世纪	1.3×10^{11} 世纪

10.3 P、NP 与 NP 完全问题

解一个问题的复杂性包含时间及存储空间的复杂性。由于图灵机 M 对输入 x,所需存储空间 $S_M(x)$ 与所需时间 $T_M(x)$ 满足关系 $S_M(x)\leqslant T_M(x)+1$。所以一般只需考虑问题的时间复杂性就可。因此,以下涉及的问题的计算复杂性就是指可解此问题的时间的复杂性。

对于一个具体问题,其计算的复杂性就是指可解该问题的算法的计算复杂性。由于可解该问题的算法可能有若干种。通常将可解该问题的最有效算法的复杂性定义为该问题的计算复杂性。根据问题的复杂性程度,可将问题大致分为三类:P 类问题,即确定性图灵机多项式时间可解类问题;NP 类问题,即非确定性图灵机多项式时间可解类问题;NP 完全类问题,即 NP 中最难解的问题类。下面借助语言识别问题来给出这三类问题的定义。

一个判定问题是答案为"是"或"否"这两种可能的问题。例如,问题"素数问题":给定一个二进制表示的整数,回答它是否为素数。此给定的特定的整数就称为素数问题的例子。又如"整数分解问题":给定一个二进制表示的整数,回答它是否可分解为素因数之积。一个判定问题等价于一个语言,因此对一个判定问题的某一例子的回答就等于一个语言的某一成员识别问题。

由于几乎所有的问题都可直接或间接地约化成判定问题,所以假定以下所涉及的问题均为判定问题。

10.3.1 三类问题的相关定义

记 $L(DTM)$ 为可被确定型图灵机 DTM 识别的 Σ 上的所有语言成员做成的集合,即

$$L(DTM)=\{x\in\Sigma^*\mid DTM \text{ 可识别 } x\}$$

定义 10.1 如果对所有的正整数 n 均存在一个正整数 k 及常数 c,使得 $T_{DTM}(n)\leqslant cn^k$,则称确定型图灵机 DTM 是多项式时间运行的。

定义 10.2 一个语言 L 的成员识别问题属于 P 类,若存在一个可识别该成员的多项式时间运行的确定型图灵机 DTM。即 $P=\{L\mid L=L(DTM)$,存在某多项式时间运行的确定型图灵机 DTM$\}$。

或者,可简单地说,P 类问题是由所有多项式时间可识别的语言(即问题)组成。

将上面定义中的确定型图灵机 DTM 换成非确定型图灵机 NDTM,就得到 NP 类问题的定义。这是 NP 问题类的原始定义。本书不准备展开介绍非确定型图灵机,仅依此说明缩写 NP(nondeterministic polynomial)的由来。下面介绍 NP 类问题的一个等价定义,此定义利用语言成员之间的一种二元关系。

定义 10.3 设 $\sharp \notin \Sigma$。则 Σ^* 上的一个二元关系 R 所确定的 $\Sigma \cup \{\sharp\}$ 上的语言定义为

$$L_R = \{x \sharp y \mid (x, y) \in R\}$$

如果 L_R 是多项式时间可识别的语言(即 $L_R \in P$),则称关系 R 是多项式时间可识别的。

如果存在 $c > 0$ 及正整数 k,使得 $(x, y) \in R$ 满足 $|y| \leqslant c |x|^k$,则称 R 是有多项式界的。

定义 10.4 语言 L 属于 NP 类问题,如果存在多项式时间可识别及有多项式界的二元关系 R,使得

$$L = \{x \mid 存在 \ y \ 使 (x, y) \in R\}$$

记所有 NP 类问题的集合为 NP。

显然,若语言 L 属于 P 类问题,则 L 属于 NP 类问题。因为只要定义 Σ^* 上的二元关系 R 为对任意 $x, y \in \Sigma^*$,

$$(x, y) \in R \Leftrightarrow x \in L$$

即可。因此,有 P $\subseteq$ NP。

但是 P = NP 是否成立,至今还是计算机理论科学中最著名的尚未解决的问题之一。这是七个悬赏一百万美元征求解答的著名问题之一。NP 类问题的难解性体现在要试探所有可能与 x 有关系的 y,检验 $(x, y) \in R$ 是否成立。

对于 $x \in L$,称使 $(x, y) \in R$ 的 y 为 x 的一个证据(witness)。如果 $L \in NP$,则并不要求在多项式时间内找到 x 的证据,而只要能在一个多项式时间内验证一个证据。例如,对于 Hamilton 回路问题,至今还没有找到解这个问题的多项式时间算法,现有的算法基本上都是穷搜索法的翻版。设图 G 有 n 个顶点,则经过 n 个顶点的回路共有 $n!$ 条,从这些回路中找出一条 Hamilton 回路的算法是指数时间的。但是任意给定一条回路,容易验证它是否为一条 Hamilton 回路。

如果 P $\neq$ NP,那么 NP 中存在多项式时间不可解的问题,当且仅当 NP 中"最难的"问题是在多项式时间不可解的问题。下面给出 NP 中一类"最难的"问题(语言)的定义,称为 NP 完全问题(NP-Complete)。

定义 10.5 设 L_1 与 L_2 分别是符号集 Σ_1 与 Σ_2 上的语言。

(1) 如果 Σ_1^* 到 Σ_2^* 的一个函数 f 满足以下条件:存在一个图灵机 DTM 及一个多项式 p,使对任意 $x \in \Sigma_1^*$,DTM 在做 $p(|x|)$ 次(逻辑)运行后停机,且输出 $f(x)$,则称 $f(x)$ 是多项式时间可计算的。

(2) 如果存在一个可多项式时间计算的函数 $f: \Sigma_1^* \rightarrow \Sigma_2^*$,使对任意 $x \in \Sigma_1^*$,$x \in L_1$ 当且仅当 $f(x) \in L_2$,则称函数 f 是从 L_1 到 L_2 的多项式时间变换或多项式时间归约,并记 $L_1 \propto_f L_2$ 或 $L_1 \propto L_2$,并称符号"$\propto_f$"是多项式 f 时间变换,且简称语言 L_1 可多项式归约成 L_2。

定义 10.5 可等价地表示成下列定义 10.6。

定义 10.6 设 L_1 与 L_2 分别是符号集 Σ_1 与 Σ_2 上的语言。称语言 L_1 可多项式归约成 L_2,如果存在一个确定型多项式时间界限的图灵机,可将语言 L_1 的每个成员 x_1 转化成语言 L_2 的成员 x_2,且使 $x_1 \in L_1$,当且仅当 $x_2 \in L_2$。

定理 10.1 及定理 10.2 是有关多项式时间变换的一些性质,本书不对它们作证明,有兴趣的读者可参阅相关文献。

定理 10.1 若 $L_1 \propto L_2$ 及 $L_2 \propto L_3$,则 $L_1 \propto L_3$(即多项式时间变换具有传递性)。

定理 10.2 若 $L_1 \propto L_2$,则有以下结论:

(1) 如果 $L_2 \in P$,那么 $L_1 \in P$;

(2) 如果 $L_2 \in NP$,那么 $L_1 \in NP$。

定义 10.7 如果语言 L 满足下列两个条件,则称 L 是 NP 完全的:

(1) $L \in NP$;

(2) 对任何 $L' \in NP$,有 $L' \propto L$。

记 NPC 为所有 NP 完全的语言(或问题)构成的集,它是 NP 的一个子集。由定理 10.2 可知,如果语言 L_1 可被多项式时间归约成语言 L_2,则可认为语言 L_1 的成员识别问题不比语言 L_2 的成员识别问题更难,所以 NPC 类问题被认为是最难的问题。

10.3.2 P 问题和 NP 问题举例

例 10.1 有向图节点可到达问题是 P 类问题。

设 G 是一条有向图,则向图节点可到达问题可具体描述为

$$\text{PATH} = \{<G,s,t> | G \text{ 有从节点 } s \text{ 到节点 } t \text{ 的路径}\}$$

证明:定义图灵机 M 为:

给定输入 $<G,s,t>$,执行下列步骤。

(1) 标记 s;

(2) 重复执行下述操作直到再没有节点被标记:①a 已标记而 b 没作标记,经图 G 的所有边 (a,b);②标记 b。

(3) 如果 t 被标记,即 G 有从节点 s 到节点 t 的路径,接受;否则 t 未被标记,即 G 无从节点 s 到节点 t 的路径,拒绝。

显然,图灵机 M 的逻辑运行时间为 $|G|$ 的多项式。

下面简单介绍几个 NP 完全问题,但不给出其 NP 完全性的证明。有兴趣的读者可参考 Garey 与 Johnson 的文章。

例 10.2 可满足性问题(SAT 问题)。

可满足性问题是 S. A. Cook 于 1971 年给出的第一个 NP 完全性问题,同时它也是数理逻辑中的一个重要问题。

设布尔算子"$\wedge$""$\vee$"及"$\neg$"分别表示逻辑运算"与""或"及"非"。用 $E(x_1,x_2,\cdots,x_n)$ 表示通过布尔算子从 n 个布尔变量 $x_1,x_2,\cdots,x_n$ 构造出的任一布尔表示式,其取值为"真"或"假"。令 $X=(x_1,\neg x_1,x_2,\neg x_2,\cdots,x_n,\neg x_n)$。$E(x_1,x_2,\cdots,x_n)$ 的一个成真赋值是指存在 X 的一个子列 X' 满足:对于 $1 \leqslant i \leqslant n$,$X'$ 包含 x_i 或 $\neg x_i$ 但不同时包含两者,使得 $E(X')=$ 真。

定义 10.8 在上述叙述下,称布尔表示式 $E(x_1, x_2, \cdots, x_n)$ 是可满足的,如果存在 $E(x_1, x_2, \cdots, x_n)$ 的一个成真赋值。

可满足性问题(SAT):任给一个布尔表示式 E,E 是否是可满足的?

定理 10.3(Cook 定理) 可满足性问题是 NP 完全的。

三个布尔变量上的可满足性问题称为三元可满足性问题,简称为 3-SAT。类似,我们也可称 n 个布尔变量的可满足性问题为 n-可满足性问题,简称为 n-SAT。

自 S. A. Cook 证明了可满足性问题是 NP 完全性问题以后,人们已证明了数千个 NP 完全类问题。有了一批已知的 NP 完全类问题,以后要证明一个 NP 类问题 L 是一个 NP 完全类问题,就只需证明某个已知的 NP 完全类问题 L' 可多项式时间归约成 L 即可。下面再介绍另外两个著名的 NP 类完全问题。

例 10.3 背包问题(Knapsack 问题)。

设有 n 个物品,其质量各不相同,问能否将这 n 个物品中的若干个放入一个背包中,使其质量之和等于一给定的质量。

也可公式化描述成背包问题(0-1 Knapsack):给定 n 个正整数 $w_1, w_2, \cdots, w_n$(可以有相同的)及一个正整数 W,是否存在一个 n 元 0-1 向量 $(b_1, b_2, \cdots, b_n)$,使

$$b_1 w_1 + b_2 w_2 + \cdots + b_n w_n = w$$

显然,背包问题的穷举搜索算法的时间复杂度为 $O(2^n)$。背包问题又称作子集和问题(Subset Sum Problem)。

背包问题有许多种版本,可分为有界的与无界的两大版本。这里介绍是有界的 0-1 背包问题。但不论是何种版本的背包问题,其困难性都是等价的,它们都属于 NP 完全问题,即得出定理 10.4。

定理 10.4 背包问题是 NP 完全问题。

例 10.4 图 k-可着色(k-Colourability)问题。

简单地说,图的 k-可着色问题是指:给定一个图 G 及 k 种不同颜色,问是否存在一种着色方法,可用 k 种颜色将 G 的顶点着色,并使每相邻的两个点着以不同的颜色。可形式化描述成图 k-可着色问题:设 $G = (V, E)$ 是一个图,$C = \{c_1, c_2, \cdots, c_k\}$ 是 k 种不同颜色。问是否存在一种映射 $\phi: V \rightarrow C$,使得每当 $(u, v) \in E$ 时,就有 $\phi(u) \neq \phi(v)$?

定理 10.5 当 $k \geqslant 3$ 时,图 k-可着色问题是 NP 完全问题。

可利用可满足性问题的 NP 完全性来证明图着色问题的 NP 完全性。也就是说,证明 k-可满足性问题可多项式时间归约成图 k-可着色问题。

除了上面介绍这三个著名的 NP 完全问题,还有图同构问题、Hamilton 回路问题及旅行商问题(TSP)等著名的 NP 完全问题。

10.4　单向函数与陷门单向函数

10.4.1　单向函数

非正式地,一个单向函数可如下定义:

定义 10.9 一个函数 $f: X \rightarrow Y$ 称为一个单向函数(one-way function)是指满足下列三

个条件的函数：

(1) 函数的表达式是公开的，对它的运算不需要借助任何秘密信息；

(2) 对定义域 X 中的任何一个元 x，可以很容易地计算出 $f(x)$；

(3) 而对于值域 Y 中的任一元 y，要求出 x 使 $f(x)=y$ 是计算上不可行的(computally infeasible)。或确切地说，任何一个多项式时间的算法解出 $x=f^{-1}(y)$ 的概率可忽略不计。

单向函数的正式定义需要借助概率多项式时间算法的定义，这里不予给出。

直至今日，仍没有证明单向函数的存在性。如果能证明单向函数的存在性，那么就意味着 $P \neq NP$。但是，实际密码学应用中使用了许多假定但未获证明的单向函数，如下列函数。

例 10.5 因子分解问题(factoring problem)产生的单向函数 f_{FAC}。

设 $\mathbb{P}$ 表示全体素数构成的集合，$\mathbb{P}^2$ 表示由全体可表示成两个素数之积的整数构成的集合。定义函数 f_{FAC} 如下：

$$f_{FAC}: \mathbb{P} \times \mathbb{P} \to \mathbb{P}^2, \quad f_{FAC}(p,q) = p \cdot q \text{ 对任意素数 } p, q \in \mathbb{P}$$

计算 $f_{FAC}(p,q) = p \cdot q$ 只需要一次乘法。而对任意一个较大的 $n \in \mathbb{P}^2$，要求出其素因子分解则是困难的，其时间复杂度是 $T(n) = O(\exp(c(\ln n)^{1/3}(\ln(\ln n))^{2/3}))$，其中 c 是大于 1 的常数。

例 10.6 散对数问题(discrete logarithm problem)产生的单向函数 f_{DLP}。

设 p 是一个取定的大素数，$p-1$ 含有大素数因子 q，g 是 $p-1$ 阶乘法群 $\mathbb{Z}_p^*$ 中阶为 q 的元。定义函数 f_{DLP} 如下：$f_{DLP}: \mathbb{Z}_p^* \to \mathbb{Z}_p^*, x \mapsto g^x \bmod p$。

对任意 $x \in \mathbb{Z}_p^*$，计算 $f_{DLP}(x) = g^x \bmod p$ 至多需要 $\lfloor \log_2 x \rfloor + w(x) - 1$ 次乘法(其中 $w(x)$ 表示 x 的汉明质量)。而给定 $y \in \mathbb{Z}_p^*$，求 $x \in \mathbb{Z}_p^*$ 使 $g^x \bmod p = y$，其时间复杂度是 $T(p) = O(\exp(c(\ln p)^{1/3}(\ln(\ln p))^{2/3}))$，其中 c 是大于 1 的常数。

例 10.7 子集和问题(subset sum problem)产生的单向函数 f_{SSUM}。

设 $a_1, a_2, \cdots, a_n$ 是 n 个给定的正整数。定义函数 f_{SSUM} 如下：

$$f_{SSUM}: \{0,1\}^n \to \mathbb{Z}^+, \quad x = (x_1, x_2, \cdots, x_n) \mapsto \sum_{i=1}^n x_i a_i$$

即

$$f_{SSUM}(x_1, x_2, \cdots, x_n) = \sum_{i=1}^n x_i a_i$$

对给定的 $x = (x_1, x_2, \cdots, x_n) \in \{0,1\}^n$，计算 $\sum_{i=1}^n x_i a_i$，只需要做 $n-1$ 次加法。但当给定一个正整数 s，要求 $x = (x_1, x_2, \cdots, x_n) \in \{0,1\}^n$ 使 $f_{SSUM}(x_1, x_2, \cdots, x_n) = \sum_{i=1}^n x_i a_i = S$，其计算复杂度为 $O(2^n)$。

此外，还可以利用二次剩余问题(QR_n)及求离散根问题(discrete root extraction problem)来构造单向函数。

10.4.2 陷门单向函数

非正式地，一个陷门单向函数可如下定义。

定义 10.10 一个函数 $f:X \to Y$ 称为一个陷门单向函数(trapdoor one-way function),是指满足下列两个条件的函数。

(1) 函数 f 是单向函数;

(2) 如果知道某个陷门信息(trapdoor information)tp,则对 f 的值域中的任意元 y,求出 $x \in X$ 使 $f(x) = y$ 是很容易的。

同样,陷门单向函数的正式定义需要借助概率多项式时间算法的定义。由于仍能没有证明单向函数的存在性,所以陷门单向函数的存在性也没有定论。如果能证明单向函数的存在性,那么也就能证明陷门单向函数的存在性。下面介绍两个假定但未获证明的陷门单向函数。

例 10.8 因子分解问题(factoring problem)产生的陷门单向函数。

设 p 与 q 是取定的两个大素数,$n = pq$。随机选取 $e:1 < e < \varphi(n)$($\varphi(n)$ 为 n 的欧拉数)。定义函数 $f_{\text{FAC-}(n,e)}$ 如下:

$$f_{\text{FAC-}(n,e)}: \mathbf{Z}_n \to \mathbf{Z}_n, \quad x \mapsto x^e \bmod n$$

则 $f_{\text{FAC-}(n,e)}$ 是一个陷门单向函数,其陷门信息是同余方程 $ey = 1 \bmod \varphi(n)$ 的解 d。当 (n,e) 公开而 p 与 q 保密时,要解出 d 的困难性等价于分解大整数 n 的困难性。

例 10.9 二次剩余问题产生的陷门单向函数。

设 p 与 q 是满足 $p \equiv q \equiv 3 \bmod 4$ 的大素数,$n = pq$。记 Q_n 为 $\mathbf{Z}_n^*$ 中模 n 的二次剩余的集合。定义函数 $f_{\text{QR-}n}$ 如下:

$$f_{\text{QR-}n}: \mathbf{Z}_n^* \to Q_n, \quad x \mapsto x^2 \bmod n$$

则 $f_{\text{QR-}n}$ 是一个陷门单向函数,其陷门信息为 (p,q)。

当不知道陷门信息时,要对任意 $y \in Q_n$,求出其逆 $f_{\text{QR-}n}^{-1}(y)$ 的困难性等价于分解大整数 n 的困难性。如果已知该陷门信息 (p,q),则对任意 $y \in Q_n$,可先分别解同余方程 $x^2 = y \bmod p$ 与 $x^2 = y \bmod q$ 得到 $x = \pm y^{(p+1)/4} \bmod p$ 与 $x = \pm y^{(q+1)/4} \bmod q$,然后利用中国剩余定理解出 $x = \pm q^{p-1} y^{(p+1)/4} \pm p^{q-1} y^{(q+1)/4} \bmod n$,即 $f_{\text{QR-}n}^{-1}(y)$ 为下列四个值之一: $\pm q^{p-1} y^{(p+1)/4} \pm p^{q-1} y^{(q+1)/4} \bmod n$。利用某附加信息,就可确定出 $f_{\text{QR-}n}^{-1}(y)$ 的真正值。

从定义可知,一个陷门单向函数一定是单向函数,但单向函数并不一定是陷门单向函数,那么可否从一个已知单向函数来构造陷门单向函数? 下面的定理对此问题给出了肯定的回答。

定理 10.6 如果存在单向函数,则一定存在陷门单向函数。

证明:设 $f:X \to Y$ 是一个单向函数。取定 $\alpha \in X$,令 $\beta = f(\alpha)$。构造函数 $g_{\alpha,\beta}$ 如下:

$$g_{\alpha,\beta}: Y \times X \times X \to Y$$

$$g_{\alpha,\beta}(y,x,u) = \begin{cases} y, & f(x) = \beta \\ f(u), & \text{其他} \end{cases}$$

则可证 $g_{\alpha,\beta}$ 是一个陷门单向函数,α 是陷门信息:

(1) 陷门性(trapdoorness): 如果已知 α,则对任意 $z \in Y$,有 $g_{\alpha,\beta}^{-1}(z) = (z,\alpha,\alpha)$。

(2) 单向性(one-wayness): 如果不知道 α,则对于 $z \in Y$,若 $g_{\alpha,\beta}(y,x,u) = z$,那么 $f(u) = z$ 或 $f(x) = \beta$。也就是说,要求出 $g_{\alpha,\beta}^{-1}(z)$ 就必须求出 z 或 β 关于单向函数 f 的逆。

而由 f 的单向性,求出 $f^{-1}(z)$ 或 $f^{-1}(\beta)$ 是困难的。因此 $g_{a,\beta}$ 是单向的。

所以,$g_{a,\beta}$ 是一个陷门单向函数。

习题

1. 设有符号集 $A=\{a,b\}$,$f(x)=x^R$,其中 x^R 表示语言成员 x 的反转,即颠倒 x 的符号的排列顺序所得到的字符串(语言成员),如 $(abbab)^R=babba$。试构造一台图灵机 TM 计算 $f(x)$。

2. 设 $f(n)=O(\lfloor \log_2 n \rfloor)$,$g(n)=O(n^3)$,$h(n)=O(2^{\lfloor \log_2 n \rfloor})$。求下列函数的增长量级并给出证明:

(1) $f(n)+g(n)$;(2)$f(n)\cdot g(n)$;(3)$f(n)h(n)$;(4)$f(g(n))$。

3. 设 $f(n)=\Theta(\lfloor \log_2 n \rfloor)$,$h(n)=\Theta(2^n)$,$g(n)=\Theta(p(n))$,其中 $p(n)$ 为一 d 次多项式。求出下列函数的增长量级,并给出证明:

(1) $f(n)\cdot h(n)$;(2)$h(n)/g(n)$;(3)$g(n)/f(n^2)$;(4)$g(n)^{f(n)}$。

4. 将正整数 160 和 199 表示为二进制数,并完成下列运算:

(1) 求 $160+199$ 的比特(一位二进制数)运算次数,

(2) 求 160×199 的比特运算次数。

(3) 计算二进制数 10011001 被 1011 除,并求出其比特运算次数。

5. 用计算复杂性量级符号 $O(\cdot)$ 估计下列计算的比特运算次数:

(1) 5^n;(2)n^n;(3)$n!$;(4)$2^{\log\log n}$。

6. 区分下列问题并说明它们之间的关系:

(1) 图灵机可计算(Turing computable);

(2) 确定性多项式时间(deterministic polynomial time);

(3) 实际有效的(practically efficient);

(4) 易解的(tractable);

(5) 难解的(intractable)。

7. 子图同构问题可描述如下:

任给两个图 $G_1=(V_1,E_1)$ 与 $G_2=(V_2,E_2)$,问 G_1 是否与 G_2 的一个子图同构?即是否存在单射 $f:V_1\to V_2$,使对任意 $u,v\in V_1$:$(u,v)\in E_1$ 当且仅当 $(f(u),f(v))\in E_2$?

请问子图同构问题是否属于 NP 问题?若属于 NP 问题,你能否给出其证明?如果它属于 NP 问题,它是否属于 NP 完全问题?

8. 定义函数 $f_{\text{add}}:\{0,1\}^* \to \{0,1\}^*$ 使得当 $|x|=|y|$ 时有 $f(xy)=\text{prime}(x)+\text{prime}(y)$,其中,$xy$ 表示将整数 x 与 y 表成二进制形式链接后得到的整数,$\text{prime}(z)$ 表示比 z 大的最小素数。问 f_{add} 是否为单向函数?为什么?

9. 设 $f(x)$ 和 $g(x)$ 都是单向函数或陷门单项函数,问 $f(x)\pm g(x)$,$f(x)g(x)$,$f(x)/g(x)$,$f(g(x))$ 中哪些是单向函数或陷门单项函数?为什么?如果其中之一为单向函数,而另一个为陷门单向函数,那么这些函数中哪些是陷门单向函数?

10. 证明单向函数不存在多项式大小的界。即，如果 $f:\{0,1\}^* \to \{0,1\}^*$ 为一单向函数，则对每个多项式 $p(n)(p(n)>0)$ 及一切充分大的 n 有

$$|\{f(x):x \in \{0,1\}^n\}|>p(n)$$

（提示：用反证法证明。）

11. 利用求离散根问题构造一个单向函数，进而将此单项函数改造成陷门单向函数。

12. 利用椭圆曲线上的离散对数问题构造单向函数及陷门单项函数。

第11章

零知识证明与比特承诺

在密码学中,有这样一个很基本的问题:设有 P 与 V 两方,P(称为证明者)向 V(称为验证者)证明某个断言为真,但又不让 V 知道他是如何证明这个断言的。也就是说,P 可使 V 相信某个断言为真,但不将证明的方法告诉 V(V 由于缺乏一些信息而无法证明该断言)。或者设 P 知道某个秘密,他可向 V 证明自己掌握这个秘密,但又不向 V 泄露秘密内容。当然 V 可验证 P 是否真的掌握这个秘密。这是一种交互式(interactive)的“黑箱证明”(proof in the dark)方式。这里“黑箱”包含有两方面的意思:其一是指 P 使验证者 V 确信他证明了该断言,或他知道秘密这件事实外,V 不能得到 P 用来完成证明的任何信息;其二是指任何第三方对发生在 P 与 V 之间的这件事一无所知。

这样的证明就称为零知识证明,而这样的证明规则就称为零知识证明协议。零知识证明起源于口令身份验证中存在的一个问题。证明者向验证者证明自己知道口令的同时把口令泄露给了验证者。这样验证者就可以在适当的场合下冒充证明者,使证明者处于不利地位。零知识证明既非常诱惑人,且又是十分有用的结构。其诱人之处在于零知识证明看起来好似个矛盾的概念;零知识证明既令人信服,又除证明了某个断言的真实性外什么也没有产生。零知识证明在密码学领域应用非常广泛。除了可用在身份识别中,其较典型的应用常常就是可迫使居心不良的对方按照事先约定好的协议行事。除了直接应用在密码学中,零知识证明已成为研究与密码协议有关的各种问题的一个很好的基准点。

11.1   零知识证明

1985 年,S. Goldwasser、S. Micali 及 C. Rackoff 首次提出了零知识交互式证明系统(zero-knowledge interactive proof,ZKIP)的模型:假设 P 与 V 是两台图灵机,P 采用交互式证明向 V 证明一个断言 S,而最终 V 除了相信 S 外得不到任何额外信息。

按照该模型,零知识交互式证明协议必须满足下面三个特性。

(1) 完备性(completeness):如果 P 知道 S 为真,则 V 拒绝接受 S 的概率非常小;

(2) 合理性(soundness):如果 P 有欺骗行为,则 V 接受 S 的概率非常小;

(3) 零知识性(zero-knowledgeness):V 除了相信 S 外不能获得额外信息。

11.1.1 零知识证明协议示例

J. Quisquater 与 T. Berson 等在 1989 年的美洲密码年会上给出了一个典型的例子,用洞穴的故事来解析零知识证明协议。O. Goldreich 等在 1986 年给出了一个图论的例子来解析零知识证明协议。1986 年 M. Blum 则提出了哈密尔顿路径问题来说明零知识证明协议。

1. 洞穴故事

如图 11.1 所示,洞穴里有一个秘密通道门位于 C、D 之间,只有知道秘密咒语的人才可打开这扇门。假设 P 知道这个咒语,他要向 V 证明自己知道这个咒语,但又不向 V 泄露这个咒语,那么 P 与 V 可通过下面的游戏规则来达到此目的。

(1) V 站在 A 位置;

(2) P 从 A 位置出发经 B 走进洞穴,到达 C 或 D 位置;

(3) 当 P 消失在洞穴后,V 走到 B 位置;

(4) V 随机地命令 P 从左通道或从右通道返回 B 位置;

(5) P 按照 V 的命令从左通道或右通道返回 B 位置,在必要时 P 使用咒语打开 C 与 D 位置之间的门;

(6) P 与 V 重复这个游戏若干次。

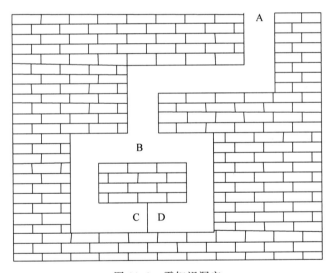

图 11.1　零知识洞穴

在上述游戏中,如果 P 不知道咒语,那么 P 每次只能按来时的路线从 C 或 D 返回到 B 位置。这样 P 每次成功按 V 的要求从洞穴深处返回到 B 的概率是 $1/2$,所以 P 能 n 次都成功按 V 的要求从洞穴深处返回到 B 的概率是 $1/2^n$。当 n 增大时,n 次都成功的概率就非常小。因此,当这个游戏重复若干次时,P 均能每次按 V 的要求成功从洞穴深处返回 B 位置,V 完全可相信 P 知道打开 C 与 D 之间那扇门的秘密咒语。显然,在这个游戏规则中,V 除了确信 P 知道秘密咒语,没有获得任何有关秘密咒语的信息。这是一个非常典型的零知识证明协议的例子。

2. 图同构问题

设 $G_1 = (\{a_1, a_2, \cdots, a_n\}, E_1)$ 与 $G_2 = (\{a_1, a_2, \cdots, a_n\}, E_2)$ 是两个具有相同顶点集 $\{a_1, a_2, \cdots, a_n\}$，但边集 E_1 与 E_2 不同的图。一般来说，对于输入规模 n 充分大的两个图，要证明它们是否同构是一个 NP 完全问题。

假设 P 知道 G_1 与 G_2 是同构的，但 V 不知道 G_1 与 G_2 是同构的。现在 P 要向 V 证明 G_1 与 G_2 是同构的，但又不想告诉 V 是如何证明的，那么 P 与 V 可按下列步骤进行操作：

（1）P 随机选取 $\{a_1, a_2, \cdots, a_n\}$ 上的一个置换 σ，在 σ 作用下，图 G_1 变换成 H，即 $H = G_1^\sigma$。P 将 H 告诉 V。

（2）V 随机地要求 P 证明 G_1 与 H 同构，或证明 G_2 与 H 同构；

（3）P 为完成 V 的要求，先找定 $\{a_1, a_2, \cdots, a_n\}$ 上的一个置换 τ，将该置换告诉 V。置换 τ 是这样找的：当 V 要求 P 证明 G_1 与 H 同构时，P 置 $\tau = \sigma$；当 V 要求 P 证明 G_2 与 H 同构时，P 置 $\tau = \sigma\varphi$（其中 φ 是 P 事先已知的 G_1 与 G_2 之间的同构映射）；

（4）V 验证在置换 τ 作用下，图 G_1 或 G_2 是否能置换成 H；

（5）P 与 V 重复执行第（1）步至第（4）步若干次。

上述证明图同构的过程基于下列事实：P 知道 G_1、G_2 及 H 之间的同构映射，但对任何其他人来说，知道 G_1（或 G_2）与 H 间同构映射与知道 G_1 与 G_2 之间同构映射是一样困难。如果 P 事先不知道图 G_1 与 G_2 是同构的（即知道 G_1 与 G_2 之间的同构映射 φ），则 P 每次能成功按 V 的要求完成证明的概率是 $1/2$，所以 P 能 n 次都成功按 V 的要求完成证明的概率是 $1/2^n$。当 n 增大时，n 次都成功的概率就非常小。因此当这个证明重复若干次时 P 均能每次按 V 的要求成功完成证明时，V 完全可相信 P 知道 G_1 与 G_2 之间有一个同构映射 φ。显然，在整个证明完成时，V 除了确信 P 知道 G_1 与 G_2 之间有一个同构映射 φ，没有获得任何有关 G_1 与 G_2 之间的同构映射 φ 的信息。所以这是一个零知识证明协议。

3. 哈密尔顿路径问题

图 11.2 是一个含 7 座城市的以①为起点，而以②为终点的有向哈密尔顿路径问题。对于该有向哈密尔顿路径问题（Hamilton path problem，HPP），不难找到唯一的最短路线（通过每座城市一次且仅通过一次）：①→②→③→④→⑤→⑥→⑦。但当城市数增加时，要直观找到最短路线是非常困难的。已证明，这是一个 NP 完全问题。

现在假定 P 知道一条含 $n(>7)$ 座城市哈密尔顿图 G（现在我们将城市称为顶点）的最短路线，他希望向 V 证实这一事实，那么他们可执行下列操作：

（1）P 随机地利用某个置换将图 G 置换成哈密尔顿图 H，并将 H 告诉 V。P 知道 G 与 H 间的同构映射；

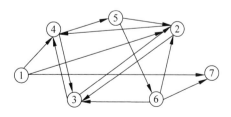

图 11.2 哈密尔顿路径

（2）V 随机地要求 P 证明 G 与 H 同构，或给出哈密尔顿图 H 的一条最短路线；

（3）P 按 V 的要求，证明 G 与 H 同构，但不给出哈密尔顿图 G 及 H 的最短路线；或给出哈密尔顿图 H 的最短路线，但不证明 G 与 H 同构；

（4）P 与 V 重复执行第（1）步至第（3）步若干次。

从上面的操作步骤可以看出，如果 P 事先不知道哈密尔顿图 G 的最短路线，那么他每次只能向 V 证明 G 与 H 同构，而当 V 要求 P 给出 H 的一条最短路线时，他就无法完成任务（由于 HPP 问题是一个 NP 完全问题），所以 P 每次能成功按 V 的要求完成任务的概率只有 $1/2$，当上述操作执行 n 后，P 能成功按 V 的要求完成任务的概率只有 $1/2^n$。当 n 增大时，n 次都成功的概率就非常小。而当 P 知道哈密尔顿图 G 的最短路线时，他就能找到 G 经任何置换而得的图的最短路线。因此当 P 每次均能按 V 的要求成功完成证明时，V 完全可相信 P 知道 G 的最短路线。

此外，V 无法从上述操作过程中获得对找哈密尔顿图 G 的最短路线有帮助的任何信息。事实上，当 P 向 V 证明 G 与 H 同构时，对 V 寻找 G 的最短路线没有实际意义，因为寻找 H 的最短路线与找 G 的最短路线一样困难；当 P 向 V 指出 H 的最短路线时，V 也不能由此而找到 G 的最短路线，因为这时 V 并不知道 G 与 H 之间的同构映射（否则 V 可由此同构映射以及 H 的最短路线而找到 G 的最短路线），而要找 G 与 H 之间的同构映射是一个 NP 完全问题。所以，P 与 V 之间所进行的有关 G 的最短路线问题的证明操作是一个零知识证明协议。

11.1.2　零知识证明协议定义

现在来介绍 S. Goldwasser、S. Micali 及 C. Rackoff 提出的交互证明系统（interactive proof system）的计算模型。

一个交互证明协议（interactive proof protocol）的基本模型可用（P,V）表示，其中 P 是一个证明者，V 是一个验证者。L 表示 $\{0,1\}^*$ 上的语言，当 $x \in L$ 时称 x 为 L 的一个语言成员。P 与 V 以 x 作为他们的公共输入，对 x 的证明用 $(P,V)(x)$ 表示。证明必须在 $|x|$ 的多项式时间内结束，证明的输出为 "Accept（接受）" 或 "Reject（拒绝）"，即

$$(P,V)(x) \in \{Accept, Reject\}$$

由于（P,V）是两者之间的游戏，所以很自然任何一方都试图获得更多的权利。也就是说，一方面，证明者 P 希望尽可能地使在 $x \notin L$ 时也有 $(P,V)(x) = Accept$ 成立，有这种行为证明者称之为欺骗证明者，用 $\tilde{P}$ 表示；而另一方面，验证者 V 则希望发现有关 P 在交互证明过程中用到的一些秘密信息。有这种行为的验证者称为不诚实验证者，用 $\tilde{V}$ 表示。定义 11.1 是交互证明协议的规范定义。

定义 11.1　设 L 表示 $\{0,1\}^*$ 上的语言。称一个交互证明协议（P,V）是语言 L 的一个交互证明协议，如果下列概率表达式成立：

$$\mathrm{Prob}[(P,V)(x) = Accept \mid x \in L] \geqslant \varepsilon \tag{11.1}$$

及

$$\mathrm{Prob}[(\tilde{P},V)(x) = Accept \mid x \notin L] \leqslant \delta \tag{11.2}$$

此处 ε 与 δ 均为满足条件 $\varepsilon \in \left(\dfrac{1}{2}, 1\right]$ 及 $\delta \in \left[0, \dfrac{1}{2}\right)$ 的常数。

式(11.1)刻画了(P,V)的完备性,表示如果 $x \in L$,则 V 以至少 ε 的概率接受 P 的证明。概率表达式(11.2)刻画了(P,V)的合理性,表示如果 $x \notin L$,则 V 以至多 δ 的概率接受 P 的证明,或者说,$\tilde{P}$ 能成功欺骗 V 的概率至多为 δ。

在一个交互证明协议(P,V)中,如果 V 除接受或拒绝外不能获得任何其他信息,则称(P,V)是一个零知识证明协议。

现在举一个交互证明协议的例子,称为子群成员交互证明协议。

1. 子群成员交互证明协议

设 Alice 及 Bob 分别是证明者与验证者。Alice 向 Bob 证明某个 X 是群 G 的某个循环子群的成员。

(1) 公共输入:① 一个 $\mathbb{Z}_n$ 到群 G 上的单向函数 f,且满足同态条件:
$$\forall x, y \in \mathbb{Z}_n : f(x+y) = f(x) \cdot f(y)$$

② $X = f(z)$(对某个 $z \in \mathbb{Z}_n$);

(2) 秘密输入(Alice 的):$z \in \mathbb{Z}_n$;

(3) 输出(给 Bob):成员 $X \in <f(1)>$($<f(1)>$表示由 $f(1)$ 生成的 G 的子群)。

重复执行下列步骤 m 次。

① Alice 选择 $k \in_R \mathbb{Z}_n$(其中 R 随机选取),计算 $f(k)$ 并记其值为 Commit,将 Commit 发送给 Bob;

② Bob 选择 Challenge $\in_R \{0,1\}$ 并将它发送给 Alice;

③ Alice 置 Response $= k$ 当 Challenge $= 0$ 时,而置 Response $= k + z \pmod{n}$ 当 Challenge $= 1$ 时。并将 Response 发送给 Bob;

④ Bob 验证等式:$f(\text{Response}) = \begin{cases} \text{Commit}, & \text{if Challenge}=0 \\ \text{Commit} \cdot X, & \text{if Challenge}=1 \end{cases}$

是否成立。如果不成立,则 Bob 拒绝并终止该协议。

如果成立,Bob 接受"成员 $X \in <f(1)>$"。

在上述协议中,由 Alice 产生的子群成员断言是 $X \in <f(1)>$。事实上,$X = f(1)^z \in <f(1)>$。Alice 的秘密输入是 $z \in \mathbb{Z}_n$,它是 X 在单向同态函数 f 的原像。协议的双方通过 m 次交互,产生了下面的证明视图(view)或脚本(transcript):
$$\text{Commit}_1, \text{Challenge}_1, \text{Response}_1, \cdots, \text{Commit}_m, \text{Challenge}_m, \text{Response}_m$$
其中,$\text{Commit}_i = f(k_i), k_i \in_R \mathbb{Z}_n$;$\text{Challenge}_i \{0,1\}$;$\text{Response}_i = k_i + z \cdot \text{Challenge}_i \pmod{n}$。

显然,在整个协议的执行过程中,Bob 没有获得有关 Alice 的秘密输入的任何信息,所以子群成员交互证明协议是一个零知识证明协议。

自然,在讨论零知识协议的时候,必须对验证者 V 的计算能力进行限制。否则,如果 V 具有无限的计算能力,他就可完全知道 P 的秘密输入,这也就无法谈论什么零知识了。对协议中涉及的相关问题或断言,一般我们限制 V 的计算能力以公共输入大小的多项式时间为界,而假定 P 具有的计算能力是无限制的。

依据 P 与 V 的计算能力的不同与特性,零知识证明可分为三类:完全零知识证明(perfect zero knowledge)、计算零知识证明(computational zero knowledge)及统计零知识证明(statistical zero knowledge)。计算零知识证明与统计零知识证明没有本质的差别,只是前者比后者具有更严格的安全意义。所以这里只介绍完全零知识证明与计算零知识证明。

2. 完全零知识证明协议

定义 11.2　语言 L 的一个交互证明协议(P,V)称为完全零知识证明协议,如果对任意语言成员 $x \in L$,$(P,V)(x)$的证明脚本与由某个多项式时间算法 $\mathfrak{A}(x)$ 产生的输出具有相同概率分布。

上面介绍的图同构问题及哈密尔顿路径问题的例子都是完全零知识证明协议。

在子群成员交互证明协议中,完备性概率为 $\varepsilon = 1$。这是因为不管 Bob 选择的 Challenge$=0$ 或 1,

$$f(\text{Response}) = \begin{cases} \text{Commit}, & \text{if Challenge} = 0 \\ \text{Commit} \cdot X, & \text{if Challenge} = 1 \end{cases}$$

总是成立的。

可以证明,该协议的合理性出错概率为 1/2。

由于 Alice 是均匀选择 $k_i \in_R \mathbb{Z}_n$ 的,所以 Commit_i 也是在 f 的值域区域上均匀分布的,且 Response_i 也是 $\mathbb{Z}_n$ 上均匀分布的,k_i 与 Response_i 都与公共输入 X 是独立的。

所以,子群成员的交互证明协议也是一个完全零知识证明协议。

3. 计算零知识证明协议

定义 11.3　语言 L 的一个交互证明协议(P,V)称为计算零知识证明协议,如果对任意语言成员 $x \in L$,$(P,V)(x)$的证明脚本可由某个多项式时间算法 $S(x)$ 产生,其相关的两个脚本的概率分布是多项式时间不可区分的。

从完全零知识证明与计算零知识证明的(规范)定义可看出,它们的区别主要在于证明脚本的概率分布稍有不同:前者的证明脚本具有相同的概率分布,而后者证明脚本的概率分布是多项式不可区分的。

4. 子群成员的计算零知识证明协议

下面先构造一个单向同态函数,然后将子群成员的交互证明协议改造成一个计算零知识证明协议。

单向同态函数 $f(x)$ 的构造:设 N 是经 P 与 V 认可的一个随机选定的很大奇合数,且它们不知道其因子分解,a 是 P 与 V 随机选定的一个满足条件 $1 < a < N$ 及 $\gcd(a,N) = 1$ 的整数。由于 N 与 a 的随机选定的,所以 a 在乘法群$\mathbb{Z}_N^*$中的阶$\text{ord}_N(a)$应是一个较大的秘密数[①]。

现在定义一个模函数如下(经 P 与 V 共同认可):

$$f(x) = a^x \pmod{N}, \text{对任意 } x \in \mathbb{Z}_N \tag{11.3}$$

---

① 这是因为对 $\phi(N)$ 的任何一个素因子 q,$\mathbb{Z}_N^*$中至多有 $1/q$ 的元其阶与 q 互素,所以 $q \mid \text{ord}_N(a)$ 的概率至少为 $1 - 1/q$。

显然,当 $x_1 \equiv x_2 \pmod{\mathrm{ord}_N(a)}$ 时,有 $f(x_1)=f(x_2)$。下面来证明函数 $f(x)$ 是一个同态且单向的函数。

首先,$f(x)$ 显然是一个同态映射:

$$f(x+y)=a^{x+y}=a^x \cdot a^y \pmod{N}=a^x \pmod{N} \cdot a^y \pmod{N}=f(x) \cdot f(y)$$

其次,$f(x)$ 的单向性是因为基于模 p 上的离散对数问题:不妨设 p 是 N 的一个大素因子,q 是 $p-1$ 的一个大素因子。p 与 q 对 P 及 V 都是未知的。已知 $f(x)=f(1)^x \pmod{N}$ 找 x 比已知 $f(1)^x \pmod{p}$ 找 $x \pmod{p-1}$ 更难(注意到 P 与 V 对 p 是未知的),而依据离散对数问题的困难性假设,$f(1)^x \pmod{p}$ 是单向的。

下面是将子群成员交互证明协议改造成的一个计算零知识证明协议,一般称此为"子群成员的计算零知识证明协议"。

设 Alice 及 Bob 分别是证明者与验证者。

(1) 公共输入:

① (11.3)式确定的同态且单向 f;

② $X=f(z)$ 对某个 $z \in \mathbb{Z}_N$;

(2) 秘密输入(Alice 的):$z \in \mathbb{Z}_N$;

(3) 输出(给 Bob):成员 $X \in <f(1)>$。

重复执行下列步骤 m 次。

① Alice 选择 $k \in_R \mathbb{Z}_{N^2-z}$,计算 $f(k)$ 并计其值为 Commit,将 Commit 发送给 Bob;

② Bob 选择 $Challenge \in_R \{0,1\}$ 并将它发送给 Alice;

③ Alice 置 Response$=k$ 当 Challenge$=0$ 时,而置 Response$=k+z$ 当 Challenge$=1$ 时,并将 Response 发送给 Bob;

④ Bob 验证等式:$f(\text{Response})=\begin{cases} \text{Commit}, & \text{if Challenge}=0 \\ \text{Commit} \cdot X, & \text{if Challenge}=1 \end{cases}$

是否成立。如果不成立,则 Bob 拒绝并终止该协议。

如果成立,Bob 接受"成员 $X \in <f(1)>$"。

该协议与原子群成员交互证明协议相比有两点不同,其一是第(1)步中随机值 k 是取自集合 $\mathbb{Z}_{N^2-z}$[①],其二是第(3)步中当 Challenge$=1$ 时在 $\mathbb{Z}$ 中计算加 $k+z$ 而没有取模约简。

该协议的完备性与合理性的说明类似于子群成员交互证明协议,协议的计算零知识性可参见文献[12]。

11.2 基于零知识证明的身份识别协议

11.2.1 Schnorr 身份识别协议

C. P. Schnorr 在 1989 年的美洲密码年会上提出一个适合应用于智能卡的身份识别协议,人们称为 Schnorr 身份识别协议。该协议其实是子群成员交互证明协议的一种特例:

---

① 这是因为第(3)步中加"$k+z$"没有取模约简,若直接取 $k \in \mathbb{Z}_{N^2}$,则有可能 $k+z \notin \mathbb{Z}_{N^2}$;此外 N^2-z 中的 N^2 是为了获得一个概率界,从而使该协议具有计算零知识特性。

$f(x)$ 是有限域 $\mathbb{Z}_p$ 上的指数函数 $g^{-x}(\bmod\ p)$，其中 g 是 $\mathbb{Z}_p$ 中阶为素数 $q(q \mid p-1)$ 的元。依据离散对数问题的困难性假设，当 p 与 q 是足够大的素数时（比如，在现有计算能力的情况下，p 为 1024bit，q 为 160bit），$g^{-x}(\bmod\ p)$ 应是一个单向函数。在身份识别协议中，一般需要一个证书机构 CA 或一个可信机构 TA 参与。

Schnorr 身份识别协议：设 Alice 及 Bob 分别是证明者与验证者。

(1) 公共输入：

① 两个大素数 p 与 q，满足 $q \mid p-1$；

② $\mathbb{Z}_p$ 中阶为 q 的元素 g；

③ $\mathbb{Z}_p$ 中元 $b(b = g^{-a}(\bmod\ p), a \in \mathbb{Z}_q)$。

数组 (p, q, g, b) 是经 CA 证实的 Alice 的公钥参数。

(2) 秘密输入（Alice 的）：$a \in \mathbb{Z}_q$；

(3) 输出（给 Bob）：Alice 知道满足同余方程 $b = g^{-x}(\bmod\ p)$ 的解 $a \in \mathbb{Z}_q$。

重复执行下列步骤 $t = \log_2(\log_2 p)$ 次。

① Alice 选择 $k \in_R \mathbb{Z}_q$，计算 $g^k(\bmod\ p)$ 并计其值为 Commit，将 Commit 发送给 Bob；

② Bob 选择 Challenge $\in_R \{0,1\}^t$（看成长为 t 的整数）并将它发送给 Alice；

③ Alice 置 Response $= k + a \cdot$ Challenge$(\bmod\ q)$，并将 Response 发送给 Bob；

④ Bob 验证等式 Commit $= g^{\text{Response}} b^{\text{Challenge}}(\bmod\ p)$ 是否成立。如果不成立，则 Bob 拒绝并终止该协议。

如果成立，Bob 接受"Alice 知道满足同余方程 $b = g^{-x}(\bmod\ p)$ 的解 $a \in \mathbb{Z}_q$"。

子群成员交互证明协议与 Schnorr 身份识别协议在选择 Challenge 时有所不同。前者 Challenge 的选择为 0 或 1，而对后者 Challenge 是在 $\{0,1\}^{\log_2(\log_2 p)}$ 上选取的。所以当子群成员交互证明协议重复执行 m 次达到一个可忽略不计的合理出错概率 $\delta = 2^{-m}$ 时，而 Schnorr 身份识别协议只需重复执行 $m/\log_2(\log_2 p)$ 次就可达到同样的合理出错概率。

在 Schnorr 身份识别协议中，完备性概率 $\varepsilon = 1$，协议每次执行的合理性出错概率为 $\delta = 1/\log_2 p$。

11.2.2 Fiat-Shamir 身份识别协议

1986 年 A. Fiat 与 A. Shamir 在美洲密码年会上提出了一种基于二次剩余根的零知识证明身份识别协议。设 p 与 q 是由某个 CA 选择的两个不同的大素数，CA 计算 $n = pq$ 并公开 n。设证明者秘密选择一个整数 $b < n$ 并计算 $a = b^2(\bmod\ n)$。显然，任何一个第三者在不知道 p 与 q 的情况下，要想通过解方程 $x^2 = a(\bmod\ n)$ 求出 b，与分解 n 的困难性是等价的。下面是 Fiat-Shamir 身份识别协议的具体描述。

Fiat-Shamir 身份识别协议：设 Alice 及 Bob 分别是证明者与验证者。

(1) 公共输入：

① $n = pq$（大素数 p 与 q 由 CA 秘密选取）；

② $\mathbb{Z}_n$ 中元 $b(b = a^2(\bmod\ n)$ 对某个 $a \in \mathbb{Z}_n)$。

其中，①由 CA 完成，②由 Alice 完成。CA 公开 n 及 b，保密 p 与 q。

（2）秘密输入（Alice 的）：$a \in \mathbb{Z}_n$；

（3）输出（给 Bob）：Alice 知道同余方程 $x^2 = b \pmod{n}$ 的平方根。

重复执行下列步骤 m 次。

（1）Alice 选择 $k \in_R \mathbb{Z}_n$，计算 $k^2 \pmod{n}$ 并计其值为 Commit，将 Commit 发送给 Bob；

（2）Bob 选择 Challenge $\in_R \{0,1\}$ 并将它发送给 Alice；

（3）Alice 置 Response $= k \cdot a^{\text{Challenge}} \pmod{n}$，并将 Response 发送给 Bob；

（4）Bob 验证等式 Response^2 = Commit $\cdot \, b^{\text{Challenge}} \pmod{n}$ 是否成立。如果不成立，则 Bob 拒绝并终止该协议，否则 Bob 接受"Alice 知道同余方程 $x^2 = b \pmod{n}$ 的平方根"。

该协议的完备性概率为 $\varepsilon = 1$。合理性出错概率为 $\delta = 1/2$，或者说，Alice 能成功欺骗 Bob 的概率为 $1/2$，而 m 次均能成功欺骗 Bob 的概率为 $1/2^m$。当 m 取值充分大时，此概率趋于 0。此外还可证明，任意两个证明脚本具有相同的概率分布。所以，Fiat-Shamir 身份识别协议是完全零知识证明协议。

为了使合理性出错概率尽可能地小，必须将协议重复执行多次。利用并行处理技术，可执行协议一次将达到同样的效果，这就是下面要介绍的并行 Fiat-Shamir 身份识别协议。

并行 Fiat-Shamir 身份识别协议：设 Alice 及 Bob 分别是证明者与验证者。

（1）公共输入：

① $n = pq$（大素数 p 与 q 由 CA 秘密选取）；

② $\mathbb{Z}_n$ 中 m 个元 $b_1, b_2, \cdots, b_m$（$b_i = a_i^2 \pmod{n}$ 对某 m 个 $a_i \in \mathbb{Z}_n$，$i = 1, 2, \cdots, m$）。

其中，①由 CA 完成，②由 Alice 完成。CA 公开 n 及 $b_1, b_2, \cdots, b_m$，保密 p 与 q。

（2）秘密输入（Alice 的）：$a_1, a_2, \cdots, a_m \in \mathbb{Z}_n$。

（3）输出（给 Bob）：Alice 知道同余方程 $x^2 = b_i \pmod{n}$（$i = 1, 2, \cdots, m$）的平方根。

① Alice 选择 $k \in_R \mathbb{Z}_n$，计算 $k^2 \pmod{n}$ 并计其值为 Commit，将 Commit 发送给 Bob；

② Bob 选择

$$\text{Challenge} = (C_1, C_2, \cdots, C_m) \in_R \{0,1\}^m$$

并将它发送给 Alice；

③ Alice 置 Response $= k \cdot \prod_{i=1}^{m} a_i^{C_i} \pmod{n}$，并将 Response 发送给 Bob；

④ Bob 验证等式 Response^2 = Commit $\cdot \prod_{i=1}^{m} b_i^{C_i} \pmod{n}$ 是否成立。如果不成立，则 Bob 拒绝并终止该协议；如果成立，Bob 接受"Alice 知道同余方程 $x^2 = b_i \pmod{n}$（$i = 1, 2, \cdots, m$）的平方根"。

该协议的完备性概率为 $\varepsilon = 1$，合理性出错概率则为 $\delta = 1/2^m$。

在 1990 年的美洲密码年会上，K. Ohta 与 T. Okamoto 利用求解模 n（两个不同大素数之积）的 L 次剩余根（$2 \leqslant L \leqslant 10^{20}$）的困难性，提出了 Fiat-Shamir 身份识别协议的一种修改形式。在此不对该修改协议作介绍，有兴趣的读者可查阅相关文献。

11.2.3 Okamoto 身份识别协议

在 1992 年的美洲密码年会上，T. Okamoto 提出了 Schnorr 身份识别协议的一种改进版,人们称为 Okamoto 身份识别协议。

Okamoto 身份识别协议：设 Alice 及 Bob 分别是证明者与验证者。

（1）公共输入：

① 两个大素数 p 与 q,满足 $q \mid p-1$;

② $\mathbb{Z}_p$ 中阶为 q 的两个元素 g_1 与 g_2;

③ $\mathbb{Z}_p$ 中元 b（Alice 秘密选择元 $a_1, a_2 \in \mathbb{Z}_q$ 并计算出 $b = g_1^{-a_1} g_2^{-a_2} (\bmod\ p)$）。

其中,①与②由 TA 完成,③由 Alice 完成。数组 (p, q, g_1, g_2, b) 是经 TA 证实的 Alice 的公钥参数。

（2）秘密输入（Alice 的）：$a_1, a_2 \in \mathbb{Z}_q$。

（3）输出（给 Bob）：Alice 知道满足同余方程 $b = g_1^{-x_1} g_2^{-x_2} (\bmod\ p)$ 的一对解 $a_1, a_2 \in \mathbb{Z}_q$。

① Alice 选择 $k_1, k_2 \in_R \mathbb{Z}_q$,计算 $g_1^{k_1} g_2^{k_2} (\bmod\ p)$,并计其值为 Commit,将 Commit 发送给 Bob;

② Bob 选择 Challenge $\in_R \{0,1\}^t$ 并将它发送给 Alice;

③ 对于 $i = 1, 2$,Alice 置 Response$_i = k_i + a_i \cdot$ Challenge$(\bmod\ q)$,并将 Response$_i$ 发送给 Bob;

④ Bob 验证等式 Commit $= g_1^{\text{Response}_1} g_2^{\text{Response}_2} b^{\text{Challenge}} (\bmod\ p)$ 是否成立。如果不成立,则 Bob 拒绝并终止该协议;如果成立,则 Bob 接受"Alice 知道满足同余方程 $b = g_1^{-x_1} g_2^{-x_2} (\bmod\ p)$ 的一对解 $a_1, a_2 \in \mathbb{Z}_q$"。

Okamoto 身份识别协议与 Schnorr 身份识别协议的不同是选用了两个基元 g_1 与 g_2。此外,当 p 与 q 选择得较大时,计算离散对数 $\log_{g_1} g_2$ 是困难的。据此可证明 Okamoto 身份识别协议是安全的。而目前还没有发现 Schnorr 身份识别协议是可证明安全的。但是,由于 Okamoto 身份识别协议的计算量明显比 Schnorr 身份识别协议大得多,所以前者在速度与效率上都比后者要低。

11.3　比特承诺

Alice 想对 Bob 承诺一个预测 b（b 一般为一个比特,当然也可为一个比特串）,但不告诉 Bob 她的预测（即不向 Bob 泄漏她承诺的比特值 b）,而直到某个时间以后才揭示她的预测或公开 b;而另一方面,Bob 可证实在 Alice 承诺了她的预测后,她没有改变自己的想法。密码学中称这种承诺方法为比特承诺方案（bit commitment scheme）,或简称为比特承诺。

比特承诺与加盖数字时间戳（digital timestamping）及零知识证明密切相关,可应用在电子现金（electronic cash）、电子投票（electronic voting）及在线游戏中。

我们可这样来形象化比特承诺：设想 Alice 将信息（即一个承诺或预测）放在盒子里,用锁将盒子锁好后将盒子交给 Bob,并确保只有 Alice 握有打开此锁的钥匙。

简单的比特承诺方案可这样来实现：设 b 是一个承诺,Alice 随机选择一个较大的数 r,计算 b 与 r 的哈希值（即利用某个 Hash 函数 h 计算出 $h(b, r)$）交给 Bob。当 Alice 要公开她的承诺时,她将 b 与 r 发送给 Bob,Bob 计算出哈希值,并与先前 Alice 交给他的哈希值比较,若相同,则证明 Alice 没有欺骗他。

在一个比特承诺中,可将 Alice 称为一个证明者或承诺者 P,Bob 称为验证者 V。比特承诺中用到的函数,如上面用到的哈希函数,可称为比特承诺函数或比特承诺方案。

11.3.1 比特承诺方案的数学构造

比特承诺方案的一个典型框架如下。

1. 比特承诺函数选定

设承诺者 P 有一个比特 $b \in \{0, 1\}$。X 与 Y 是两个有限集。函数

$$f : \{0, 1\} \times X \to Y$$

是一个比特承诺函数,如果对从 X 中随机选取的一个元 x,满足下列性质。

(1) 隐蔽性(Concealing):对任意 $b \in \{0, 1\}$,验证者不能从 $f(b, x)$ 确定出 b。

(2) 捆绑性(Binding):事后承诺者可通过泄露 x 的值得到值 $f(b, x)$,使验证者相信 $f(b, x)$ 是 b 的比特承诺。前提是承诺者不能找到 x_1 与 x_2,使 $f(0, x_1) = f(1, x_2)$。

可以看出,隐蔽性是使验证者在 b 被公开前不能从 $f(b, x)$ 获得 b 的值;捆绑性是使承诺者在作出承诺后(即选定 b 后)不能改变承诺的信息。它们分别代表了两方的不同利益,所以 f 应由双方共同选定,或由可信第三方选定。但实际应用中,比特承诺函数 f 的框架由承诺者选定,验证者选择重要的参数。

2. 比特承诺的实施

(1) 承诺者 P 随机选取比特串 x;

(2) P 选定要承诺的比特构成的信息 b;

(3) P 计算出 $f(b, x)$ 的值 y 并发送给 V;

3. 比特承诺的揭示

(1) P 将 (b, x) 发送给 V;

(2) V 计算 $f(b, x)$ 并与 y 比较是否相等。若相等,则 V 接受 P 的承诺,否则拒绝。

显然,可通过单独地承诺若干个比特来实现对一个比特串的承诺。

比特承诺是在二者间进行的一个包含两个阶段的密码协议。可利用对称密码算法及单向函数(如 Hash 函数)来构造比特承诺方案。

11.3.2 利用对称密码算法的比特承诺方案

(1) Alice,或 Alice 与 Bob 共同选定一个对称密码算法 e;

(2) Bob 产生一个随机比特串 R,并把它发送给 Alice;

(3) Alice 首先生成一个由她想承诺的比特 b(b 实际上可能是一个比特串),然后利用对称加密算法 e_k(下标 k 是 Alice 随机选定的一个加密密钥),对 (R, b) 进行加密运算得出 $e_k(R, b)$ 的值 c,将 c 发送给 Bob。c 看成是 Alice 承诺的证据。因为 Bob 不知道加密密钥

k,他无法解密 $e_k(R,b)$,因而不知道 Alice 承诺的比特为何。当需要 Alice 揭示她的比特承诺时,继续下列操作;

(4) Alice 将密钥 k 及 b 发送给 Bob;

(5) Bob 利用密钥 k 解密 c,并利用他的随机串 R 检验比特 b 的有效性。

在此承诺方案中,如果消息不包含 Bob 的随机串,那么当 Alice 想在承诺后又改变她的承诺时,她可秘密地用一系列密钥解密交给 Bob 的消息,直到找到一个不是她已承诺的比特。由于比特只有两种可能的值,她只需试几次,肯定可以找到这样的一个比特。而 Bob 选择的随机串可避免这种攻击。Alice 要想在她承诺后改变她的比特,就必须能找到一个新的消息,这个消息不仅要使她得到一个不同于她已承诺的比特,而且要使 Bob 的随机串准确地重新产生。如果 e 是一个安全性能高的加密算法,那么她发现这种消息的概率很小。

11.3.3　利用单向函数的比特承诺方案

(1) Alice,或 Alice 与 Bob 共同选定一个单向函数 h。

(2) Alice 随机产生两个比特串:R_1 和 R_2。

(3) Alice 选定她要承诺的比特 b(可能是一个比特或一个比特串)。

(4) Alice 计算单向函数值 $h(R_1,R_2,b)$,并将结果及其中一个随机串,如 R_1,一起发送给 Bob。

$(h(R_1,R_2,b),R_1)$ 是 Alice 的承诺证据。Alice 在第(4)步使用单向函数及随机串阻止 Bob 对函数求逆以确定比特 b。

当需要 Alice 揭示她的比特承诺时,继续下列操作;

(5) Alice 将 (R_1,R_2,b),或者 (R_1,R_2,b) 与单向函数 h 一起发送给 Bob。

(6) Bob 计算 (R_1,R_2,b) 的单向函数值,并将该单向函数值、R_1、(R_1,R_2,b) 以及原先第(4)步收到的单向函数值进行比较,检验比特 b 的有效性。

利用单向函数的比特承诺比利用对称密码算法的比特承诺的一个好处是 Bob 不必发送任何消息。Alice 发送给 Bob 一个对比特承诺的证据或消息 $(h(R_1,R_2,b),R_1)$,以及在揭示比特承诺时再发送消息 (R_1,R_2,b) 给 Bob。这里不需要 Bob 选取随机比特串,因为 Alice 承诺的证据是对消息进行单向函数变换得到的。

在该比特承诺方案中,如果 h 选取的是一个抗碰撞的单向函数,那么 Alice 不可能欺骗 Bob。因为对于抗碰撞的单向函数 h,要找到不同于 (R_2,b) 的 (R_2',b') 使

$$h(R_1,R_2,b)=h(R_1,R_2',b')$$

的概率非常小。

此外,如果 Alice 不保持 R_2 的秘密性,那么 Bob 能够计算 $h(R_1,R_2,1)$ 及 $h(R_1,R_2,0)$,并比较从 Alice 接收到的值 $h(R_1,R_2,b)$,从而算出 b。当 b 是一个比特串时,Bob 只要多尝试几次就可。所以,为防在 Alice 揭示她的比特承诺前 Bob 算出她的承诺,她必须保密 R_1 或 R_2。

下面介绍一种利用 Goldwasser-Micali 概率加密体制得到的比特承诺方案,可称其为 Goldwasser-Micali 比特承诺方案。

1. 比特承诺函数选定

设 $n=p\cdot q$ 是两个大素数 p 与 q 之积,t 是模 n 的一个随机选取的平方非剩余。取

$X = Y = Z_n^*$,

$$f : \{0, 1\} \times X \to Y$$
$$(b, x) \mapsto t^b x^2 (\text{mod } n)$$

2．比特承诺的实施

（1）承诺者 P 随机选取比特串 $x \in \mathbb{Z}_n^*$；

（2）P 选定要承诺的比特 b，计算 $f(b, x) = t^b x^2 (\text{mod } n)$ 并记此值为 c，发送给验证者 V。

3．比特承诺的揭示

（1）P 将 t 与 (b, x) 发送给 V；

（2）V 计算 $t^b x^2 (\text{mod } n)$，并与 c 比较是否相等以检验承诺的比特 b 的有效性。

由于 c 是模 n 的平方剩余当且仅当 $b = 0$，所以知道 n 的素因子分解的人就可解出 c 的模 n 的平方根，从而确定出 b 的值。

在假定二次剩余问题是难解的情况下（即在不知道 n 的素因子分解的情况下，求解模 n 的二次同余方程 $x^2 = a(\text{mod } n)$ 是困难的），验证者从 c 推算出承诺 b 的值与解二次剩余问题是一样困难的。

下面我们介绍一个利用比特承诺建立图的 3-着色的计算零知识证明协议。

设 $G = (V, E)$ 是有 n 个顶点的图。称 G 是可 3-着色的，是指可用 3 种不同颜色对图的所有顶点进行着色，且使得每一边关联的两个顶点着以不同的颜色。也就是说，存在一个映射 $\varphi : V \to \{1, 2, 3\}$，使对任意边 $\{u, v\} \in E$，有 $\varphi(u) \neq \varphi(v)$。我们称 φ 是 G 的一个 3-着色映射。

图的 3-着色的零知识证明协议：设 Alice 及 Bob 分别是证明者与验证者。

（1）公共输入：

① 图 $G = (V, E)$，$|V| = n$，$|E| = m$；

② 某比特承诺函数 $f : \{0, 1\} \times X \to Y$。

（2）秘密输入（Alice 的）：G 的一个 3-着色映射，$\varphi : V \to \{1, 2, 3\}$。

（3）输出（给 Bob）：G 是一个可 3-着色的图。

重复执行下列步骤 $l \cdot m$ 次：

① Alice 随机选择 $\{1, 2, 3\}$ 上的一个置换 π。对于 $i = 1, 2, \cdots, n$，令 $b_i = \pi(\varphi(i))$。将 b_i 表示成二进制 $b_i = b_{i,1} b_{i,2}$。随机选取 $r_{i1}, r_{i2} \in X$，对于 $j = 1, 2, i = 1, 2, \cdots, n$ 计算 $C_{ij} = f(b_{ij}, r_{ij})$。将 **Commit** $= (C_{11}, C_{12}, \cdots, C_{n1}, C_{n2})$ 发送给 Bob。

② Bob 随机选择 **Challenge** $= (s, t) \in E$ 并将它发送给 Alice。

③ Alice 将 **Response** $= (b_{s1}, b_{s2}, r_{s1}, r_{s2}; b_{t1}, b_{t2}, r_{t1}, r_{t2})$ 将 Response 发送给 Bob；Bob 验证 $(b_{s1}, b_{s2}) \neq (b_{t1}, b_{t2})$ 及 **Commit**$_{kj} = f(b_{kj}, r_{kj})$（$k = s, t; j = 1, 2$）是否成立。如果不成立，则 Bob 拒绝并终止该协议。

如果成立，Bob 接受"G 是一个可 3-着色的图"。

在本零知识证明协议中，可选择比特承诺函数为 Goldwasser-Micali 比特承诺方案中的承诺函数。

该协议的完备性概率为 $\varepsilon=1$，即当 G 是一个可 3-着色的图时，验证者 Bob 以概率 1 接受证明者 Alice 的证明。当 G 不是一个可 3-着色的图时，则 G 至少有一边的两顶点着相同的色，Bob 选取到该边的概率至少为 $1/m$，或者说，Alice 能成功欺骗 Bob 的概率至多为 $\delta=1-1/m$，而 $l\cdot m$ 均能成功欺骗 Bob 的概率至多为 $(1-1/m)^{l\cdot m}$。当 m 取值较大时，此概率趋于 e^{-l}。当 l 取得充分大时，e^{-l} 趋于零。这表明协议具有合理性。

该协议的证明脚本由 $2n$ 委托值 C_{ij}、验证者选取的边 **Challenge**$(=(s,t)\in E)$ 以及边着色 b_i 与随机数 r_{ij} 构成的 Response 组成。可以证明：由"验证者实际参与协议证明"产生的脚本的概率分布和伪造者利用"模拟器"输出结果的概率分布是多项式时间不可区分的，而非相同的。即，图的 3-着色的零知识证明协议是一个计算零知识证明协议，而非完全零知识证明协议。

11.4　NP 问题的零知识证明简述

可以看出，对于图同构、哈密尔顿回路以及图的 3-着色这样的 NP 问题，均存在零知识证明。其中图的 3-着色的零知识证明，是 O. Goldreich、S. Micali 以及 A. Wigderson 在 1986 年提出的，并且证明了在假定单向函数存在的前提下，任何一个 NP 问题都存在计算零知识证明。借助标准 Karp-归约成可 3-着色方法，可利用图的 3-着色的零知识证明协议来构造任何一个 NP-问题的零知识证明协议。

由于 NP 问题的零知识证明的内容较复杂，本书在此不作详细介绍，有兴趣的读者可参考 Oded Goldreich 等的文章 *Proofs that Yield Nothing but their Validity or All Languages in NP Have Zero-Knowledge Proof System* 及 *Zero-knowledge Twenty Years after its Invension*。

习题

1. 在一个零知识证明协议中，证明者必须具有多项式界计算能力吗？对验证者的计算能力有何要求？

2. 在 Okamoto 身份识别协议中，取 $p=88667,q=1031,t=10$。请取两个不同的阶为 q 的元素，并完成该身份识别协议的一个具体实现。

3. 假设你知道一个背包问题的解，试用零知识证明方式向你的朋友证明你的确知道此解，但又不将具体解告诉你朋友。

4. 试构造一个比特承诺函数。

第12章

量子密码技术简介

1984年，Bennett与Brassard利用量子力学线性叠加原理及不可克隆定理，首次提出了一个量子密钥协议，称为BB84协议（BB84 Protocol），可以实现安全的秘密通信。1989年IBM公司的Walson研究中心实现了第一次量子密钥传输演示实验。这些研究成果可以说将最终从根本上解决密钥分配这一世界性难题。

研究人员发现：以微观粒子作为信息的载体，利用量子技术，可以解决许多传统信息理论无法处理或是难以处理的问题。"量子密码"的概念就是在这种背景下提出的。当前，量子密码研究的核心内容，就是如何利用量子技术在量子信道上安全可靠地分配密钥。

与传统密码学不同，量子密码学利用物理学原理保护信息。通常把"以量子为信息载体，经由量子信道传送，在合法用户之间建立共享的密钥的方法"，称为量子密钥分配（Quantum Key Distribution，QKD），其安全性由"海森堡测不准原理"及"单量子不可复制定理"保证。2000年美国Los Alamos实验室自由空间中使用QKD系统成功实现传输距离为80km。目前，量子通信已进入大规模实验研究阶段，预计不久量子通信将成为现实。

"海森堡测不准原理"是量子力学的基本原理，它表明，在同一时刻以相同的精度测定量子的位置与动量是不可能的，只能精确测定两者之一。"单量子不可复制定理"是"海森堡测不准原理"的推论，它表明，在不知道量子状态的情况下复制单个量子是不可能的，因为要复制单个量子，就只能先作测量，而测量必然改变量子的状态。可利用量子的这些特性来解决秘密密钥分发的难题。

下面简单介绍光子的极化表示、光子极化编码以及利用光子极化编码来建立双方秘密通信的共享密钥。

1. 光子极化表示

一个光子的极化（态）可用二维复向量空间中的单位向量来表示。先选定一个基，称为极化基。用符号 $|\uparrow\rangle$ 及 $|\rightarrow\rangle$ 表示光子的两个基本极化（态）。可将 $|\uparrow\rangle$ 看作竖直方向，而将 $|\rightarrow\rangle$ 看作水平方向。$B_1 = \{|\uparrow\rangle, |\rightarrow\rangle\}$ 就是光子的一个极化基。于是，任何一个极化可表示成 $a|\uparrow\rangle + b|\rightarrow\rangle$，其中 a 与 b 是复数且满足 $|a|^2 + |b|^2 = 1$。

当然，也可以选择将光子基本极化（态）旋转45°得到另两个基本极化（态），即 $|\nwarrow\rangle$ 与 $|\nearrow\rangle$。这样，每个极化也可表示成 $a|\nwarrow\rangle + b|\nearrow\rangle$，从而 $B_2 = \{|\nwarrow\rangle, |\nearrow\rangle\}$ 也是一个极化

基。B_1 与 B_2 是光子的两种极化基。

2. 光子极化编码

设数据 m 是一个 $(0,1)$ 比特串。将 0 与 1 分别编码成 $|\uparrow\rangle$ 与 $|\rightarrow\rangle$，则 m 就可表示成一个光子极化串。如 $m=0111001010$ 就可编码成

$$m=|\uparrow\rangle|\rightarrow\rangle|\rightarrow\rangle|\rightarrow\rangle|\uparrow\rangle|\uparrow\rangle|\rightarrow\rangle|\uparrow\rangle|\rightarrow\rangle|\uparrow\rangle$$

3. 量子共享密钥

设 Alice 与 Bob 想借助量子信息建立他们的共享密钥进行秘密通信。首先他们需要两个信道：一个是量子信道，另一个是传统信道。他们利用量子信道来交换从纠缠光子源分离出来的极化光子，利用传统信道来将通常的信息发送给对方。假设窃听者可观察到传统信道上发送的信息，也可观察及重发量子信道上的光子。

假设 Alice 要将一个比特序列 m 发送给 Bob。她先对 m 中的每个比特 b_i 随机地选择极化基 B_1 或 B_2 对将进行编码：如果 Alice 对比特 b_i 选择极化基 B_1，则当 $b_i=0$ 时就编码成 $|\uparrow\rangle$，当 $b_i=1$ 时就编码成 $|\rightarrow\rangle$（当然，也可以将 0 编码成 $|\rightarrow\rangle$，而将 1 编码成 $|\uparrow\rangle$，但必须把编码规则告诉对方）；如果 Alice 对比特 b_i 选择极化基 B_2，则当 $b_i=0$ 时就编码成 $|\nwarrow\rangle$，当 $b_i=1$ 时就编码成 $|\nearrow\rangle$）。

Alice 每发送出一个光子，Bob 就随机选择一个相应的极化基 B_1 或 B_2 对收到的光子进行测量。因此，对 Alice 发出每一个光子，Bob 就根据选择的极化基对光子的测量得到一个元（即集合 $\{|\uparrow\rangle,|\rightarrow\rangle,|\nwarrow\rangle,|\nearrow\rangle\}$ 中的一个元）。Bob 记下他的测量并保密。当 Alice 发送完相应于 m 的所有比特的光子后，Bob 告诉 Alice 他测量每个光子的极化基。Alice 则反馈 Bob 她发送的光子极性的正确基。他们保存使用了相同基的比特，而抛弃其他使用不同基的比特。由于使用了两个不同的基，因此 Bob 所获得的比特大约会有一半与 Alice 所发送的比特相同。这样，Alice 与 Bob 就可将 Bob 所得到的与 Alice 所发送的相同的比特用作传统密码系统的密钥。

4. 量子共享密钥举例

假设 Alice 与 Bob 要利用量子信道建立一个共享密钥。Alice 先选定一个比特串 $m=0111001010$ 发送给 Bob。Alice 随机选择极化基

$$B_1,B_2,B_1,B_1,B_2,B_2,B_1,B_2,B_2,B_2$$

则她发送量子比特（即光子）给 Bob

$$|\uparrow\rangle,|\nearrow\rangle,|\rightarrow\rangle,|\rightarrow\rangle,|\nwarrow\rangle,|\nwarrow\rangle,|\rightarrow\rangle,|\nwarrow\rangle,|\nearrow\rangle,|\nwarrow\rangle$$

Bob 随机选择极化基

$$B_2,B_2,B_2,B_1,B_2,B_1,B_1,B_2,B_2,B_1$$

然后，Alice 对发送的量子比特进行测量，并记下每次测量的结果，且 Bob 告诉 Alice 他选择的极化基。Alice 则反馈 Bob 选择的第 $2,4,5,7,8,9$ 个极化基与她选择的相同。于是

$$|\nearrow\rangle,|\rightarrow\rangle,|\nwarrow\rangle,|\rightarrow\rangle,|\nwarrow\rangle,|\nearrow\rangle$$

就是 Bob 测量到的正确结果，它们对应的比特是 $1,1,0,1,0,1$。因此，Alice 与 Bob 就得到了相同的比特串 110101，他们就可用此比特串作为秘密通信的密钥。如果 Alice 发送

一个 112bit 的量子比特串给 Bob,则他们就可得到一个可用于 DES 加密体制的 56bit 的密钥。

一般来说,利用量子(态)来进行秘密密钥的分发的过程可由下列几个步骤组成。

(1) 量子传输:设 Alice 与 Bob 要利用量子信道建立一个共享的密钥,则 Alice 随机选取单光子脉冲的光子极化态和极化基将其发送给 Bob。Bob 再随机选择极化基进行测量,将测量到的量子比特串秘密保存。

(2) 数据筛选:传输过程中噪声以及窃听者的干扰等因素将使量子信道中的光子极化态发生改变,还有 Bob 的接受仪器测量的失误等各种因素,会影响 Bob 测量到的量子比特串,所以必须在一定的误差范围内对量子数据进行筛选,以得到确定的密码串。

(3) 数据纠错:如果经数据筛选后,通信双方仍不能保证各自保存的全部数据无偏差,可对数据进行纠错。目前比较好的方法是采用奇偶校验,具体做法是 Alice 与 Bob 将数据分为若干个数据区,然后逐区比较各数据区的奇偶校验子。例如,计算一个数据区的 1 的个数并进行比较,如果不相同,则将该数据区再细分,再继续上面的过程。在对某一数据区进行比较时,双方约定放弃该数据区的最后一个比特。上述操作过程重复多次,可在很大程度上减少窃听者所获得的密钥信息量。量子信息论的研究表明,这样做可使窃听者所获得的信息量按指数级减少。虽然数据纠错减少了密钥的信息量,但保证了密钥的安全性。

以上对量子密钥分配协议作了一个非常简单的介绍,有关其详细论述可参考 Wade Trappe 与 Lawrence C. Washington 的著作。

数论基本知识

A.1　整除与素数

定义 A.1　设 a 和 b 是整数，$b \neq 0$，如果存在整数 c 满足 $a = bc$，则称 b 整除 a，记成 $b \mid a$，并称 b 是 a 的因子，或称 b 是 a 的约数，而 a 为 b 的倍数。如果不存在上述的整数 c，则称 b 不整除 a，记成 $b \nmid a$。

整除的基本性质　由整除的定义，可得如下性质：

(1) $b \mid b$；

(2) 如果 $b \mid a, a \mid c$，则 $b \mid c$；

(3) 如果 $b \mid a, b \mid c$，则对任意整数 x, y，有 $b \mid (ax + cy)$；

(4) 如果 $b \mid a, a \mid b$，则 $b = \pm a$；

(5) 如果 $cb \mid ca$，则 $b \mid a$。

定理 A.1（带余除法）　设 a 和 b 是整数，$b \neq 0$，则存在整数 q, r，使得
$$a = bq + r, \quad \text{其中 } 0 \leqslant r < |b|$$

上述整数 q, r 是唯一确定的。整数 q 称为 a 被 b 除的商，r 称为 a 被 b 除所得的余数。

定义 A.2　设 $(a_1, a_2, \cdots, a_n)$ 是有限个不全为零的整数，如果存在一个整数 d 满足下列条件，则称 d 为 $a_1, a_2, \cdots, a_n$ 的最大公约数：

(1) d 是 $a_1, a_2, \cdots, a_n$ 的公约数，即 $d \mid a_1, d \mid a_2, \cdots, d \mid a_n$；

(2) d 是 $a_1, a_2, \cdots, a_n$ 的所有公约数中最大者，即如果整数 d_1 也是 $a_1, a_2, \cdots, a_n$ 的公约数，则 $d_1 \leqslant d$。

依定义可知，只要 $a_1, a_2, \cdots, a_n$ 不全为零，其最大公约数存在且唯一。一般记 $a_1, a_2, \cdots, a_n$ 的最大公约数为 $\gcd(a_1, a_2, \cdots, a_n)$ 或 $(a_1, a_2, \cdots, a_n)$。

如果 $(a_1, a_2, \cdots, a_n) = 1$，则称 $a_1, a_2, \cdots, a_n$ 是互素的。

由整除及最大公约数的定义，可得最大公约数的性质。

(1) 如果 $a \mid bc$，且 $(a, b) = 1$，则 $a \mid c$。

(2) 如果 $(a, c) = (b, c) = 1$，则 $(ab, c) = 1$。

（3）裴蜀（Bézout）恒等式：设 $a,b,\cdots,c$ 是不全为零的整数，则存在整数 $x,y,\cdots,z$，使得

$$ax+by+\cdots+cz=(a,b,\cdots,c)$$

特别地，如果 $a,b,\cdots,c$ 互素，则存在整数 $x,y,\cdots,z$，使得 $ax+by+\cdots+cz=1$。

（4）设 $(a,b,\cdots,c)=d$，则

$$\left(\frac{a}{d},\frac{b}{d},\cdots,\frac{c}{d}\right)=1$$

（5）设 a,b,r 不全为零，$a=bq+r$，则 $(a,b)=(b,r)$。

定义 A.3 设 p 为大于 1 的整数，如果 p 没有真因子，即 p 的正约数只有 1 和 p 自身，则称 p 为素数，否则称 p 为合数。

关于素数，有以下一些事实：

（1）素数有无穷多个。

（2）设 p 是素数，$a,b,\cdots,c$ 是整数。如果 p 整除乘积 $ab\cdots c$，则 $a,b,\cdots,c$ 中至少有一个被 p 整除。

（3）素数定理：设 $\pi(x)$ 表示不大于 x 的素数的数目，则 $\lim\limits_{x\to\infty}\pi(x)/(x/\ln x)=1$。素数定理表明，对充分大的 x，$\pi(x)$ 可用 $x/\ln x$ 来近似表示。

（4）算术基本定理：任一个大于 1 的整数 n 均可分解成若干个素数幂之积

$$n=p_1^{e_1}p_2^{e_2}\cdots p_k^{e_k}$$

其中，$p_i(1\leqslant i\leqslant k)$ 是互不相同的素数，$e_i(1\leqslant i\leqslant k)$ 是正整数。若不计因子的顺序，此分解是唯一的。

A.2 同余与模运算

定义 A.4 设有整数 a,b 及 n，称 a 关于模 n 与 b 同余，当且仅当 $n\mid b-a$。若 a 与 b 关于模 n 同余，则记成 $a\equiv b\bmod n$ 或 $a=b\bmod n$。

同余的基本性质如下：

（1）$a=a\bmod n$（自反性）。

（2）若 $a=b\bmod n$，则 $b=a\bmod n$（对称性）。

（3）若 $a=b\bmod n$ 且 $b=c\bmod n$，则 $a=c\bmod n$（传递性）。

（4）若 $a=b\bmod n$ 且 $c=d\bmod n$，则 $a\pm c=(b\pm d)\bmod n$，$ac=bd\bmod n$。

（5）若 $ac=bd\bmod n$ 且 $c=d\bmod n$ 及 $(c,n)=1$，则 $a=b\bmod n$。

显然，利用同余概念，所有整数关于模 n 可被分成 n 个不同的剩余类，即被 n 除余数为零的所有整数为一个剩余类；被 n 除余数为 1 的数为一个剩余类；被 n 除余数为 2 的数为一个剩余类；以此类推。若在每一个剩余类中取一整数为代表，形成一集合，则此集合称为模 n 的完全剩余系，以 $\mathbb{Z}_n$ 表示。在 $\mathbb{Z}_n$ 中定义加法 $\oplus$：

$$a\bmod n\oplus b\bmod n=(a+b)\bmod n，对任意 a,b\in\mathbb{Z}$$

此加法可称为模 n 加。$\mathbb{Z}_n$ 对该加法构成一个加法群。

在模 n 的完全剩余系中，若将所有与 n 互素的剩余类形成一集合，则此集合称为模 n

的既约剩余系，或简称缩系，以 Z_p^* 表示。例如，$n=10$ 时，$\{0,1,2,3,4,5,6,7,8,9\}$ 为模 10 的完全剩余系；而 $\{1,3,7,9\}$ 为模 10 的缩系。

设 a,b 为整数。若 $ab=1\ \mathrm{mod}\ n$，则称 b 为 a 在模 n 的乘法逆元，b 可表示为 a^{-1}。

定理 A.2 若 $(a,n)=1$，则存在唯一整数 $b:0<b<n$，且 $(b,n)=1$，使得 $ab=1\ \mathrm{mod}\ n$。

证明：由同余性质知，若 $(a,n)=1$ 且 $l=k\in\{0,1,2,\cdots,n-1\}$，则 $al=ak\ \mathrm{mod}\ n$。因此，集合 $\{0,a,2a,\cdots,(n-1)a\}$ 模 n 的一个完全剩余系，从而存在 $b(0<b<n)$，使 $ba=1\ \mathrm{mod}\ n$。

设 $ba=1+nt(t\in\mathbf{Z})$。如果 $(b,n)=d$，则 $d\,|\,ba,d\,|\,nt$。于是 $d\,|\,1$，即 $d=1$。

定义 A.5 令 $\varphi(n)$ 表示小于 n，且与 n 互素的所有整数的个数，即 $\varphi(n)$ 为模 n 缩系中所有元素的个数。此 $\varphi(n)$ 称为欧拉函数（Euler Function）。

例如，$\varphi(1)=1,\varphi(2)=1,\varphi(3)=2,\varphi(10)=4$。

Euler 函数具有以下基本性质：

(1) 若 p 是素数，则 $\varphi(p)=p-1$；反之亦成立，即若 p 为合数，则 $\varphi(p)\leqslant p-2$。

(2) 若 p 是素数，k 是任一正整数，则 $\varphi(p^k)=p^{k-1}(p-1)$。

(3) 若 $m=m_1m_2$，且 $(m_1,m_2)=1$，则 $\varphi(m)=\varphi(m_1)\varphi(m_2)$。

(4) 若 $n=p_1^{a_1}p_2^{a_2}\cdots p_t^{a_t}$ 是 n 的素数分解，则 $\varphi(n)=n\prod\limits_{i=1}^{t}(1-1/p_i)$。

证明：(1)显然成立。

(2) 因为不超过 p^k 且与 p^k 不互素的所有自然数为 $p,2p,3p,\cdots,(p^{k-1}\cdot p)$，共为 p^{k-1} 个整数，故不超过 p^k 且与 p^k 互素的所有正整数的个数为 p^k-p^{k-1}，即 $\varphi(p^k)=p^k-p^{k-1}=p^{k-1}(p-1)$。

(3) 利用概率知识来证明该性质。记 $\Omega=\{1,2,\cdots,m\}$，$E=\{x\in\Omega\,|\,\gcd(x,m)=1\}$，$E_i=\{x\in\Omega\,|\,(x,m=1)\}$，$i=1,2$。

则 $|\Omega|=m$，$|E|=\varphi(m)$，$|E_1|=m_2\varphi(m_1)$，$|E_2|=m_1\varphi(m_2)$。

设事件 A 指从 Ω 中随机取一数，该数属于 E。事件 A_i 指从 Ω 中随机取一数，该数属于 E_i，$i=1,2$。

因为 $\forall x\in\Omega$，有 $(x,m)=1$，当且仅当 $(x,m_1)=1$，且 $(x,m_2)=1$，即事件 A 发生当且仅当事件 A_1 与事件 A_2 同时发生。由于 $(m_1,m_2)=1$，故事件 A_1 与事件 A_2 是相互独立的，从而

$$P(A)=|E|/|\Omega|=\varphi(m)/m$$

因

$$P(A)=|E|/|\Omega|=\varphi(m)/m$$
$$P(A_1)=|E_1|/|\Omega|=m_2\varphi(m_1)/m=\varphi(m_1)/m_1$$
$$P(A_2)=|E_2|/|\Omega|=m_1\varphi(m_2)/m=\varphi(m_2)/m_2$$

所以

$$\varphi(m)/m=\varphi(m_1)/m_1\cdot\varphi(m_2)/m_2$$

即

$$\varphi(m)=\varphi(m_1)\varphi(m_2)$$

(4) 由性质(2)及性质(3)可得

$$\varphi(n)=\varphi(p_1^{a_1})\varphi(p_2^{a_2})\cdots\varphi(p_t^{a_t})$$
$$=p_1^{a_1-1}(p_1-1)p_2^{a_2-2}(p_2-1)\cdots p_t^{a_t-t}(p_t-1)$$
$$=p_1^{a_1}(p_1-1/p_1)p_2^{a_2}(p_2-1/p_2)\cdots p_t^{a_t}(p_t-1/p_t)$$
$$=n\prod_{k=1}^{t}(p_k-1/p_k)$$

定理 A.3 令 $\{r_1,r_2,\cdots,r_{\varphi(n)}\}$ 为模 n 的一个缩系。若 $(a,n)=1$，则 $\{ar_1,ar_2,\cdots,ar_{\varphi(n)}\}$ 也为模 n 的一个缩系。

证明： 设 $(ar_i,n)=d$，则 $d\,|\,a$ 且 $d\,|\,n$，或 $d\,|\,r_i$ 且 $d\,|\,n$。从而 $d\,|\,(a,n)$ 或 $d\,|\,(r_i,n)$，均有 $d=1$。此外，如果 $ar_i=ar_j\mod n$，由同余性质(5)知 $r_i=r_j\mod n$。因此，$\{ar_1,ar_2,\cdots,ar_{\varphi(n)}\}$ 为模 n 的一缩系。

欧拉定理（Euler 定理） 若 $(a,n)=1$，则 $a^{\varphi(n)}=1\mod n$。

证明： 令 $\{r_1,r_2,\cdots,r_{\varphi(n)}\}$ 为模 n 的缩系，由定理 1.3 知若 $(a,n)=1$，则 $\{ar_1,ar_2,\cdots,ar_{\varphi(n)}\}$ 也为模 n 的缩系。因此，

$$\prod_{i=1}^{\varphi(n)}(ar_i)\bmod n=\prod_{i=1}^{\varphi(n)}r_i\bmod n$$

即

$$(a^{\varphi(n)}\bmod n)(\prod_{i=1}^{\varphi(n)}r_i\bmod n)=\prod_{i=1}^{\varphi(n)}r_i\bmod n$$

于是得 $a^{\varphi(n)}=1\mod n$。

费马定理（Fermat 定理） 设 p 为素数且 $(a,p)=1$，则 $a^{p-1}=1\mod p$。

证明： 若 p 为素数，则 $\varphi(p)=p-1$，由欧拉定理即得证。

推论 设 a 与 p 为任意两个正整数，若 p 为素数，则 $a^p=a\mod p$。

A.3 模乘运算中的逆元与欧氏算法

已给 a 及 n 且 $(a,n)=1$，如何求出 a 关于模 n 的逆？

一种方法是利用欧拉定理：由欧拉定理可知 $aa^{\varphi(n)-1}=1\mod n$，因此，$a^{\varphi(n)-1}=a^{-1}\mod n$。

若 n 为素数，则 $\varphi(n)=n-1$。若 n 为合数，则 $\varphi(n)$ 不一定容易计算。

另一种方法是利用欧几里得算法：即多次利用辗转相除法求整数 a,n 的最大公因子 (a,n)。

令 $r_0=u,r_1=a,u\leqslant a$，利用辗转相除法可得

$$\text{用 } r_1 \text{ 除 } r_0: r_0=r_1q_1+r_2,\quad 0\leqslant r_2<r_1$$
$$\text{用 } r_2 \text{ 除 } r_1: r_1=r_2q_2+r_3,\quad 0\leqslant r_3<r_2$$

一般地，

$$\text{用 } r_{k-1} \text{ 除 } r_{k-2}: r_{k-2}=r_{k-1}q_{k-1}+r_k,\quad 0\leqslant r_k<r_{k-1}$$

因为诸余数 $r_0,r_1,\cdots$ 为整数，且满足

$$r_0>r_1>\cdots>r_{k-2}>\cdots\geqslant 0$$

所以上述的带余除法有限步后余数必为零,不妨设 $r_m \neq 0$ 但 $r_{m+1} = 0$,则最后两个等式为

$$r_{m-2} = r_{m-1} q_{m-1} + r_m, \quad 0 \leqslant r_m \leqslant r_{m-1}$$
$$r_{m-1} = r_m q_m + r_{m+1}, \quad r_{m+1} = 0$$

由于

$$(a, n) = (r_0, r_1) = (r_1, r_2) = \cdots = (v_{m-1}, r_m) = (r_m, r_{m+1}) = (r_m, 0) = r_m$$

可求得 $(a, n) = r_m$。

此外,由上述倒数第二个相除等式可得 $(a, n) = r_m = r_{m-2} - r_{m-1} q_{m-1}$,这说明 (a, n) 可表示成 r_{m-2}, r_{m-1} 的整系数线性组合;再用其上一个相除等式可得 $r_{m-1} = r_{m-3} - r_{m-2} q_{m-2}$,代入 $(a, n) = r_{m-2} - r_{m-1} q_{m-1}$ 的右端,消去 r_{m-1},得出 $(a, n) = (1 + q_{m-1} q_{m-2}) r_{m-2} - q_{m-1} r_{m-3}$,即 (a, n) 为 r_{m-2}, r_{m-3} 的线性组合;如此继续,最终可得 $(a, n) = sa + tn$。若 $(a, n) = 1$,则 $1 = sa + tn$。所以 $sa = 1 \bmod n$,因此 $s = a^{-1} \bmod n$。

一般来说,利用欧几里得算法求模乘运算的逆要更有效些。

1. Euclidean 算法

输入:非负整数 $a, b (a > b)$;

输出:$\gcd(a, b)$。

(1) 若 $b \neq 0$,则令 $r \leftarrow a \bmod b, a \leftarrow b, b \leftarrow r$;

(2) 返回 a。

2. 扩展的 Euclidean 算法

输入:非负整数 $a, b (a < b)$;

输出:$d = \gcd(a, b)$ 及满足等式 $as + bt = d$ 的 s 与 t。

(1) 若 $b = 0$,则执行 $d \leftarrow a, s \leftarrow 1, t \leftarrow 0$,并返回 (d, s, t);

(2) 令 $s_2 \leftarrow 1, s_1 \leftarrow 0, t_1 \leftarrow 0, t_2 \leftarrow 1$;

(3) 若 $b > 0$,则执行

$$q \leftarrow [a/b], r \leftarrow a \leftarrow qb, s \leftarrow s_2 \leftarrow qs_1, t \leftarrow t_2 \leftarrow qt_1,$$
$$a \leftarrow b, b \leftarrow r, s_2 \leftarrow s_1, s_1 \leftarrow s, t_2 \leftarrow t_1, t_1 \leftarrow t;$$

(4) $d \leftarrow a, s \leftarrow s_2, t \leftarrow t_2$;

(5) 返回 (d, s, t)。

A.4 Miller-Rabin 素性检测算法

定理 A.4 设 $n > 2$,且是一个奇整数,且 $n - 1 = 2^k m$,m 为奇数。a 是满足 $1 < a < n - 1$ 的整数。

(1) 若 $n > 2$ 是一个素数,则对所有满足条件 $\gcd(a, n) = 1$ 的 a,有 $a^m = 1 \bmod n$,或存在某个 $r: 0 \leqslant r \leqslant k - 1$,使得 $a^{2^r m} = -1 \bmod n$;

(2) 若 $a^m \neq 1 \bmod n$,且对所有 $i: 0 \leqslant i \leqslant k - 1$ 有 $a^{2^i m} \neq -1 \bmod n$,则 n 是合数;

（3）若对某个 a 有 $a^m = 1 \bmod n$，或存在某个 $r:0 \leqslant r \leqslant k-1$，使得 $a^{2^r m} = -1 \bmod n$，则 n 可能是素数。

（4）若 $n > 2$ 是一个奇合数，则至多有 $(n-1/4)$ 个满足 $1 < a < n-1$ 的整数 a，使得 $a^m = 1 \bmod n$，或存在某个 $r:0 \leqslant r \leqslant k-1$，使得 $a^{2^r m} = -1 \bmod n$。

这里不给出此定理的证明，有兴趣的读者可参考其他文献。该定理是下面的素性检测算法的理论依据。

Miller-Rabin 素性检测算法：

输入：奇整数 $n > 2$；

输出："n 可能是素数"或"n 是合数"。

（1）寻找奇数 m 及非负整数 k，使 $n-1 = 2^k m$；

（2）随机选取 $a:1 < a < n-1$；

（3）$r \leftarrow 0, x \leftarrow a^m \bmod n$；

（4）如果 $x = 1$ 或 $x = n-1$，则 n 通过检测，n 可能是素数，检测结束，否则执行下一步；

（5）如果 $r = k-1$，则 n 是合数，检测结束，否则执行下一步；

（6）$r \leftarrow r+1, x \leftarrow x^2 \bmod n$；

（7）如果 $x = n-1$，则 n 通过检测，n 可能是素数，检测结束，否则转执行第（5）步。

A.5　一次同余式

定义 A.6　设 $f(x) = a_m x^m + a_{m-1} x^{m-1} + \cdots + a_1 x + a_0$，其中 $m > 0, a_i (i=1,2,\cdots, m)$ 为整数。n 是正整数。称 $f(x) = 0 \bmod n$（或 $f(x) \equiv 0 \bmod n$）为 x 的 n 次同余式，或 x 的 n 次同余方程。

本节简单介绍一次同余式的解。

定理 A.5　令 a, b 及 n 为整数，且 $n > 0$ 及 $(a, n) = d$。

（1）若 $d \nmid b$，则 $ax = b \bmod n$ 无解；

（2）若 $d \mid b$，则 $ax = b \bmod n$ 恰好有 d 个模 n 不同余的解。

证明：由定义知，一次同余式等价于求两变量 x 及 y 满足 $ax - nx = b$。整数 x 为 $ax = b \bmod n$ 的一个解，当且仅当存在整数 y，使得 $ax - nx = b$。

当 $d \nmid b$ 时，因 $d \mid ax$ 及 $d \mid yn$，使得 $d \mid (ax - yn)$，故当 $d \nmid b$ 时，$ax - ny = b$ 无解。

当 $d \mid b$ 时，$ax = b \bmod n$ 有无限多个解。因为若 x_0 及 y_0 为解时，所有

$$\begin{cases} x = x_0 + (n/d)t \\ y = y_0 + (n/d)t \end{cases}$$

均为其解，其中 t 为任意整数。但上述解中只有 d 个模 n 的不同余类，因为 $(n/d)t \bmod n$ 中只有 d 个不同的同余类，即 $t = 0, 1, 2, \cdots, d-1$。

因此，可根据定理 A.5 判定一次同余式是否有解，若有解时，有多少个解。特别地，若 $(a, n) = 1$，则 $ax = b \bmod n$ 有唯一解。

下面介绍当有解时，如何求出其解。

利用欧几里得算法求出 $(a, n) = d$，若 $d \nmid b$，则上式无解。若 $d \mid b$，则令 $a' = a/d, b' =$

b/d，$n'=n/d$。因为$(a',n')=1$，所以

$$a'x'=b' \bmod n'$$

有唯一解。此解可以由扩展的 Euclidean 算法求出。

先利用扩展的 Euclidean 算法求 a' 为模 n' 的乘法逆元 $(a')^{-1}$，则 $x_0=(a')^{-1}b \bmod n'$ 即为其解。易证

$$x=x_0+(n/d)t \bmod n, \quad t=0,1,2,\cdots,d-1$$

即为 $ax=b \bmod n$ 的所有 d 个不同余的解。

例 A.1 求解 $111x=75 \bmod 321$。

解：因为 $(111,321)=3$ 且 $3|75$，故同余式 $111x=75 \bmod 321$ 有 3 个解。将同余式约去公因数 3，得 $37x=25 \bmod 107$。

求解 $37x=25 \bmod 107$ 时，先求 37 关于模 107 的逆元为 81，于是得 $37x=25 \bmod 107$ 的唯一解为

$$x_0=37^{-1}\times25=81\times25=2025=99 \bmod 107$$

故所求同余式的三个解为

$$x=99\times206\times313 \bmod 321$$

A.6　中国剩余定理

中国剩余定理（Chinese remainder theorem，CRT），又称为孙子剩余定理，最早记载于第一世纪的《孙子算经》中，为一次同余式的起源。其原问题为："今有物不知其数，三三数之剩二，五五数之剩三，七七数之剩二，问物几何？"这也就是求一次同余方程组

$$\begin{cases} x=2 \bmod 3 \\ x=3 \bmod 5 \\ x=2 \bmod 7 \end{cases}$$

的解。

定理 A.6（CRT） 设 $n_1,n_2,\cdots,n_t$ 为两两互素的正整数，令 $n=n_1,n_2,\cdots,n_t$。则同余方程组

$$\begin{cases} x=a_1 \bmod n_1 \\ x=a_2 \bmod n_2 \\ \quad\vdots \\ x=a_t \bmod n_t \end{cases}$$

有唯一解

$$x=((n/n_1)x_1a_1+(n/n_2)x_2a_2+\cdots+(n/n_t)x_ta_t)\bmod n$$

其中，x_i 为一次同余式 $(n/n_i)x=1 \bmod n_i$ 的解，$i=1,2,\cdots,t$。

证明：由于 $n_1,n_2,\cdots,n_t$ 两两互素，故对所有 $i=1,2,\cdots,t$，有 $(n/n_i,n_i)=1$。因此，一次同余式 $(n/n_i)x=1 \bmod n_i$ 有唯一解 x_i。而显然当 $j\neq i$ 时有 $(n/n_i)x_i=0 \bmod n_j$。所以对任意 i：$1\leqslant i\leqslant t$，有

$$(((n/n_1)x_1a_1+(n/n_2)x_2a_2+\cdots+(n/n_t)x_ta_t)\bmod n)\bmod n_i$$
$$=((n/n_1)x_1a_1+(n/n_2)x_2a_2+\cdots+(n/n_t)x_ta_t)\bmod n_i$$
$$=((n/n_i)x_ia_i)\bmod n_i$$
$$=((n/n_i)x_i\bmod n_i)(a_i\bmod n_i)$$
$$=a_i\bmod n_i$$

故 $x=((n/n_1)x_1a_1+(n/n_2)x_2a_2+\cdots+(n/n_t)x_ta_t)\bmod n$ 为上述同余方程组的解。

若同余方程组有两个解,分别为 x 及 z,则对所有 $i:1\leqslant i\leqslant t$,有 $x=z=a_i\bmod n_i$,故 $n_i\mid(x-z)$。因此 $n\mid(x-z)$,即 $x=z\bmod n$。由此可知,该此同余方程组的解是唯一的。

例 A.2　求一次同余方程组

$$\begin{cases}x=2\bmod 3\\x=3\bmod 5\\x=2\bmod 7\end{cases}$$

的解。

解:$n=3\times5\times7=105$。解三个一次同余方程 $35x=1\bmod 3,21x=1\bmod 5$ 及 $15x=1\bmod 7$ 分别得 $x_1=2,x_2=1$ 及 $x_3=1$。由定理 A.6 得该同余方程组的解为 $x=35\times2\times2+21\times1\times3+15\times1\times2=23\bmod 105$。

A.7　二次剩余、勒让德符号与雅可比符号

定义 A.7　令 n 为正整数,若整数 a 满足 $(a,n)=1$ 且二次同余方程
$$x^2=a\bmod n$$
有解,则称 a 为模 n 的二次剩余。否则称 a 为模 n 的二次非剩余。

通常以符号 Q_n 表示所有模 n 的二次剩余的集合;以 $\bar{Q}_n$ 表示所有模 n 的二次非剩余的集合。

定理 A.7　令 p 为奇素数,则模 p 的缩系中有 $\frac{1}{2}(p-1)$ 个二次剩余,有 $\frac{1}{2}(p-1)$ 个二次非剩余。即 $|Q_p|=\frac{1}{2}(p-1)$,且 $|\bar{Q}_p|=\frac{1}{2}(p-1)$。

证明:若 $a\in Q_p$,则 $x^2=a\bmod p$ 至少有一解 x_1,且 $p-x_1$ 也为其解,因为
$$(p-x_1)^2=(p^2-2px_1+x_1^2)\bmod p=x_1^2=a\bmod p$$
且对于 $p>2,p-x_1\neq x_1$。

显然,$1^2,2^2,\cdots,\left(\dfrac{p-1}{2}\right)^2$ 均为二次剩余。且若其中有两数 $a^2,b^2:1\leqslant a,b\leqslant(p-1)/2$ 关于模 p 同余,则 $a^2-b^2=(a-b)(a+b)=0\bmod p$,于是 $p\mid a-b$ 或 $p\mid a+b$,不可能。

此外,并无其他二次剩余。因为,若 $a\in Q_p$,则其平方根 x_1 或 $p-x_1$ 必有一在集合 $1,2,\cdots,(p-1)/2$ 中。

定理 A.8　若 p 为奇素数,且 $0<a<p$,则
$$a^{(p-1)/2}\bmod p=\begin{cases}1,&\text{若 }a\in Q_p\\-1,&\text{若 }a\in\bar{Q}_p\end{cases}$$

证明：由费马定理知 $a^{(p-1)/2}-1=0 \bmod p$。因 p 为奇数，故有

$$(a^{(p-1)/2}+1)(a^{(p-1)/2}-1)=0 \bmod p$$

即 $a^{(p-1)/2}=1 \bmod p$ 或 $a^{(p-1)/2}=-1 \bmod p$。若 $a \in Q_p$，则存在 x，使得 $x^2=a \bmod p$，因此

$$a^{(p-1)/2}=1 \bmod p=(x^2)^{(p-1)/2}=x^{p-1} \bmod p=1 \bmod p$$

所以 $a^{(p-1)/2}=1 \bmod p$ 有 $(p-1)/2$ 个解。但因 $a^{(p-1)/2}=1 \bmod p$ 是 a 的 $(p-1)/2$ 次同余方程，故最多仅有 $(p-1)/2$ 个解。而其余的 $(p-1)/2$ 个二次非剩余，必为 $a^{(p-1)/2}=-1 \bmod p$ 的解。

勒让德（Legendre）符号定义　设 p 为奇素数，$(a,p)=1$。勒让德符号 $\left(\dfrac{a}{p}\right)$ 定义为

$$\left(\frac{a}{p}\right)=\begin{cases}1, & \text{如果 } a \in Q_p \\ -1, & \text{如果 } a \in \bar{Q}_p\end{cases}$$

显然，若 $(a,p)=1$，则 $\left(\dfrac{a^2}{p}\right)=1$。特别有 $\left(\dfrac{1}{p}\right)=1$。

雅可比（Jacobi）符号定义　设 n 为奇正整数，$n=p_1 p_2 \cdots p_t$，$p_i(i=1,2,\cdots,t)$ 为素数，$(a,n)=1$，则雅可比符号定义为

$$\left(\frac{a}{n}\right)=\left(\frac{a}{p_1 p_2 \cdots p_t}\right)=\left(\frac{a}{p_1}\right)\left(\frac{a}{p_2}\right)\cdots\left(\frac{a}{p_t}\right)$$

定理 A.9　设 n,m 为奇正整数。

(1) $\left(\dfrac{1}{n}\right)=1$，$\left(\dfrac{-1}{n}\right)=(-1)^{(n-1)/2}$。

(2) 若 a、b 均与 n 互素，则

$$\left(\frac{ab}{n}\right)=\left(\frac{a}{n}\right)\left(\frac{b}{n}\right)$$

(3) 若 $a=b \bmod n$，且 a 与 n 互素，则 $\left(\dfrac{a}{n}\right)=\left(\dfrac{b}{n}\right)$。

(4) 若 a 与 n 及 m 均互素，则

$$\left(\frac{a}{n}\right)\left(\frac{a}{m}\right)=\left(\frac{a}{nm}\right)$$

(5) $$\left(\frac{2}{n}\right)=(-1)^{\frac{n^2-1}{8}}$$

(6) $$\left(\frac{a}{n}\right)=\left(\frac{a \bmod n}{n}\right)$$

(7) 若 $(n,m)=1$，则

$$\left(\frac{m}{n}\right)\left(\frac{n}{m}\right)=(-1)^{\frac{(n-1)(m-1)}{4}} \quad \text{（二次互反律）}$$

勒让德符号为雅可比符号的特殊情况（n 为奇素数）。由勒让德符号的定义及定理 A.8 可知，求勒让德符号只需一次指数模乘法。由雅可比符号的定义，当 n 有素因子分解 $n=p_1 p_2 \cdots p_t$ 时，求相应的雅可比符号最多只需要 t 次指数乘法。若利用定理 A.9，还可更快速地求得雅可比符号。

当无法分解因子 n 时,仍存在快速地求 Jacobi 符号 $\left(\dfrac{a}{n}\right)$ 的算法,如下面是一个求 Jacobi 符号的递归算法。

输入:n 为奇正整数,整数 a:$0 \leqslant a \leqslant n$;

输出:$\left(\dfrac{a}{n}\right)$。

(1) 如果 $a=0$,则返回 0;

(2) 如果 $a=1$,则返回 1;

(3) 令 $a=2^t a_1$,其中 a_1 是奇数:

① 当 t 为偶数时,置 $s \leftarrow 1$;

② 当 t 为奇数时,置 $s \leftarrow \begin{cases} 1, & n=1,7 \bmod 8 \\ -1, & n=3,5 \bmod 8 \end{cases}$

(4) 当 $n=3 \bmod 4$ 且 $a_1=3 \bmod 4$,置 $s \leftarrow -s$;

(5) 置 $n_1 = n \bmod a_1$;

(6) 输出 $s\left(\dfrac{n_1}{a_1}\right)$。

Jacobi 符号的递归算法成立的依据是定理 A.9,推导过程如下:

$$\left(\frac{a}{n}\right) = \left(\frac{2^t a_1}{n}\right) = \left(\frac{2}{n}\right)^t \left(\frac{a_1}{n}\right) = \left(\frac{2}{n}\right)^t \cdot (-1)^{\frac{(n-1)(a_1-1)}{4}} \left(\frac{n}{a_1}\right)$$

$$= (-1)^{\frac{(n-1)(a_1-1)}{4}} \cdot \left(\frac{2}{n}\right)^t \cdot \left(\frac{n \bmod a_1}{a_1}\right)$$

$$= (-1)^{\frac{(n-1)(a_1-1)}{4}} \cdot \left(\frac{2}{n}\right)^t \cdot \left(\frac{n_1}{a_1}\right)$$

下面的定理 A.10 在 RSA,Rabin 及 Goldwasser-Micali 概率公钥密码体制具有较重要的意义。这里只给出前两条结论的证明。

定理 A.10 设 $n=pq$ 为两个奇素数之积。令 $a \in \mathbf{Z}_p^*$,则

(1) 当且仅当 $a \in \mathbf{Q}_p$ 且 $a \in \mathbf{Q}_q$ 时,$a \in \mathbf{Q}_p$;

(2) 若 $a \in \mathbf{Q}_n$,则同余方程 $x^2 = a \bmod n$ 在 $\mathbf{Z}_n^*$ 中有 4 个解;

(3) 若 $a \in \mathbf{Q}_n$,且 p 及 q 均为已知,则 $x^2 = a \bmod n$ 的 4 个解均可在多项式时间内求出;

(4) 设 $a \in \mathbf{Q}_n$,如果已知 $x^2 = a \bmod n$ 的两组解中任一组解,则 n 可在多项式时间内分解 p 及 q。

(5) 假设 n 的两个素数因子保密或为未知数,如果存在一个算法 $\mathcal{P}$,使对模 n 的任一个二次剩余 a,可解二次同余方程 $x^2 = a \bmod n$,则算法 $\mathcal{P}$ 可在多项式时间内因子分解 n。

证明:(1) 如果 $a \in \mathbf{Q}_n$,则存在 $z \in \mathbf{Z}_n^*$ 使 $z^2 = a \bmod n$。令 $z_p = z \bmod p$,$z_q = z \bmod q$,则 $z_p^2 = a \bmod p$ 及 $z_q^2 = a \bmod q$,这就说明 $a \in \mathbf{Q}_p$ 且 $a \in \mathbf{Q}_q$。

如果有 $a \in \mathbf{Q}_p$ 且 $a \in \mathbf{Q}_q$,那么分别存在 $u \in \mathbf{Z}_p^*$ 与 $v \in \mathbf{Z}_q^*$ 使 $u^2 = a \bmod p$ 及 $v^2 = a \bmod q$。由中国剩余定理,同余方程组

$$\begin{cases} x = u \mod p \\ x = v \mod q \end{cases}$$

有唯一解,令其解为 $x = w \mod n$。于是

$$w^2 = u^2 \mod p = a \mod p$$

及

$$w^2 = v^2 \mod q = a \mod q$$

从而得 $w^2 = a \mod n, a \in Q_n$。

(2) 若 $a \in Q_n$,则存在 $z \in \mathbf{Z}_n^*$ 使 $z^2 = a \mod n$。令 $z_p = z \mod p, z_q = z \mod q$,则由 $\{z_p, n - z_p\}$ 及 $\{z_q, n - z_q\}$,应用中国剩余定理,可得 $x^2 = a \mod n$ 的两两不同余的 4 个解。

设 $n = pq$ 为两奇素数的乘积,记 $Q_{ij}(n) = \{z \mid z \in \mathbf{Z}_n^*, \left(\dfrac{z}{p}\right) = (-1)^i, \left(\dfrac{z}{q}\right) = (-1)^j\}$,$i, j = 0, 1$。

由

$$\left(\frac{z}{n}\right) = \left(\frac{z}{p}\right)\left(\frac{z}{q}\right)$$

知,$\mathbf{Z}_n^*$ 中元素可按 Jacobi 符号分成 4 类:$Q_{00}(n), Q_{01}(n), Q_{10}(n), Q_{11}(n)$。

由定理 A.10 知,$z \in Q_{00}(n)$ 当且仅当 z 是模 n 的二次剩余时成立。此外,当 $z \in Q_{01}(n)$ 或 $Q_{10}(n)$ 时,易知 z 为二次非剩余,即可在多项式时间内判断其为二次非剩余。若 $x \in Q_{00}(n)$ 或 $Q_{11}(n)$,则判断 z 是否为二次剩余的困难性等价于因子分解 n 的困难性。

定义 A.8　如果 $p = 3 \mod 4$ 且 $q = 3 \mod 4$,则称 $n = pq$ 为 Blum 整数。

定理 A.11　设 n 为 Blum 整数,则

(1) 若 a 为模 n 的二次剩余,则 $a^{(n-p-q+5)/8}$ 是 a 的同余方程 $x^2 = a \mod n$ 的一个解;

(2) 若 a 为模 n 的二次剩余,则同余方程 $x^2 = a \mod n$ 恰好在 $Q_{00}(n), Q_{10}(n), Q_{11}(n)$ 及 $Q_{01}(n)$ 中各有一解。

代数基本知识

本节简要介绍几个最基本的代数结构：群、环、域、多项式环、扩域。

B.1 群

定义 B.1 设 G 是非空集合。若在 G 内定义了一种代数运算"。"，且满足下述四个条件，则称 G（对运算"。"）构成一个群。

（1）封闭性成立：对任意 $a,b \in G$，恒有 $a \circ b \in G$；

（2）结合律成立：对任意 $a,b,c \in G$，有 $(a \circ b) \circ c = a \circ (b \circ c)$；

（3）有单位元：存在 $e \in G$，对任意 $a \in G$，有 $a \circ e = e \circ a = a$；

（4）每元有逆元：对任意 $a \in G$，存在 $b \in G$，使 $a \circ b = b \circ a = e$。$b$ 称为 a 的逆元。

在上述定义中，运算"。"可以是通常的乘法或加法。若"。"称为乘法，则称 G 为乘（法）群，相应的单位元常记为 1，a 的逆元记为 a^{-1}；若"。"称为加法，则称 G 为加（法）群，相应的单位元常记为 0，一般称为零元。a 的逆元记为 $-a$。

一般情况下，记

$$\underbrace{a \circ a \circ \cdots \circ a}_{k} = a^{k}$$

群 G 所含元素的个数，称为该群的阶。若群 G 包含有限个元素，则称为 G 有限群；否则，称 G 为无限群。

若对群 G 中任何 $a,b \in G$，有 $a \circ b = b \circ a$，则称 G 为交换群或 Abel 群。

例 B.1 整数集对数的加法运算、任何不含零的数集（有理数集、实数集等）及剩余类集 $\mathbb{Z}_n$ 关于模 n 的加法运算均构成一个 Abel 群。$\mathbb{Z}_n$ 是一个阶为 n 的有限群。$\mathbb{Z}_n$ 关于模 n 的乘法运算不一定构成一个群，因为并不是所有的元素都一定有逆元。但是集合 $\mathbb{Z}_n^* = \{x \mid \gcd(n,x) = 1, 1 \leqslant x \leqslant n-1\}$ 关于模 n 的乘法运算构成一个阶为 $\varphi(n)$ 的有限群。

定义 B.2 设 H 是 G 的一个非空子集，如果 H 本身在群 G 的运算之下构成一个群，则称 H 是 G 的一个子群。如果 H 是 G 的一个子群，且 $H \neq G$，则称 H 是 G 的一个真子群。

定义 B.3 设 G 是一个群，如果 G 中有一个元素 α 使得对每一个 $b \in G$ 都存在一个整

数 i，使得 $b=a^i$，则称 G 是一个循环群，a 称为 G 的一个生成元。

定义 B.4 设 G 是一个群，$a \in G$，a 的阶定义为使得 $a^t=1$ 成立的最小正整数 t（假定这样的正整数存在的话）。如果这样的正整数 t 不存在，那么 a 的阶定义为 ∞。

如果 G 是一个群，$a \in G$，则 $\{a^k \mid k \in \mathbf{Z}\}$ 构成 G 的一个循环子群，称为由 a 生成的子群，记为 $<a>$。显然，$<a>$ 的阶与 a 的阶相同。

定理 B.1 设 G 是一个有限群，则

(1) 若 H 是 G 的一个子群，则群 H 的阶是 G 阶的因子；

(2) 循环群的子群也是循环群；

(3) 如果 G 是一个阶为 n 的循环群，那么对 n 的每一个正因子 d，G 恰好包含一个阶为 d 的子群；

(4) 如果 $a \in G$ 的阶为 t，则 a^k 的阶是 $t/(t,k)$；

(5) 设 G 是一个阶为 n 的循环群，$d \mid n$，则 G 恰好有 $\varphi(d)$ 个阶为 d 的元素。特别地，G 有 $\varphi(n)$ 个生成元。

B.2 环

定义 B.5 若一个集合 R 上定义了两种二元运算："+"（称为加法）及"×"（称为乘法），且满足下列四个条件，则称 R 对这两种运算构成一个环，一般记为 $(\mathbf{R}, +, \times)$。

(1) $(\mathbf{R}, +)$ 是一个 Abel 群，其恒等元，称为零元，用 0 表示；

(2) 结合律成立：即对任何 $a, b, c \in \mathbf{R}$，有 $a \times (b \times c) = (a \times b) \times c$；

(3) 存在一个非零元的乘法恒等元，称为单位元，用 1 表示：即对任意 $a \in R$，有 $a \times 1 = 1 \times a = a$；

(4) 乘法对加法的分配律成立。即对任何 $a, b, c \in \mathbf{R}$，下式成立：

$$a \times (b+c) = (a \times b) + (a \times c)$$
$$(b+c) \times a = (b \times a) + (c \times a)$$

在运算明确的情况下，环 $(\mathbf{R}, +, \times)$ 又可简记为 $\mathbf{R}$。

如果一个环 $(\mathbf{R}, +, \times)$ 还满足条件：对任意 $a, b \in \mathbf{R}$，有 $a \times b = b \times a$，则称环 $(\mathbf{R}, +, \times)$ 为交换环。

例 B.2 整数集 $\mathbf{Z}$、有理数集 $\mathbf{Q}$、实数集 $\mathbf{R}$ 及复数集 $\mathbf{C}$ 关于通常的加法和乘法运算均构成一个交换环。若 n 是一个正整数，则模 n 的剩余类集 $\mathbf{Z}_n$ 关于模 n 的加法和乘法构成一个交换环，称为模 n 的剩余类环。

B.3 域

定义 B.6 设 F 是一个交换环，若 F 中的所有的非零元素对乘法都存在逆元，则称 F 为一个域。如果一个域所包含的元素是有限的，则称它是有限域，否则称其为无限域。有限域中所含元素的个数称为有限域 F 的阶。

在密码学中应用到的域一般是有限域。有限域又常称为 Galois 域，并以 $GF(q)$ 或 $\mathbf{F}_q$ 表

示,其中 q 表示有限域的阶。

定义 B.7 设F是一个域,如果存在一个满足下列等式的最小正整数 m:

$$\underbrace{1+1+\cdots+1}_{m}=0,即 m \cdot 1=0$$

则称 m 是F的特征,否则称F的特征为 0。

例 B.3 整数环 $\mathbb{Z}$ 不是一个域,因为除 1 和 -1 的其他整数均无乘法逆元。有理数集 $\mathbb{Q}$、实数集 $\mathbb{R}$ 和复数集 $\mathbb{C}$ 在通常的加法和乘法运算下构成特征为 0 的域。若 p 是一个素数,则模 p 的剩余类环构成一个域,其特征为 p。若 n 是合数,则剩余类环 $\mathbb{Z}_n$ 不构成域,因为若 d 是 n 的一个因子,则 d 作为剩余类环 $\mathbb{Z}_n$ 中的元不存在逆元。

定理 B.2 如果一个域的特征不是 0,则它的特征必是素数。

证明:设域F的特征为 n,$n=n_1 \cdot n_2$ 是一个合数。那么由 $n \cdot 1=0$ 得 $(n_1 \cdot 1) \times (n_2 \cdot 1)=0$,于是有 $n_1 \cdot 1=0$ 或 $n_2 \cdot 1=0$。这与特征 n 为满足 $n \cdot 1=0$ 的最小正整数矛盾。

定义 B.8 设E是一个域,F是E的一个子集,如果F关于E的运算自身也构成一个域,则称F为E的子域,也称E为F的扩域。

定义 B.9 设 F_1 与 F_2 是两个域,称 F_1 到 F_2 的一个映射 σ 为一个同构(映射),如果 σ 是保持运算的映射,即对任意的 $a,b \in F$ 有以下结论:

$$\sigma(a+b)=\sigma(a)+\sigma(b)$$
$$\sigma(a \cdot b)=\sigma(a) \cdot \sigma(b)$$

定理 B.3 设F是有限域,则

(1) 在同构意义下,阶与F相同的有限域只有一个;

(2) 所含元素的阶是某个素数的幂,该素数为F的特征;

(3) 设的阶为 $q=p^n$,p 是一个素数,则F的任何一个子域的阶为 p^m,其中 m 是 n 的因子。且对 n 的任何一个因子 d,有且仅有F的一个子域,其阶为 p^d。该子域由F中所有满足等式 $a^{p^d}=a$ 的元素所组成;

(4) 记 F_q^* 为有限域 F_q 的所有非零元构成的集合,则 F_q^* 关于乘法做成一个阶为 $q-1$ 的循环群。因此,对所有的 $a \in F_q$,有 $a^q=a$。这个群称为 F_q 的乘法群,乘法群 F_q^* 的生成元称为 F_q 的本原元,共有 $\varphi(q-1)$ 个本原元;

(5) 设 F_q(其中 $q=p^n$)是一个有限域,则对任何 $a,b \in F_q$ 及非负整数 $k \geqslant 0$,有

$$(a+b)^{p^k}=a^{p^k}+b^{p^k}$$

B.4 多项式环

定义 B.10 设F是一个域,对于多项式

$$f(x)=a_n x^n+\cdots+a_1 x+a_0, \quad a_i \in F, i=0,1,2,\cdots,n$$

如果 $a_n \neq 0$,则称 $f(x)$ 是域F上的 n 次多项式,记作 $\deg f=n$,并称 a_n 为 $f(x)$ 的首项系数。当 $f(x)$ 的所有系数都是 0 时,就说 $f(x)$ 是零多项式,仍用 0 表示,约定 $\deg(0)=-\infty$。

记F全体多项式所组成的集为 $F[x]$,设 $f(x)=\sum_{i=0}^{n} a_i x^i, g(x)=\sum_{i=0}^{m} b_i x^i \in F[x]$。

不妨设 $n < m$，并约定 $a_{n+1} = a_{n+2} = \cdots = a_m = 0$。

定义 $F[x]$ 中的加法和乘法运算如下：

加法运算：

$$f(x) + g(x) = \sum_{i=0}^{m} (a_i + b_i) x^i$$

乘法运算：

$$f(x) \cdot g(x) = \sum_{k=0}^{m+n} \left(\sum_{i+j=k} a_i b_j \right) x^k$$

显然有 $f(x) + g(x) \in F[x], f(x) \cdot g(x) \in F[x]$。

容易验证 $F[x]$ 对这样定义的多项式加法与乘法构成一个交换环，通常称之为多项式环。

定理 B.4（多项式的带余除法） 设 $f(x), g(x) \in F[x], g(x) \neq 0$，则 $F[x]$ 中存在唯一的一对多项式 $q(x)$ 和 $r(x)$，使得

$$f(x) = q(x) g(x) + r(x)$$

其中，$r(x) = 0$ 或是次数低于 $g(x)$ 的多项式。

多项式 $q(x)$ 称为商式，$r(x)$ 称为余式。当 $r(x) = 0$ 时，可认为 $g(x)$ 整除 $f(x)$，并称 $g(x)$ 是 $f(x)$ 的因式，或 $f(x)$ 是 $g(x)$ 的倍式，记为 $g(x) \mid f(x)$。当 $r(x) \neq 0$ 时，就说 $g(x)$ 不整除 $f(x)$。

如果 $F[x]$ 中多项式 $h(x)$ 既是 $f(x)$ 的因式，又是 $g(x)$ 的因式，则称 $h(x)$ 为 $f(x)$ 和 $g(x)$ 的公因式。$f(x)$ 与 $g(x)$ 的公因式中次数最高且首项系数为 1 的公因式 $d(x)$ 称为 $f(x)$ 和 $g(x)$ 的最大公因式，记为 $\gcd(f(x), g(x))$ 或 $(f(x), g(x))$。

当 $(f(x), g(x)) = 1$ 时，就称 $f(x)$ 和 $g(x)$ 互素。类似于整数的情形，求两个不全为零的多项式的最大公因式也有相应的（扩展）Euclidean 算法。

下面介绍多项式环中的扩展 Euclidean 算法（Extended Euclidean Algorithm）。

输入：$a(x), b(x) \in F[x]$；（假设 $0 \leqslant \deg b(x) \leqslant \deg a(x)$）

输出：$d(x), u(x), v(x)$。（满足 $d(x) = \gcd(a(x), b(x)) = a(x) u(x) + b(x) v(x)$）

(1) 置向量 $S := \langle a(x), 1, 0 \rangle$ 及 $T := \langle b(x), 0, 1 \rangle$；

(2) 当 $T[1] \neq 0$ 时重复下列步骤：

① $W := S - quo(S[1], T[1]) \cdot T$；//$S[i], T[i]$ 分别表示 S, T 的第 i 的分量，$quo(S[1], T[1])$ 表示 $T[1]$ 除 $S[1]$ 的商？//

② $S := T, T := W$；

(3) 置 $d(x) := S[1], u(x) := S[2], v(x) := S[3]$；

(4) 输出 $d(x), u(x), v(x)$。

定理 B.5（唯一因式分解定理） $F[x]$ 中任一次数大于零、首项系数为 1 的多项式可唯一地分解为 $F[x]$ 中有限个首项系数为 1 的不可约多项式之积（不考虑这些不可约多项式在乘积中的次序）。

与整数类似，多项式也有取模运算。

定义 B.11 设 $f(x), g(x), m(x) \in F[x], m(x) \neq 0$，如果 $m(x) \mid (f(x) - g(x))$，则称

$f(x)$ 和 $g(x)$ 关于模 $m(x)$ 同余,记作 $f(x) \equiv g(x) \bmod m(x)$ 或 $f(x) = g(x) \bmod m(x)$。

设 $m(x) \in \mathbf{F}[x]$ 是一个给定的非零多项式,$f(x)$ 是 $\mathbf{F}[x]$ 中任一多项式。$f(x)$ 关于 $m(x)$ 取模运算是指取用 $m(x)$ 去除 $f(x)$ 后得到的余式,记为 $f(x) \bmod m(x)$。于是,$f(x)$ 和 $g(x)$ 关于模 $m(x)$ 同余,就是它们分别用 $m(x)$ 除后得到的余式相同。

多项式的取模同余是 $\mathbf{F}[x]$ 中的一个等价关系,按此关系将 $\mathbf{F}[x]$ 分类,$f(x)$ 的同余类是 $\mathbf{F}[x]$ 中所有与 $f(x)$ 与模 $m(x)$ 同余的多项式所构成的集合。与整数中情形不同的是,模 $m(x)$ 同余类的类数不必是有限的。

定义 B.12 设 $f(x)$ 是 $\mathbf{F}[x]$ 上的一个次数大于零的多项式,如果它不能分解成两个低次数的多项式的乘积,则称 $f(x)$ 是 F 上的不可约多项式。

密码学中所涉及的不可约多项式一般是有限域上的不可约多项式。例如,$x^2 + x + 1$ 是 $\mathbf{F}_2$ 上的唯一的二次不可约多项式;$x^3 + x + 1$ 与 $x^3 + x^2 + 1$ 是 $\mathbf{F}_2$ 上的两个三次不可约多项式;$x^6 + x^4 + 1$ 是 $\mathbf{F}_7$ 上的不可约多项式;$x^{17} + x^{11} + x^6 + x + 1$ 是 $\mathbf{F}_{23}$ 上的不可约多项式;$x^{157} + x^{108} + x^2 + x + 1$ 是 $\mathbf{F}_2$ 上的不可约多项式。

定义 B.13 设 $\mathbf{F}$ 是一个域,$m(x)$ 是 F 上的 n 次不可约多项式,令
$$\mathbf{F}[x]/(m(x)) = \{a_{n-1}x^{n-1} + \cdots + a_1 x + a_0 \mid a_i \in \mathbf{F}\}$$
即 $\mathbf{F}[x]/(m(x))$ 是模 $m(x)$ 的完全剩余类的集合。容易验证,$\mathbf{F}[x]/(m(x))$ 对如下定义的加法及乘法就构成一个域。

定义加法 $\oplus$:
$$f(x) \oplus g(x) = (f(x) + g(x)) \bmod m(x),\ \text{对任意}\ f(x), g(x) \in \mathbf{F}[x]/(m(x))$$

定义乘法 $\otimes$:
$$f(x) \otimes g(x) = (f(x) \cdot g(x)) \bmod m(x),\ \text{对任意}\ f(x), g(x) \in \mathbf{F}[x]/(m(x))$$

即所定义的加法与乘法是普通多项式的加法与乘法模 $m(x)$。若 $\mathbf{F} = \mathbf{F}_p$,$\mathbf{F}_p[x]/(m(x))$ 是阶为 p^n 的有限域,其中 p 为素数。

定义 B.14 设 E 是域 F 的一个扩域,$S \subseteq E$ 是 F 的一个子集。记 $F(S)$ 是包含 F 及 S 的最小域。若 S 是有限子集,则称 $F(S)$ 为 F 的有限扩域。

定义 B.15 设 F 是一个域,α 是 F 的某个扩域中的元。若 α 是 $F[x]$ 中的某个多项式的根,则称 α 是 F 上的代数元,否则称为超越元。

定理 B.6 设 E 是域 F 的一个扩域,$\alpha \in E$ 是 $F[x]$ 中 n 次不可约多项式 $m(x)$ 的根。则
(1) $F(\alpha) = \{a_{n-1}\alpha^{n-1} + \cdots + a_1\alpha + a_0 \mid a_i \in \mathbf{F}\}$;
(2) 扩域 $F[\alpha]$ 与 $F[x]/(m(x))$ 是同构的。

证明:(1) 显然,$F[\alpha]$ 中任一元可表示成 $\dfrac{u(\alpha)}{v(\alpha)}$ 的形式,其中 $u(\alpha), v(\alpha)(\neq 0) \in F[\alpha]$。

由于 $m(x)$ 不可约,故 $v(x)$ 与 $m(x)$ 互素,因而存在多项式 $s(x)$、$t(x)$,使 $v(x)s(x) + m(x)t(x) = 1$,于是 $v(\alpha)s(\alpha) + m(\alpha)t(\alpha) = 1$,即 $v(\alpha)s(\alpha) = 1$。从而
$$\frac{u(\alpha)}{v(\alpha)} = u(\alpha)s(\alpha)$$

对 $u(x)s(x)$ 与 $m(x)$ 作带余除法,设
$$u(x)s(x) = m(x)q(x) + r(x),\ r(x) = 0\ \text{或其次数小于}\ m(x)\ \text{的次数}\ n,$$

则得
$$u(\alpha)s(\alpha)=m(\alpha)q(\alpha)+r(\alpha)=r(\alpha)\in\{a_{n-1}\alpha^{n-1}+\cdots+a_1\alpha+a_0\,|\,a_i\in F\}$$
所以
$$F(\alpha)=\{a_{n-1}\alpha^{n-1}+\cdots+a_1\alpha+a_0\,|\,a_i\in F\}$$

（2）令 α
$$F(\alpha)\to F[x]/(m(x))$$
$$\sum_{i=0}^{n-1}a_i\alpha^i\mapsto\sum_{i=0}^{n-1}a_ix^i$$

则易证此对应关系为一个同构。

如果 $F=F_p$，则 $F(\alpha)$ 的阶为 p^n。易知在同构意义下，阶为 p^n 的域是唯一的。阶为 p^n 的域一般可记为 $GF(p^n)$。

B.5　有限域 $GF(p^n)$ 中的运算

由定理 B.3 及定理 B.4 可知，任何有限域均可表示成 $GF(p^n)$，且对任意 $a\in GF(p^n)$，a 可表示成 $GF(p)$ 上某个代数元 α 的次数不超过 $n-1$ 的多项式，即
$$GF(p^n)=\{a_{n-1}\alpha^{n-1}+\cdots+a_1\alpha+a_0\,|\,a_i\in GF(p)\}$$

设 α 是 $GF(p)$ 上 n 次不可约多项式 $m(x)$ 的根，则 $GF(p^n)$ 中元素的加法、乘法及求逆运算可如下进行。

1. $GF(p^n)$ 中的加法与乘法

对任意 $a,b\in GF(p^n)$，可设
$$a=\sum_{i=0}^{n-1}a_i\alpha^i,\quad b=\sum_{j=0}^{n-1}b_j\alpha^j,\quad a_i,b_j\in GF(p),\quad i,j=0,1,\cdots,n-1$$
则
$$a+b=\sum_{i=0}^{n-1}c_i\alpha^i,\quad a\cdot b=\sum_{k=0}^{2n-2}d_k\alpha^k\bmod m(\alpha)$$
此处 $m(\alpha)$ 可看成 α 的多项式，$c_i=(a_i+b_i)\bmod p$，$d_k=\sum_{i+j=k}a_ib_j\bmod p$。

2. $GF(p^n)$ 中的乘法逆元

有限域 $GF(p^n)$ 中任何非零元 $a=\sum_{i=0}^{n-1}a_i\alpha^i$ 都有逆元 a^{-1}，显然 a^{-1} 也可表示成系数在 $GF(p)$ 中的 α 的次数不超过 $n-1$ 的多项式。

由于 $m(x)$ 是不可约多项式，所以多项式 $a=\sum_{i=0}^{n-1}a_ix^i$ 与 $m(x)$ 互素，因此由扩展的 Euclidean 算法，可求得次数不超过 $n-1$ 的多项式 $u(x),v(x)\in GF(p)$，使
$$a(x)u(x)+m(x)v(x)=1$$

于是 $a(\alpha)u(\alpha)+m(\alpha)v(\alpha)=1$，注意此处 $a(\alpha)=a$，即 $a(\alpha)u(\alpha)=1$，亦即 $a^{-1}=u(\alpha)$。

例 B.4 $m(x)=x^5+x^2+1$ 是域 $GF(2)$ 上的不可约多项式，$GF(2)$ 的 5 次扩域 $GF(2^5)$ 由集合

$$\left\{\sum_{i=0}^{4}a_i\alpha^i \mid a_i=0 \text{ 或 } 1\right\}$$

构成，其中 α 是 x^5+x^2+1 的一个根。

$1+\alpha$ 是 $GF(2^5)$ 中的一个非零元。将 $1+\alpha$ 看成 α 的多项式，利用扩展的 Euclidean 算法，可求得 $u(\alpha)=\alpha^4+\alpha^3+\alpha^2$，$v(\alpha)=1$，使

$$(1+\alpha)\cdot u(\alpha)+m(\alpha)\cdot v(\alpha)=1$$

即

$$(1+\alpha)\cdot(\alpha^4+\alpha^3+\alpha^2)+(\alpha^5+\alpha^2+1)\cdot 1=1$$

亦即

$$(1+\alpha)\cdot(\alpha^4+\alpha^3+\alpha^2)=1 \quad \text{或} \quad (1+\alpha)^{-1}=\alpha^4+\alpha^3+\alpha^2$$

同理，可求得 $1+\alpha+\alpha^2$ 的逆为 $\alpha^3+\alpha^2$。

集合 $\{1,\alpha,\cdots,\alpha^{n-1}\}$ 可称为 $GF(p^n)$ 在其子域 $GF(p)$ 上一组基，一般称为多项式基。1932 年 Noether 证明了存在 $GF(p^n)$ 的一个生成元 θ，使 $\{\theta,\theta^2,\theta^{2^2},\cdots,\theta^{2^{n-1}}\}$ 构成 $GF(p^n)$ 在其子域 $GF(p)$ 上的一组基，即 $GF(p^n)$ 也可表示成集合

$$\{a_0\theta+a_1\theta^2+a_2\theta^{2^2}+\cdots+a_{n-1}\theta^{2^{n-1}} \mid a_i\in GF(p)\}$$

一般称 $\{\theta,\theta^2,\theta^{2^2},\cdots,\theta^{2^{n-1}}\}$ 为 $GF(p^n)$ 的一组正规基（Normal Basis）。在正规基下，$GF(p^n)$ 中的运算可以得到很大程度上的简化，也就是运算量可大为降低，这在应用密码学中具有很重要的意义。在应用密码学中常用到的有限域是二元域的扩张域 $GF(2^n)$。

设 $\{\theta,\theta^2,\theta^{2^2},\cdots,\theta^{2^{n-1}}\}$ 是 $GF(2^n)$ 的正规基，则 $GF(2^n)$ 中单位元表示为

$$\theta+\theta^2+\theta^{2^2}+\cdots+\theta^{2^{n-1}}$$

下面简单介绍在正规基 $\{\theta,\theta^2,\theta^{2^2},\cdots,\theta^{2^{n-1}}\}$ 下 $GF(2^n)$ 中元素的运算。

1) 平方运算

任一元 $A=a_0\theta+a_1\theta^2+a_2\theta^{2^2}+\cdots+a_{n-1}\theta^{2^{n-1}}$ 的平方 A^2 等于 $a_{n-1}\theta+a_0\theta^2+a_1\theta^{2^2}+\cdots+a_{n-2}\theta^{2^{n-1}}$，即平方运算可看作右移位运算。因此平方运算的耗时可忽略不计。

2) 乘法运算

设 $A=a_0\theta+a_1\theta^2+a_2\theta^{2^2}+\cdots+a_{n-1}\theta^{2^{n-1}}$，$B=b_0\theta+b_1\theta^2+b_2\theta^{2^2}+\cdots+b_{n-1}\theta^{2^{n-1}}$，则

$$A\cdot B=\sum_{k=0}^{n-1}c_k\theta^{2^k}$$

其中

$$c_k=\sum_{0\leqslant i,j\leqslant n-1}\lambda_{ij}a_{i+k\bmod n}b_{j+k\bmod n}, \quad \lambda_{ij}=\lambda_{ji}\in\{0,1\}$$

这里 λ_{ij} 的取值完全由正规基元的乘积来确定，即如果假设

$$\theta^{2^i}\cdot\theta^{2^j}=\sum_{k=0}^{n-1}\lambda_{ij}^{(k)}\theta^{2^k}, \quad \text{对任何 } 0\leqslant i,j\leqslant n-1$$

则
$$\lambda_{ij} = \lambda_{ij}^{(0)}$$

2003 年，A. Reyhani-Masoleh 与 M. Anwar Hasan 给出乘法运算的一个更具体的表达式：

$$A \cdot B = \begin{cases} \sum_{i=0}^{n-1} a_i b_i \theta^{2^{i+1}} + \sum_{j=1}^{v} \sum_{k=1}^{h_j} \left(\sum_{i=0}^{n-1} x_{ij} \theta^{2^{i+w_{jk}}} \right), & \text{当 } n \text{ 为奇数时} \\ \sum_{i=0}^{n-1} a_i b_i \theta^{2^{i+1}} + \sum_{j=1}^{v} \sum_{k=1}^{h_j} \left(\sum_{i=0}^{n-1} x_{ij} \theta^{2^{i+w_{jk}}} \right) + F, & \text{当 } n \text{ 为偶数时} \end{cases}$$

其中

$$v = \left\lceil \frac{n-1}{2} \right\rceil, \quad x_{ij} = a_i b_{i+j} + a_{i+j} b_i, \quad 0 \leqslant i \leqslant n-1; 1 \leqslant j \leqslant v$$

$h_j (1 \leqslant j \leqslant v)$ 表示元素 θ^{1+2^j} 在正规基表示下 1 的个数；ω_{jk} 表示 θ^{1+2^j} 在正规基表示下第 k 个 1 的位置，即

$$\theta^{1+2^j} = \sum_{k=1}^{h_j} \theta^{2^{w_{jk}}}, \quad 1 \leqslant j \leqslant v;$$

此外，

$$F = \sum_{k=1}^{h_v/2} \sum_{i=0}^{v-1} x_{iv} \left(\theta^{2^{i+w_{vk}}} + \theta^{2^{i+w_{vk}+v}} \right)$$

3. 求逆运算

设 $A = a_0 \theta + a_1 \theta^2 + a_2 \theta^{2^2} + \cdots + a_{n-1} \theta^{2^{n-1}}$，则
$$A^{2^n-1} = 1 \quad (1 \text{ 为 } GF(2^n) \text{ 中单位元})$$
从而
$$A^{-1} = A^{2^n-2} = A^2 \cdot A^{2^2} \cdots A^{2^{n-1}}$$
也就是说，求逆运算可由 $n-2$ 次乘法及 $n-1$ 次移位运算完成。

2002 年 Philip H. W. Leong 给出了计算 $GF(2^n)$ 中逆元的一个算法，该算法只需要 $\log_2(n-1) + v(n-1) + 1$ 次乘法运算，其中函数 $v(x)$ 表示 x 的二进制表示中 1 的个数。

例 B.5 $m(x) = x^5 + x^4 + x^2 + x + 1$ 是域 $GF(2)$ 上的一个不可约多项式，设 θ 是 $m(x)$ 在域 $GF(2^5)$ 中的一个根。则可证明 $\{\theta, \theta^2, \theta^{2^2}, \theta^{2^3}, \theta^{2^4}\}$ 是 $GF(2^5)$ 的一个正规基。

只需证明 $\theta, \theta^2, \theta^{2^2}, \theta^{2^3}, \theta^{2^4}$ 在 $GF(2)$ 中线性无关。设
$$a_0 \theta + a_1 \theta^2 + a_2 \theta^{2^2} + a_3 \theta^{2^3} + a_4 \theta^{2^4} = 0$$
因为 $\theta^{2^3} = \theta^3 + \theta$，$\theta^{2^4} = \theta^4 + \theta^3 + \theta^2 + 1$，所以得线性方程组
$$\begin{cases} a_4 = 0 \\ a_0 + a_3 = 0 \\ a_1 + a_4 = 0 \\ a_2 + a_4 = 0 \\ a_3 + a_4 = 0 \end{cases}$$

其解为 $a_0 = a_1 = a_2 = a_3 = a_4 = 0$。

取 $A = \theta + \theta^{2^2} + \theta^{2^4}, B = \theta + \theta^2 + \theta^{2^3} + \theta^{2^4}$，则

$$A \cdot B = (\theta + \theta^{2^2} + \theta^{2^4})(\theta + \theta^2 + \theta^{2^3} + \theta^{2^4})$$
$$= \theta^2 + \theta^{2^2}$$
$$A^{-1} = A + A^{2^2} + A^{2^3} + A^{2^4}$$
$$= (\theta + \theta^2 + \theta^{2^3})(\theta^2 + \theta^{2^2} + \theta^{2^4})(\theta + \theta^{2^2} + \theta^{2^3})(\theta^2 + \theta^{2^3} + \theta^{2^4})$$
$$= \theta^{2^3} + \theta^{2^4}$$

如果 $m(x)$ 取为例 B.4 中的多项式 $x^5 + x^2 + 1$，那么 $\{\theta, \theta^2, \theta^{2^2}, \theta^{2^3}, \theta^{2^4}\}$ 是否仍构成 $GF(2^5)$ 的一个正规基？为什么？请读者思考上述问题。

参 考 文 献

［1］ 徐茂智,游林.信息安全与密码学［M］.北京：清华大学出版社,2007.

［2］ MENEZES J,van OORSCHOT C,VANSTONE A.应用密码学手册［M］. 胡磊,等译.北京：机械工业出版社,2005.

［3］ SCHNEIER B.应用密码学：协议、算法与 C 源程序［M］.2 版.吴世忠,祝世雄,张文政,等译.北京：机械工业出版社,2014.

［4］ STALLINGS W. Cryptography and network security：principles and practice［M］. 6th ed. New Jersey：Prentice Hall，2014.

［5］ HOFFSTEIN J,PIPHER J,SILVERMAN H. NTRU：a ring-based public key cryptosystem［J］. Lecture Notes in Computer Science (LNCS),1998,1423.

［6］ MAO W B. Modern cryptography：theory and practice［M］. New Jersey：Prentice Hall,2004.

［7］ JOYE M，NEVEN G. Identity-Based Cryptography［M］. Amsterdam：IOS Press,2009.

［8］ PAULO S, MICHAEL N. Pairing-friendly elliptic curves of prime order［C］//Proceedings of the Selected Areas in Cryptgraphy(SAC2005),Lecture notes in computer sciences 3897,2006.